NEW 全新版

高等院校基础课系列教材·实验类

GAODENG YUANXIAO JICHUKE XILIE JIAOCAI · SHIYAN LEI

大学物理实验

主 编 马 磊

副主编 张 晋 雍晓春 周春玲

参 编 朱 琳 李亚亚 陈琪睿 康四林

重庆大学出版社

图书在版编目(CIP)数据

大学物理实验 / 马磊主编. -- 重庆 :
重庆大学出版社, 2022.7(2025.7 重印)
高等院校基础课系列教材
ISBN 978-7-5689-3365-0
Ⅰ. ①大… Ⅱ. ①马… Ⅲ. ①物理学—实
验—高等学校—教材 Ⅳ. ①O4-33
中国版本图书馆 CIP 数据核字(2022)第 114163 号

大学物理实验

DAXUE WULI SHIYAN

主 编 马 磊
副主编 张 晋 雍晓春 周春玲
参 编 朱 琳 李亚亚 陈琪睿
康四林
策划编辑:鲁 黎
责任编辑:杨育彪 版式设计:鲁 黎
责任校对:邹 忌 责任印制:张 策
*
重庆大学出版社出版发行
社址:重庆市沙坪坝区大学城西路 21 号
邮编:401331
电话:(023) 88617190 88617185(中小学)
传真:(023) 88617186 88617166
网址:http://www.cqup.com.cn
邮箱:fxk@cqup.com.cn (营销中心)
全国新华书店经销
重庆长虹印务有限公司印刷
*
开本:787mm×1092mm 1/16 印张:13 字数:336 千
2022 年 7 月第 1 版 2025 年 7 月第 3 次印刷
印数:5 001—6 000
ISBN 978-7-5689-3365-0 定价:38.00 元

前言

大学物理实验是一门独立开设的必修课，是各工科专业学生遇到的第一门实验课，是实验技能训练的开端，是后续实验课程的基础，是培养创新型人才的重要课堂。

本书根据《理工科类大学物理实验课程教学基本要求》，结合部分本科院校近些年的教学经验编写而成。“大学物理实验”课程从中国矿业大学银川学院建校起，作为一门独立开设的实验课程，已经历了12个春秋。教师在这些宝贵的岁月里积累了很多关于这门课程教学与学习的实用经验。本校于2018年3月召开了编写教材的研讨会，会上大家进行了热情洋溢、认真负责的讨论和论证，并达成了以下几点共识：

①实验教学的根本目的是“培养学生科学实验能力，提升学生科学实验素质”。

②编写适合我校实际情况的《大学物理实验》教材是非常必要的，也是当前实验教学改革的需要。

③确定了编写《大学物理实验》的方案，明确了编写人员的分工，制订了编写要求。

本书编写具有以下几方面的特点：

①本书所选取的实验内容与本校实际实验设备一致。这主要是考虑到在以往的实际教学过程中，选取教材时，无法找到一本与本校所有实验设备契合的参考书。这不仅影响了实验课的开展效率，更给学生的学习增加了困难。

②本书在编写时对每个实验的原理讲解部分做了优化，使之更容易理解。这主要是考虑到以往的学生反映部分实验的原理在物理课上还未学到，导致理解有困难。

③本书在实验的编排上仍然按照物质运动形态分为：力学、热学、光学、电磁学几部分。这主要是考虑到“大学物理实验”是为大学一、二年级学生开设的一门独立而系统的实验必修课，既考虑到以学生在中学时做过的实验为基础、起点，又考虑到要与现在开设的理论课及后续实验课程相衔接。

本书由马磊担任主编，张晋、雍晓春、周春玲担任副主编，朱琳、李亚亚、陈琪睿、康四林参编。具体分工如下：马磊编写了2.1—2.3，2.5—2.8，3.1、3.3、3.5、3.6节；张晋编写了1.5、

2.4、3.2、3.4、5.8 节；雍晓春编写了 4.1—4.4 节；周春玲编写了 1.1—1.4 节；朱琳编写了 5.5—5.7 节；李亚亚编写了 4.5、4.6 节；陈琪睿编写了 5.1、5.2 节；康四林编写了 5.3、5.4 节。

本书的编写凝聚了物理教研室全体教师的智慧。本书是在中国矿业大学银川学院人文学院副院长马廷福教授和马文宾教授，以及物理教研室教师们的指导和帮助下完成的，在此表示衷心的感谢！

由于编者学识水平有限，书中错误在所难免，恳请老师和同学批评指正。

编　者

2022 年 1 月

目录

绪　论

物理实验教学不仅有助于学生真正理解和掌握物理学理论，而且是提高学生分析问题和解决问题能力的不可缺少的教学环节。

1. 物理实验的重要作用

物理实验是科学实验的重要组成部分之一。物理实验在科技发展中有着独特的作用，历史上每次重大的技术革命都源于物理学的发展。例如，热力学、分子物理学的发展，使人类进入热机、蒸汽机时代；电磁学的发展使人类跨入电气化时代；原子物理学、量子力学的发展，促进了半导体、原子核、激光、电子计算技术的迅猛发展。然而物理学本质上是一门实验科学，三四百年前，伽利略和牛顿等学者，以科学实验方法研究自然规律，逐渐形成了一门物理科学，从此一切物理概念的确立、物理规律的发现、物理理论的建立都有赖于实验，并受实验的检验。

物理学史上，如果没有法拉第等科学家进行电磁学的实验研究，发现了电磁感应定律等一系列实验规律，麦克斯韦就不可能建立麦克斯韦方程组。在确定了经典电磁学理论后，麦克斯韦预言了电磁波的存在，经过赫兹的实验研究，证实了电磁波的存在，从而使经典电磁学理论更为人们所信服。被称为"牛顿以来最伟大的发现之一"的能量量子化概念，就是在人们面对黑体辐射实验，遇到运用经典理论无法克服的困难时，普朗克紧紧抓住了 1900 年夏天德国物理学家康尔鲍姆和鲁本斯对热辐射光谱所作的新的精确测量结果，大胆地提出了能量子的假设，运用合理的数学方法，从理论上导出了符合实验结果的黑体辐射公式，为量子力学的发展开辟了道路。

物理实验在物理学自身发展中起着重要的作用，同时在推动其他科学、工程技术的发展中也起着重要的作用。特别是近代各学科相互渗透，发展了许多交叉学科，物理实验的构思、物理实验的方法和技术与化学、材料学、生物学、信息学、天文学等学科相互结合已经取得了丰硕的成果，而且必将发挥更大的作用。

作为培养高级工程技术人才的高等工业学校，不仅要使学生具备比较深入而广博的理论知识，而且要使学生具有较强的从事科学实验的能力。"物理实验"是对高等工业学校学生进行科学实验基本训练的一门独立的必修基础课程，是学生在高等学校受到系统实验技能训练的开端，它在培养学生运用实验手段去发现、观察、分析、研究和解决问题的能力方面，在提高学生科学实验素质方面，都起着重要的作用。同时，它也将为学生今后的学习、工作奠定良好的实验基础。

2. 物理实验课程的基本程序

(1)实验预习

实验预习是积极高效完成实验全过程的前提和基础。预习时,应认真阅读实验教程和相关资料,明确实验目的,掌握实验原理和方法,熟悉仪器各部分的作用,了解实验步骤,设计好实验数据的记录表格,并于预习后接受实验指导教师的考查。

(2)实验操作

实验操作是完成实验全过程的关键。要认真聆听实验指导教师的讲解和要求,严格按照实验操作规程进行实验;在教师指导下正确安装并调试仪器;真实记录实验数据,要求字迹清楚,不乱画、不涂改,不抄袭他人的数据,更不许编造数据。

(3)完成实验报告

实验报告是实验的书面总结,是让别人(或同行)评价自己实验结果的依据,所以实验报告要求用科学的语言准确地表达出实验所包含的基本内容。实验报告可在预习报告的基础上补充完成,亦可重新撰写,但无论如何不能把报告写成教材的缩写。实验报告要求内容完整、字迹清晰、表达明确、图表规范、分析有理,并符合实验指导教师的具体要求。

实验报告包括以下基本内容:

①实验者姓名、实验日期、实验地点、实验环境条件(如温度、湿度等)。

②实验名称。

③实验目的。

④实验原理:叙述要求简明扼要,包括简明的文字叙述、计算公式及使用条件、实验原理图以及必要的电路图(或光路图)、实验装置框图。

⑤实验仪器:仪器名称、编号、规格型号、主要技术参数等,仪器的使用方法、注意事项等。

⑥实验数据处理和分析:根据原始数据记录,以图、表形式将实验数据规范地呈现在报告正文中;分析观察到的实验现象,处理和分析实验数据(包括测量结果的计算、测量不确定度的估算、图示或图解、回归分析曲线等),正确表示实验的测量结果。

⑦分析讨论:回答课后讨论题,对实验中观察到的异常现象进行解释,对实验结果进行分析和评价,对实验方法和实验装置的改进提出合理化的建议,撰写心得体会等。

对于设计性实验项目,要求学生根据给定的实验课题、要求和实验条件,自行设计或选择合理的实验方案并基本独立完成实验的全过程。设计性实验的过程可用如图 0.1 所示的流程图表示,图中单向箭头表示依次进行的各个环节,双向箭头表示反馈和修正,使其更加完善。

设计性实验结题报告包括以下诸多方面:

①课题研究的目的及意义。

②课题研究的原理。

③记录课题研究的过程、步骤及观察到的现象。

④处理列表数据,对结果进行分析讨论。

⑤介绍本课题所涉及的实验方法、技术和仪器等在科研、工程实践中的用途。

⑥谈谈对本课题研究的体会及收获。

⑦对本课题的研究提出创新的见解和方案。

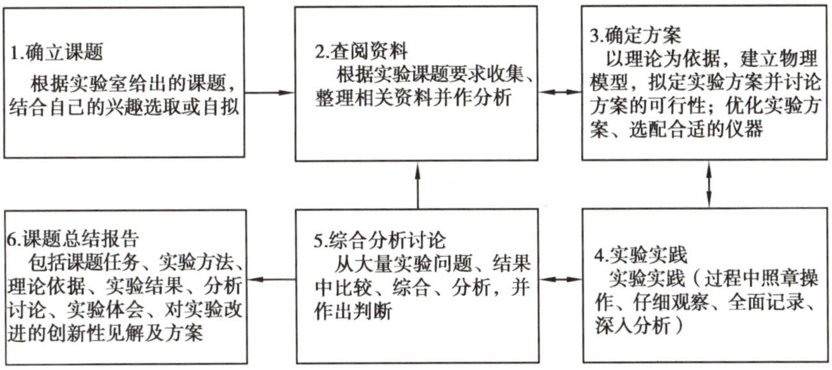

图 0.1　设计性实验流程图

3. 物理实验后的注意事项

①实验操作结束后及时断电、断水等，整理、复原实验器材，清扫实验室。在实验室使用登记册上签名，由组长核查后方可离开实验室。

②实验后及时撰写实验报告，对实验中观测到的现象、实验数据进行整理和分析，并给出误差评价及不确定度的大小；进行必要的问题讨论及思考题解答；对要求作图的实验还要绘出相应的实验曲线；还可以写明自己的心得体会、意见、建议等。撰写实验报告是实验课的重要内容，不仅是对实验的分析总结，而且是培养学生总结分析能力的途径，可为将来撰写科研论文打下基础，要坚决杜绝抄袭实验报告的现象。

③凡损坏仪器者，应主动说明原因并填写报损单，由指导教师根据学生认识程度和情节轻重等酌情处理，按有关规定进行赔偿。

第1章 测量误差与数据处理

1.1 物理量的测量和实验误差

物理学是一门实验科学。物理实验就是要把自然界中物质的运动形态按人们的意愿在预定的条件下,以比较纯粹或典型的形式再现,从而使人们有可能在较有利的条件下,探索各相关量之间的规律性或验证理论。因此,物理实验中基本的操作就是测量。

1. 测量与测量分类

测量是指将待测量与规定为基本单位的物理量进行比较,其倍数即为待测量的大小,其单位就是与之进行比较的基本单位。例如,我们说测得某桌子的长度为 1.248 m,则表示基本单位为 m,而桌子的长度为基本单位的 1.248 倍(数值),显然数值的大小与选用的单位有关。因此,我们在给出某一待测量的结果时,必须同时给出数值和单位,两者缺一不可。实际的测量过程一般要借助测量仪器,测量仪器是指用以直接或间接测出被测对象量值的所有器具。如游标卡尺、天平、停表等,测量仪器是基本单位的实物体现。测量通常分为直接测量和间接测量两类。直接测量就是待测量与仪器直接比较,得出被测量量值的测量。例如,用米尺测量物体长度,用天平测量物体质量等。但在物理实验中,还有一些物理量不能直接从仪器上测得,而要通过对某些相关物理量的直接测量,再根据相应的公式计算出被测量的大小,这种测量称为间接测量。例如在单摆实验中,通过对摆长 l 和周期 T 的测量,由公式 $g=\frac{4\pi^2}{T^2}l$ 计算出重力加速度 g 的过程就是间接测量。

2. 误差及其分类

任何被测量在一定的条件下都客观地存在一个唯一的确定值,该值称为被测量的真值。测量的目的就是获得真值。但是由于实验条件、实验方法、实验仪器和实验者自身判断等,任何测量都不是绝对"准确"的,测量者总希望测量结果尽可能准确,甚至幻想获得绝对准确的真值,而真值恰恰是不可能测量到的。随着测量技术的不断进步,测量结果会根据需要有限度地接近真值。实践中,可把相对可靠、准确度足够高的实际测量值作为约定真值,例如国际数据委员会(CODATA)公布的物理量或常数、标准物质(如砝码)的值、标准器证书上的值、某物理量重在复性条件下多次测量的平均值等。

测量值与真值之间总存在差异,测量值与被测量真值之差称为绝对误差,记作 δ ,

$$\delta = x - X_0 \tag{1.1}$$

式中 X_0 为被测量的真值, x 为测量值, δ 为该次测量的绝对误差值。误差的符号借用了微分符号,其目的是强调误差是小量,并且可正、可负。

测量结果的相对误差

$$E = \frac{\delta}{X_0} \times 100\% \tag{1.2}$$

真值是一个理想的概念,一般无从得知,因此,通常情况下不能计算误差。只有在极少数情况下,相对可靠、准确度足够高的实际测量值被视为约定真值时,才能计算误差。

从误差自身的特点和所服从的规律考虑,误差主要分为系统误差、偶然误差两类。它们的性质不同,应分别予以处理。

(1)系统误差

在对同一被测量的多次测量过程中,实验系统存在恒定的或以可预知方式变化的测量误差,该误差分量称为系统误差。系统误差具有确定性,测量过程中要对系统误差进行正确分析,尽量发现和消除系统误差,提高测量结果的可靠程度。

系统误差主要来源于以下几个方面。

①仪器因素:仪器制造上的缺陷;仪器未经校准、使用不当等。例如,量块的两面不平行;电表刻度线的间隔不等或径向磁场不均匀;数字表输入级线性放大器的零点或增益漂移等。

②理论、方法因素:测量所依据的理论、公式存在近似性;实验条件、测量方法不满足理论要求等。如伏安法测电阻时电表内阻的影响。

③人员因素:测量者生理或心理特点所导致的误差。例如反应速度的快慢、分辨能力的高低、读数习惯等。

④环境因素:测量过程中温度、湿度、气压、振动、电源电压、磁场等因素的差异和变化。

系统误差又分为可定系统误差(可修正误差)和未定系统误差(不可修正误差),对于可定系统误差,一般情况下都能找到原因并事先修正。

可定系统误差容易被发现,应尽量避免,如无法避免,可有针对性地采用不同的方法予以减小或消除。例如:

①测量前检查或校正零位。

②引入修正值对测量值进行修正。

③通过仪器的设计和测量方法的选择抵消系统误差的影响。

如仪器读数装置的对称设计;将测量中的某些因素(如被测物体)交换位置(交换法);在一定条件下用已知量代替被测量(替代法);改变测量的方向使产生的系统误差等值异号,然后求其平均作抵消(异号法)等。

未定系统误差一般难以消除,也不能进行修正,只能作为不确定度的一种分量进行合理的估算和评定。

在测量实践中,不可避免地要产生系统误差,而且系统误差是测量结果误差的主要分量,多数仪器的误差限值主要反映未定系统误差的影响。如何在实践中分析系统误差是自然科学工作者和工程技术人员的一项重要任务。因此,在大学物理实验中,我们要重视对系统误差的分析和处理,尽量减小它对测量结果的影响。

(2)偶然误差

在消除系统误差以后,对同一被测量在等精度条件下进行多次测量,仍然不会得到完全相同的结果,其测量值分散在一定的范围内,所得误差时正时负,绝对值时大时小,呈现出无规则的涨落,这类误差分量称为偶然误差。偶然误差是由测量过程中的一些随机的或不确定的因素引起的。如人的感官灵敏度、仪器精确度限制、周围环境的干扰以及随测量而来的其他不可预测的偶然因素等。偶然误差具有随机性,也就是说,在相同条件下,对同一被测量进行多次重复性测量,每次测量值的误差可大可小,就某一次测量值来说,其误差的大小与正负都无法预知,纯属偶然。但如果测量次数相当多的话,偶然误差的出现则服从一定的统计规律,通常在大学物理实验中,服从正态分布规律。如图 1.1 所示为正态分布曲线,其横坐标是测量值,纵坐标是每单位 x 出现的概率,或称为概率密度。其特点如下:

①单峰性:绝对值小的误差比绝对值大的误差出现的概率大。

②对称性:大小相等的正、负误差出现的概率均等,对称分布于真值的两侧。

③有界性:绝对值很大的误差出现的概率几乎为零,即误差的绝对值不超过一定的限度。

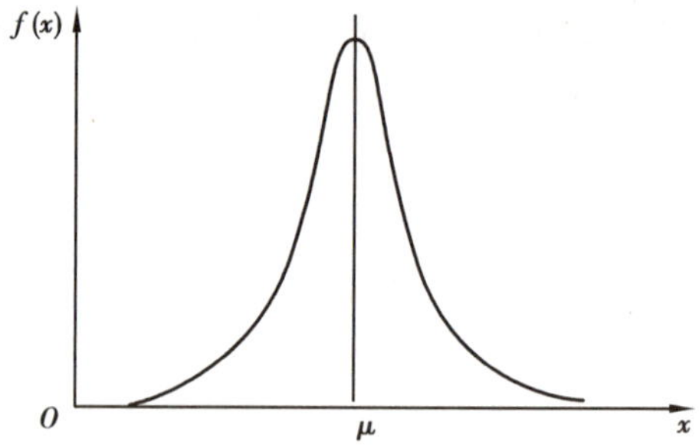

图 1.1　正态分布曲线

1.2　直接测得量的误差估算

在物理实验中,由于既有系统误差,又有偶然误差,并且它们的来源和处理方法又不相同,为了讨论方便,我们假设已消除了系统误差,或系统误差已减小到可以忽略的程度,即只按纯粹的偶然误差来处理。

1. 直接测量结果的误差估算

(1)算术平均值——测量结果的最佳估计值

对某一物理量进行测量时,只要条件允许,总可以进行多次重复测量。由偶然误差的特点可知,当测量次数无限增多时,由于正负误差相互抵消,多次测量的算术平均值的极限将趋于待测量的真值。由于实际进行测量时,测量次数不可能无限多,假设对某量测了 n 次,测得值分别为 $x_1, x_2, \cdots, x_n$,我们称这 n 个值为一个测量列,其算术平均值为

$$\bar{x} = \frac{\sum_{i=1}^{n} x_i}{n}$$

x 只是近似真值,通常称为"最佳估计值"或"最近真值",测量结果就用最佳估计值表示。

(2) 多次测量误差的估算

当用最佳估计值表示多次测量结果时,必须同时指出其误差大小。关于误差的估算有多种方法,目前,国际上已统一采用统计学中的标准误差来评价偶然误差的大小。

①测量列的标准误差和标准偏差。

各测量值误差的平方和的平均值的平方根称为测量列的标准误差。设某一测量列为 x_1, $x_2, \cdots, x_n$,真值为 a,则各测量值误差为: $\varepsilon_1 = x_1 - a, \varepsilon_2 = x_2 - a, \cdots, \varepsilon_n = x_n - a$,则

$$\sigma = \sqrt{\frac{\sum_{i=1}^{n} \varepsilon_i^2}{n}} \tag{1.3}$$

式(1.3)称为测量列的标准误差公式。根据误差理论,如果给定误差区间($-\sigma$, $+\sigma$),则表示测量列中每一测量值的误差落在($-\sigma$, $+\sigma$)内的概率为 68.3%;或给定误差区间($\bar{x}-\sigma, \bar{x}+\sigma$),则表示测量列中每一测量值的误差落在($\bar{x}-\sigma, \bar{x}+\sigma$)内的概率为 68.3% 。由于被测量的真值是未知的,因此误差 ε_i 就无法算出,上面给出的标准误差公式只具有理论上的意义。在实际测量中,我们能够求得最佳估计值——平均值,所以只能用测量值和平均值之差即偏差 $V_i = x_i - \bar{x}$ 来估算标准误差,当测量次数 n 很大时,由误差理论可以证明,其表达式为

$$\sigma_s = \sqrt{\frac{\sum_{i=1}^{n} (x_i - \bar{x})^2}{n-1}} \tag{1.4}$$

式(1.4)即为用残差来估算标准误差的表达式,称为标准偏差(贝塞尔公式)。对一个测量列而言,如果求得的标准偏差 δ_s 小,即表示测量的精密度高。同样根据统计理论,如果给定误差区间($-\sigma_0$, $+\sigma_s$),则表示测量列中每一测量值的偏差在($-\sigma_s$, $+\sigma_s$)内的概率为 68.3% 。

②算术平均值的标准偏差。

上面关于测量列的误差估算,反映的只是 x_i 的离散性,而不是 x 的离散性。事实上由于重复测量的次数 n 不是无穷多,由 $\bar{x} = \frac{1}{n}\sum x_i$ 求得的平均值并不是真值 a,所以不仅 x_i 有误差 $\varepsilon_i = x_i - a$,而且平均值本身也有误差 $\delta_{\bar{x}} = \bar{x} - a$,它也是偶然误差,服从正态分布。由于算术平均值的误差为各测量值误差的平均值,而测量值的偶然误差在相加时有抵消,因此算术平均值的标准偏差要比测量列的标准偏差小。用 $\sigma(\bar{x})$ 表示算术平均值标准偏差,当测量次数 n 很大时,根据误差理论可以证明, $\sigma(\bar{x})$ 可由下式求出:

$$\sigma(\bar{x}) = \frac{\sigma_s}{\sqrt{n}} = \sqrt{\frac{\sum_{i=1}^{n} (x_i - \bar{x})^2}{n(n-1)}} \tag{1.5}$$

③测量结果的表示。

当用标准误差进行误差估算时,待测量的结果可表示为

$$x = \bar{x} \pm \sigma(\bar{x}) \text{ (单位)} \tag{1.6}$$

式中 $\bar{x}$ 为测量结果最近真值的数值，$\sigma(\bar{x})$ 为误差项。这里要特别注意，不能把式(1.6)理解为最近真值就限制在$[\bar{x}-\sigma(\bar{x}),\bar{x}+\sigma(\bar{x})]$内，它的意义仅表示最近真值落在区间$[\bar{x}-\sigma(\bar{x}),\bar{x}+\sigma(\bar{x})]$内的概率为68.3%。

④绝对误差与相对误差。

在对某一物理量进行测量时，总可把测量结果表示为如下形式：

$$x=\bar{x}\pm\Delta x \tag{1.7}$$

式中 Δx 称为测量结果的绝对误差，它与待测量有相同的单位，其大小反映测量值偏离真值的程度。绝对误差有不同的估算方法，除上面讲过的标准误差外，还有平均绝对误差、极限误差、或然误差等。当然，不同的估算方法其概率不同。用标准误差估算时，$p=68.3\%$；用平均绝对误差估算时，$p=57.5\%$；用极限误差估算时，$p=99.7\%$；用或然误差估算时，$p=50\%$。在对不同的测量结果进行比较时，绝对误差的大小还不能客观全面地评价测量的优劣。例如，用不同仪器测量不同物体的长度时，得到如下结果：

$$l_1=(100\pm0.5)\,\text{mm}\,;\,l_2=(1.00\pm0.02)\,\text{mm}$$

如果单从绝对误差大小来看，$\Delta l_1>\Delta l_2$，但从误差所占整个测量结果的比重来看，前者为0.5%，而后者为0.02%，说明前者的测量质量高。所以在评价与比较不同的测量结果时，引入相对误差的概念是必要的。相对误差的定义是测量结果的绝对误差与待测量真值(最近真值)的比值，常用百分数来表示，即

$$E=\frac{\Delta x}{\bar{x}}\times100\% \tag{1.8}$$

在表示测量的最后结果时，既要写出绝对误差，又要写出相对误差，在实验报告中最好写成如下形式：

$$x=\bar{x}\pm\Delta x\ (\text{单位})\,;\,E=\frac{\Delta x}{\bar{x}}\times100\%$$

2. 单次直接测量结果的误差估算

有些实验由于是在动态中测量的，不容许对被测量在相同条件下作重复测量。例如，热学实验中的温度测量就无法多次测量。另外在间接测量中，该物理量的误差对最后的结果影响较小或在有些实验中对精度要求不高，在这些情况下，对被测量只测一次，那么它的误差应如何估算呢？对于单次测量，由于误差的来源很多，各个实验又有各自的特点，所以很难用统一标准。目前一般按照如下两个约定：

①当测量的偶然误差可能较小时，通常取仪器的最小分度值为极限误差；

②当测量的偶然误差较大时，选取仪器的最小分度值的几倍为极限误差。一般是取最小分度值为极限误 δ_{max}，所以单次测量量的标准误差可估计为

$$\sigma=\frac{1}{3}\delta_{max} \tag{1.9}$$

1.3　间接测得量的误差估算

在物理实验中,除直接测量外,大部分实验都是经过间接测量获得最终结果。间接测量是以直接测量为基础,按某种函数关系求出待测量。由于各直接测量量有误差,这些误差必然影响间接测量量,这就是误差传递。各直接测量量的误差与间接测量量的误差之间的关系式,称为误差传递公式。

1. 误差传递的基本公式

设 $y=F(x_1,x_2,\cdots,x_m)$,其中 $x_1,x_2,\cdots,x_m$ 为 m 个直接测量量,y 为间接测量量,将各直接测量量的算术平均值代入公式,即可求出间接测量量的最佳估计值。即

$$\bar{y}=F(\bar{x}_1,\bar{x}_2,\cdots,\bar{x}_m) \tag{1.10}$$

当考虑各直接测量量的误差时,间接测量量也有误差,所以有

$$\bar{y}\pm\Delta y=F(\bar{x}_1\pm\Delta x_1,\bar{x}_2\pm\Delta x_2,\cdots,\bar{x}_m\pm\Delta x_m) \tag{1.11}$$

按泰勒公式展开式(1.11)并略去二次方及以上得

$$\bar{y}\pm\Delta y=F(\bar{x}_1,\bar{x}_2,\cdots,\bar{x}_m)+\frac{\partial F}{\partial x_1}(\pm\Delta x_1)+\frac{\partial F}{\partial x_2}(\pm\Delta x_2)+\cdots+\frac{\partial F}{\partial x_m}(\pm\Delta x_m) \tag{1.12}$$

在计算偶然误差时,由于误差本身的正或负是不可知的,因此,上式中各误差项的系数必须取其绝对值,即

$$\Delta y=\left|\frac{\partial F}{\partial x_1}\right|\Delta x_1+\left|\frac{\partial F}{\partial x_2}\right|\Delta x_2+\cdots+\left|\frac{\partial F}{\partial x_m}\right|\Delta x_m \tag{1.13}$$

相对误差为

$$\frac{\Delta y}{y}=\left|\frac{\partial F}{\partial x_1}\right|\frac{\Delta x_1}{F}+\left|\frac{\partial F}{\partial x_2}\right|\frac{\Delta x_2}{F}+\cdots+\left|\frac{\partial F}{\partial x_m}\right|\frac{\Delta x_m}{F} \tag{1.14}$$

如果间接测量量 y 是直接测量量 $x_1,x_2,\cdots,x_\mathrm{m}$ 的相乘或相除的函数关系,则为了运算方便,通常对 $\bar{y}=F(\bar{x}_1,\bar{x}_2,\cdots,\bar{x}_m)$ 两边取对数,即 $\ln y=\ln F(x_1,x_2,\cdots,x_m)$,先计算相对误差,再求绝对误差。公式为

$$E=\frac{\Delta y}{y}=\left|\frac{\partial \ln F}{\partial x_1}\right|\Delta x_1+\left|\frac{\partial \ln F}{\partial x_2}\right|\Delta x_2+\cdots+\left|\frac{\partial \ln F}{\partial x_m}\right|\Delta x_m \tag{1.15}$$

$$\Delta y=E\cdot\bar{y} \tag{1.16}$$

以上讨论没有考虑各误差项的实际符号,而总是从最不利的情况讨论,忽略了一些可以相互抵消的情况,因而估计出的误差将偏大。根据上述公式,可推导出表 1.1 所列的一些常用函数关系式的误差传递公式。

表 1.1 常用函数关系式的误差传递公式

序号	函数关系式	误差传递公式	
		绝对误差	相对误差
1	$y=x_1+x_2$	$\Delta y=\lvert\Delta x_1\rvert+\lvert\Delta x_2\rvert$	$E=\dfrac{\lvert\Delta x_1\rvert+\lvert\Delta x_2\rvert}{x_1+x_2}$
2	$y=x_1-x_2$	$\Delta y=\lvert\Delta x_1\rvert+\lvert\Delta x_2\rvert$	$E=\dfrac{\lvert\Delta x_1\rvert+\lvert\Delta x_2\rvert}{x_1-x_2}$
3	$y=x_1\times x_2$	$\Delta y=\lvert x_2\Delta x_1\rvert+\lvert x_1\Delta x_2\rvert$	$E=\dfrac{\lvert\Delta x_1\rvert}{x_1}+\dfrac{\lvert\Delta x_2\rvert}{x_2}$
4	$y=\dfrac{x_1}{x_2}$	$\Delta y=\dfrac{\lvert x_2\Delta x_1\rvert+\lvert x_1\Delta x_2\rvert}{y^2}$	$E=\dfrac{\lvert\Delta x_1\rvert}{x_1}+\dfrac{\lvert\Delta x_2\rvert}{x_2}$
5	$y=x^n$	$\Delta y=\lvert nx^{n-1}\cdot\Delta x\rvert$	$E=n\left\lvert\dfrac{\Delta x}{x}\right\rvert$
6	$y=\sqrt[n]{x}$	$\Delta y=\left\lvert\dfrac{1}{n}x^{\frac{1}{n}-1}\cdot\Delta x\right\rvert$	$E=\dfrac{1}{n}\left\lvert\dfrac{\Delta x}{x}\right\rvert$
7	$y=\sin x$	$\Delta y=\lvert\cos x\cdot\Delta x\rvert$	$E=\dfrac{\lvert\cos x\cdot\Delta x\rvert}{\sin x}$
8	$y=\cos x$	$\Delta y=\lvert\sin x\cdot\Delta x\rvert$	$E=\dfrac{\lvert\sin x\cdot\Delta x\rvert}{\cos x}$

由表 1.1 所列常用函数关系式的误差传递公式,可总结出如下规律:

①当间接测量量是几个直接测量量的和(或差)时,间接测量量的绝对误差等于各直接测量量的绝对误差之和。在此情况下,先算绝对误差,后算相对误差较方便。

②当间接测量量是几个直接测量量的积(或商)时,间接测量量的相对误差等于各直接测量量的相对误差之和。在此情况下,先算相对误差,后算绝对误差较方便。

2. 标准误差的传递公式

设直接测量量 $x_1,x_2,\cdots,x_m$ 的标准误差分别为 $\overline{\sigma}(x_1),\overline{\sigma}(x_2),\cdots,\overline{\sigma}(x_m)$,根据误差的有关理论,可以证明,间接测量量标准误差的传递公式为

$$\sigma(\bar{y})=\sqrt{\left(\frac{\partial F}{\partial x_1}\right)^2\cdot\sigma^2(\bar{x}_1)+\left(\frac{\partial F}{\partial x_2}\right)^2\cdot\sigma^2(\bar{x}_2)+\cdots+\left(\frac{\partial F}{\partial x_m}\right)^2\cdot\sigma^2(\bar{x}_m)}\tag{1.17}$$

其相对误差为

$$\frac{\sigma(\bar{y})}{\bar{y}}=\sqrt{\left(\frac{\partial F}{\partial x_1}\right)^2\cdot\left(\frac{\partial(\bar{x}_1)}{\bar{y}}\right)^2+\left(\frac{\partial F}{\partial x_2}\right)^2\cdot\left(\frac{\partial(\bar{x}_2)}{\bar{y}}\right)^2+\cdots+\left(\frac{\partial F}{\partial x_m}\right)^2\cdot\left(\frac{\partial(\bar{x}_m)}{\bar{y}}\right)^2}\tag{1.18}$$

同样,当间接测量量是各直接测量量的积(或商)时,先求标准误差的相对误差较方便,其公式为

$$E=\frac{\sigma(\bar{y})}{y}\sqrt{\left(\frac{\partial\ln F}{\partial x_1}\right)^2\cdot\sigma^2(\bar{x}_1)+\left(\frac{\partial\ln F}{\partial x_2}\right)^2\cdot\sigma^2(\bar{x}_2)+\cdots+\left(\frac{\partial\ln F}{\partial x_m}\right)^2\cdot\sigma^2(\bar{x}_m)}\tag{1.19}$$

标准误差为

$$\sigma(\bar{y}) = E \cdot \bar{y} \tag{1.20}$$

根据上面的公式，可以推导出表 1.2 所列的一些常用函数的标准误差传递公式。

表 1.2　一些常用函数的标准误差传递公式

序号	函数关系式	标准误差传递公式	
		绝对误差	相对误差
1	$y = x_1 + x_2$	$\sigma(\bar{y}) = \sqrt{\sigma^2(\bar{x}_1) + \sigma^2(\bar{x}_2)}$	—
2	$y = x_1 - x_2$	$\sigma(\bar{y}) = \sqrt{\sigma^2(\bar{x}_1) + \sigma^2(\bar{x}_2)}$	—
3	$y = x_1 \times x_2$	—	$E = \sqrt{\left(\frac{\sigma(\bar{x}_1)}{\bar{x}_1}\right)^2 + \left(\frac{\sigma(\bar{x}_2)}{\bar{x}_2}\right)^2}$
4	$y = \frac{x_1}{x_2}$	—	$E = \sqrt{\left(\frac{\sigma(\bar{x}_1)}{\bar{x}_1}\right)^2 + \left(\frac{\sigma(\bar{x}_2)}{\bar{x}_2}\right)^2}$
5	$y = x^n$	$\sigma(\bar{y}) = n\bar{x}^{n-1}\sigma(\bar{x})$	$E = n\frac{\sigma(\bar{x})}{\bar{x}}$
6	$y = \sqrt[n]{x}$	$\sigma(\bar{y}) = \frac{1}{n}\bar{x}^{\frac{1}{n}-1}\sigma(\bar{x})$	$E = \frac{1}{n}\frac{\sigma(\bar{x})}{\bar{x}}$
7	$y = \sin x$	$\sigma(\bar{y}) = \lvert\cos\bar{x}\rvert\sigma(\bar{x})$	—
8	$y = \ln x$	$\sigma(\bar{y}) = \frac{\sigma(\bar{x})}{\bar{x}}$	—

1.4　有效数字及其运算

实验数据的有效数字问题看似简单，其实不然，实验过程中要记录很多数据，实验后要对这些数据进行计算处理，以得出最终测量结果。那么，记录时应取几位数字？运算中间过程应保留几位数字？最后的结果又应保留几位数字？以上都是实验数据处理中的重要问题，应有一个明确的认识。

1. 有效数字的概念

实验中所测得的量值都含有误差，因此不能任意取舍，写出的数值必须能够反映测量的准确度(不确定度)。

例如用钢直尺测量光杠杆的臂长，仪器的最小分度值为 1 mm，能估计到$\frac{1}{10}$分度，测得值为

31.3 mm，测量值共有三位，“31”是直接从直尺上读到的数字，称作准确数字，最末一位“3”是从测量仪器的最小分度之间估计出来的，称作欠准数字。准确数字与欠准数字共同构成了测量值的有效数字。所以，这个测量值的有效数字是31.3，有效位数有三位。

有效位数的多少是由测量仪器的精度和被测量量值的大小决定的，它直接反映出测量的准确程度。实验中应该注意以下几个问题：

①对十进位数，从非零数字最左一位向右数而得到的位数，就是有效位数。

②有效位数与小数点的位置无关。例如2.34 cm改用m作单位时为0.023 4 m，它们的有效位数都是三位。

③数字末尾的“0”不能随意取舍。例如8 410 Ω与8.41×10^3 Ω不一样，前者有四位有效位数，而后者只有三位。

④常数的有效位数可根据需要恰当选择，一般以参与运算的各量中有效位数最多者为参照，多选一位（或选相等位数）。

⑤对很大或很小的数值，正确使用科学计数法，但要保证有效位数不变。例如

$$0.023\,4\ \text{m}=2.34\times10^{-2}\,\text{m}=2.34\times10^{7}\,\text{nm}$$

2. 有效数字的运算规则

有效数字运算的总规则是：准确数字与准确数字运算，结果仍为准确数字；准确数字与欠准数字运算，结果为欠准数字；欠准数字与欠准数字运算，结果为欠准数字；运算结果只保留一位欠准数字，其余的欠准数字按照有效数字的数值修约规则处理。

（1）加减运算

加减运算时，以参与运算的各项中末位数量级最大的那一位作为运算结果的有效数字的末位。

例如：$30.3+1.318+0.002\,7=30.3+1.32+0=31.6$

（2）乘除运算

参与乘除运算的各项中，以有效位数最少的一项的有效位数，作为运算结果的有效位数。

例如：$\dfrac{10.512\times0.33}{1.218}=\dfrac{10.51\times0.33}{1.22}=2.8$

（3）乘方、立方、开方运算

运算结果的有效位数与参与运算的数字的有效位数相同。

例如：$\sqrt{34.47}=5.871$

（4）函数运算

一般来说，函数运算结果的有效位数需要通过微分公式先求出不确定度，再由不确定度所在位确定有效数字的最后一位。为了简便起见，按照以下规则处理：

①对数运算结果的有效数字中，小数点后的位数取成与真数的位数相同。

②指数函数运算结果的有效数字中，小数点后的位数取成与指数中小数点后面的位数相同。

③三角函数运算，所用三角函数表的位数随角度误差的减小而增加，角度误差为1′、10″、1″、0.1″时，相应的三角函数表位数分别选择4位、5位、6位、7位。

3. 数值修约规则

有效数字的数值修约就是去掉数值中多余的欠准位。我国标准(与大多数国家的标准基本一致)规定的《数值修约规则与极限数值的表示和判定》(GB/T 8170—2008),其要点如下:

①拟舍弃数字的最左一位数字小于 5 时,则舍去,保留其余各位数字不变。

②拟舍弃数字的最左一位数字大于 5 时,则进 1,即保留数字的末位数字加 1。

③拟舍弃数字的最左一位数字是 5,且其后有非 0 数字时进 1,即保留数字的末位数字加 1。

④拟舍弃数字最左一位数字为 5,且其后无数字或皆为 0 时,若所保留的末位数字为奇数(1,3,5,7,9),则进 1,即保留数字的末位数字加 1;若所保留的末位数字为偶数(0,2,4,6,8),则舍去。

⑤负数修约时,先将它的绝对值按上述规定(①—④)进行修约,然后在所得值前加上负号。

⑥修约过程应该一次完成,不能多次连续修约。例如,要使 0.546 保留到一位有效位数,不能先修约成 0.55,再接着修约成 0.6,而应当一次性修约成 0.5。

例如,将下列数据保留 3 位有效位数:9.824 99,9.825 71,9.825 00,9.825 01。

9.824 99,将要舍弃的部分“0.004 99”小于“0.005 00”,修约值为 9.82;

9.825 71,将要舍弃的部分“0.005 71”大于“0.005 00”,修约值为 9.83;

9.825 00,将要舍弃的部分“0.005 00”等于“0.005 00”,且“5”前面的数字是偶数“2”,则修约值为 9.82;

9.825 01,将要舍弃的部分“0.005 01”大于“0.005 00”,则修约值为 9.83。

这套规则可简单地叫做“四舍六入五凑偶”规则,从数学本质上看是为了避免当数据分散性比较大时,四舍五入过程中入的机会多一点,舍的机会少一点,由此而产生的系统性偏差。

4. 实验数据有效位数的确定

知道有效位数后进行修约不难,因为规则较简单,难点在如何确定数据的有效位数。数据读取和结果表示时,有效位数的确定是为了保证测量结果的准确度基本不会因位数取舍而受到影响,同时避免因多读取或保留一些无意义的多余位数而做无用功。

下面分别从读数、运算和结果表示三个环节来讨论如何确定有效位数的问题。

(1)原始数据有效位数的确定

由仪表、量具读取原始数据时,一般要充分反映计量器具的准确度,通常要使计量器具所能读出(包括估读)的位数全部读出来。

①游标类量具一般读到游标分度值的整数倍。如游标卡尺、分光计方位角的游标读数盘、椭圆偏振测量仪上的角度读数游标盘、水银大气压力计的读数标尺等。

②数显仪表及有十进制步进式标度盘的仪表,一般直接读取仪表的示值。如电阻箱、电桥、电位差计等。

③指针式仪表一般要估读到最小分度值的 1/10 ~ 1/4,或使估读间隔不大于仪器误差限的 1/5 ~ 1/3。由于人眼分辨能力的限制,一般很难估读到 1/10 分度以下。

④对于一般可估读到最小分度值以下的计量器具,当最小分度不小于 1 mm 时,通常要估读到 1/10 分度。如螺旋测微器和测量显微镜鼓轮的读数,都要估读到 1/10 分度;少数情况下

也可估读到1/5或1/2分度。例如光具座上标尺的坐标读数可以估读到毫米分度的1/2或1/5。

(2)运算过程中的数和中间运算结果的有效位数

在物理实验教学中,对参与运算的数以及中间运算结果都可以不作修约(或适当多取几位),只在最后结果表示前作修约,以避免修约过早带来过大的附加误差。

(3)测量结果最终表达式中的有效位数

实验测量结果的最终表达式包括测量的标准不确定度 u、被测量的量值 x 以及物理量的单位。

①不确定度的有效位数。

对于独立被测量的不确定度,规定只取1~2位有效位数。实验教学中约定:修约前首位数字较小时(如1、2等)一般取两位,首位大于3时通常取1位;用百分数表示的相对不确定度也只取1~2位。另外,不确定度的计算,原则上“宁大勿小”,所以修约时通常“只进不舍”。

②被测量量值的有效位数。

最终测量结果的表达式 $X=x\pm u_x$ 中,量值 x 与不确定度 u_x 的末位数字一般要对齐。

例如,测量某精密电阻,$\overline{R}=100.004\ 333\ \Omega$,$u_R=0.001\ 3\ \Omega$。

测量结果为:$R=(100.004\ 3\pm0.001\ 3)\ \Omega$。

有效位数的确定,既要能充分反映测量方法或数学方法本身的精密度,又要避免所取位数过多而做无用功或造成误解,因此,数值修约是数据处理的必要环节。物理实验中要求“抓两头,放中间”,所谓“抓两头”,就是要重视原始数据读取和最后结果表示这一前一后两个环节;所谓“放中间”,就是中间运算过程中不要无根据地随意减少数据的位数,要适当多取几位,以避免过早舍入造成误差的亏损和累积效应。

1.5 实验数据处理的基本方法

实验数据处理是指对所有实验数据进行整理、分析、计算,做成图、表等,或将所有数据归纳成一定表达式,揭示物理量之间的变化关系,乃至得到一个客观、合理的实验结果的全过程。而采用的数据处理的方法是否正确、恰当,对最后获得准确可靠的实验结论至关重要。

常用的数据处理方法有列表法、作图法、图解法、逐差法、回归分析等,在实验数据处理的过程中可能会用到一种或多种方法,下面分别予以介绍。

1. 列表法

列表法指在记录和处理数据时,将数据记录、整理、排列成表格形式的一种方法。它是实验数据处理的基础,应当熟练掌握。

(1)列表的作用

①可以清楚、简明地表示相关物理量之间的对应关系,揭示相关数据之间的实验规律,从而求出经验公式。

②便于减少和避免错误,便于发现问题数据,便于随时检查数据并发现错误。

③提高记录和处理数据的工作效率。

(2)列表的要求

①所列表格清晰明了,使读表人能较容易地看出相关物理量之间的关系,便于处理数据。

②表格中应包含一些基本的信息,比如物理量的名称、符号、单位等。注意:在表格中物理单位不要重复写入。

③表格中的数据应正确反映测量值的有效数字。列入表中的主要数据是原始数据,处理过程中一些重要的中间结果也需要列入表格。

④提供表格相关的说明和参数。包括表格的名称、主要测量仪器规格(型号、量程及准确度等级等)、相关测量环境参数和其他需要引用的物理常数等。

(3)列表法举例(表 1.3)

表 1.3　小球直径测量数据表(千分尺:0 ~ 25 mm,0.004 mm)

次数 n	1	2	3	4	5	6	7	8	9	10
D_i/mm	25.38	25.40	25.42	25.38	25.42	25.38	25.40	25.42	25.28	25.40
ν_i/mm	-0.008	0.012	0.014	-0.008	0.014	-0.008	0.012	0.014	-0.108	0.012
ν_{ci}/mm	-0.02	0.00	0.02	-0.02	0.02	-0.02	0.00	0.02	—	0.00

说明:

①标题栏中给出了测量仪器的相关参数。

②表内物理量的名称、符号和单位正确。

③表格内填写了完整的原始数据,数据中有些重要计算也应直接写入。

④通过 ν_i 所在行数据可以看出,在第 9 次测量中 $\nu_9 = -0.108$,很可能第 9 次测量值有问题,按照格拉布斯准则计算后该数据应剔除。

⑤列表之后要对数据继续进行相应的处理,并最终得到测量结果,不能简单地认为此时实验已经结束。

2. 作图法和图解法

作图法就是将已知量和测量量的所有数据按照一定的对应关系用图线表示出来的一种常用的数据处理方法。图解法就是依据数据所给出的图线,实验者可以研究物理量之间的变化关系,并找出其中的规律,确定对应量的函数关系并求出经验公式的方法。

(1)作图的基本原则

①选择合适的坐标纸。常用坐标纸有直角坐标纸(毫米方格纸)、极坐标纸、对数坐标纸、双对数坐标纸等。应根据具体的实际情况选择合适的坐标纸。

②坐标轴和标尺的选择。一般用横轴代表自变量,用纵轴代表因变量。将要作图的物理量的数值归纳、整理并填入表格,在选定的坐标纸上标明标度、方向、代表的物理量和单位等。要合理选择两坐标轴的比例和坐标原点,便于所得图线均匀地填充至整个图纸。

注意:将分度值均匀地标记于坐标轴上,且在分度时应以容易确定且便于计算的数值进行标记。如选择“1、2、5”,不选择“3、5、7”等。

③标点。根据原始测量数据用尖锐的铅笔将对应的数据用“+、×、●、◆”等符号标记在坐标纸上,然后根据这些数据绘制出平滑的曲线(校准曲线除外)。连线时需用直尺或曲线板。

在实验范围以内画直线，实验范围以外画虚线。

④写明图线的名称。一般在图的下方标注图线的名称，图名中通常把纵轴所代表的物理量写在前面。同时在图中注明必要的实验条件。

(2)直线图解法

如果数据中自变量，因变量 x、y 属线性关系，则可用 $y=a+bx$ 表示。只要求出斜率和截距，即可得出完整的线性方程。可按下列步骤进行：

①选点。通常在所作的图线上选取两个点，所选点一般不用实验点，并用与实验点不同的符号标记，此两点应尽量在直线的两端。如记为 $A(x_1,y_1)$ 和 $B(x_2,y_2)$，并用"+"表示实验点，用"⊙"表示选点。

②求斜率。根据直线方程 $y=a+bx$，将两点坐标代入，可解出图线的斜率：

$$b=\frac{y_2-y_1}{x_2-x_1} \tag{1.21}$$

③求与 y 轴的截距：

$$a=\frac{x_2y_1-x_1y_2}{x_2-x_1} \tag{1.22}$$

④求与 x 轴的截距：

$$X_0=\frac{x_2y_1-x_1y_2}{y_2-y_1} \tag{1.23}$$

(3)曲线改直法

直线绘制简单，而且直线方程的两个参数(截距和斜率)也较容易计算。在已知函数关系的情况下，作两变量之间的关系图线时，可将非线性函数曲线转换为线性函数曲线。常用的曲线改直线的方法有以下几种。

①$y=ax^b$，a、b 为常数。则 $\ln y=\ln a+b\ln x$，$\ln y$—$\ln x$ 图是一条直线，斜率为 b，截距为 $\ln a$。

②$y=ae^{-bx}$，a、b 为常数。则 $\ln y=\ln a-bx$，$\ln y$—x 图是一条直线，斜率为 $-b$，截距为 $\ln a$。

③$y=ab^x$，a、b 为常数。则 $\ln y=\ln a+x\ln b$，$\ln y$—x 图是一条直线，斜率为 $\ln b$，截距为 $\ln a$。

④$x\cdot y=a$，a 为常数。则 $y=\frac{a}{x}$，y—$\frac{1}{x}$ 图是一条直线，斜率为 a。

⑤$y^2=2ax$，a 为常数。则 y^2—x 图是一条直线，斜率为 $2a$。

⑥$y^2=a^2-x^2$，a 为常数。则 y^2—x^2 图是一条直线，斜率为 -1，截距为 a^2。

下面举例说明：

例如，已知某电容器放电过程中的物理量 x 和 y 按下列规律变化

$$y=Ae^{-Bx}$$

式中，A 和 B 是未知常数，需要用图解法处理数据。如果用半对数坐标纸作图，以 y 为纵轴(对数坐标)，则 $y=Ae^{-Bx}$ 变为 $\lg y=-B(\lg e)x+\lg A$，由直线斜率可求 B，截距可求 A；如果不用半对数坐标纸，而用直角坐标纸则可先计算 $\lg y$ 后再作 $\lg y$-x 图，也可在直角坐标纸上得到直线。

再例如,用单摆测重力加速度 g,摆长 l 与周期 T 之间的关系为 $T=\sqrt{\frac{4\pi^2}{g}l}$,则可知 T^2 与 l 为一线性函数,其斜率为 $\frac{4\pi^2}{g}$,根据 T^2 与 l 的数据图像,即可求出 g 的值。

3. 逐差法

逐差法是物理实验中一种常用的数据处理方法。当自变量是等间距变化,因变量按测量顺序存在多项式函数关系时,常选用逐差法来处理数据。

逐差是将测量得到的实验数据“逐项相减”,或者“按因变量的大小顺序排列后平分为前、后(或高、低)两组实行对应项相减”。“逐项相减”可以在测量中随时进行,以判断测量是否正确。而当自变量与因变量呈线性关系时,对自变量等间距变化的多次测量,则必须按后一种方法进行数据处理。

例如,用霍尔位置传感器法测量金属杨氏模量实验,测得该金属横梁中心位置 Z_i(mm) 读数与所加挂砝码质量 m_i(g) 的关系,实验数据见表 1.4。求每次载荷 50 g 砝码,金属横梁中心位置的微小改变量 $\overline{\Delta Z}$ 。

表 1.4　用霍尔位置传感器法测量金属杨氏模量实验数据

次数 n	1	2	3	4	5	6	7	8	9
m_i/g	0.00	10.00	20.00	30.00	40.00	50.00	60.00	70.00	80.00
Z_i/mm	2.017	1.956	1.821	1.709	1.583	1.469	1.325	1.228	1.108

解①:用“逐项相减”的方法来进行计算。

$$\Delta Z_i=\frac{1}{8}[(Z_9-Z_8)+(Z_8-Z_7)+\cdots+(Z_2-Z_1)]$$

$$=\frac{1}{8}(Z_9-Z_1)\approx-0.114\ \text{mm}$$

很显然可以看出中间值全无用,只有第一次和最后一次测量值起作用。这样和单次测量没有什么区别。

解②:用“前、后两组对应项相减”的方法来进行计算,见表 1.5。

表 1.5　用逐差法处理微小位移量表格 1

前组 Z_i/mm		后组 Z_{i+4}/mm		逐差($Z_{i+4}-Z_i$)/mm	
Z_1	2.017	Z_5	1.583	Z_5-Z_1	−0.434
Z_2	1.956	Z_6	1.469	Z_6-Z_2	−0.487
Z_3	1.821	Z_7	1.325	Z_7-Z_3	−0.496
Z_4	1.709	Z_8	1.228	Z_8-Z_4	−0.481
Z_5	1.583	Z_9	1.108	Z_9-Z_5	−0.475

求差平均：

$$\overline{\Delta Z}=\frac{1}{5\times 4}[(Z_5-Z_1)+\cdots+(Z_9-Z_5)]\approx -0.119\ \text{mm}$$

解③：用“高、低两组对应项相减”的方法来进行计算，见表1.6。

表1.6　用逐差法处理微小位移量表格2

高组 $Z_{高}$/mm		低组 $Z_{低}$/mm		逐差($Z_{高}-Z_{低}$)/mm	
Z_9	1.108	Z_8	1.228	Z_9-Z_8	-0.120
Z_7	1.325	Z_6	1.469	Z_7-Z_6	-0.144
Z_5	1.583	Z_4	1.709	Z_5-Z_4	-0.126
Z_3	1.821	Z_2	1.956	Z_3-Z_2	-0.135
Z_1	2.017	—	—	—	—

$$\overline{\Delta Z}=\frac{1}{4}[(Z_9-Z_8)+\cdots+(Z_3-Z_2)]\approx -0.131\ \text{mm}$$

不难看出，解②和解③中使用的数据量都比解①要多，这样可以充分利用数据，体现多次测量的优点，减小测量误差。

4. 回归分析

无论是图解法还是逐差法都有一定的局限性，因为它们不是建立在严格的统计理论基础上的数据处理方法。比如在图解法中，用同样一组数据在作图纸上作图，不同的人可以画出不同的曲线，自然他们得出的测量结果也就不同。又如在上述逐差法的举例中，解②和解③虽然都用了逐差法，但是测量结果却不同。而回归分析则是利用概率统计的基础知识进行分析、讨论、处理多个变量之间相互关系的一种数据处理方法。

(1) 回归分析的本质

回归分析是处理多个变量之间相关关系的一种数学方法。相关关系和函数关系不同，变量之间没有确定性关系。例如，材料性能与温度之间的关系就是一种相关关系，而没有确定关系，原因是材料性能往往由多种因素共同决定，如组成、结构、工艺参数等。

从变量之间的依存关系来看，回归分析包括以下几种。

①一元线性回归分析：一个变量的变化仅仅取决于另一个变量的变化，两个变量之间呈线性关系。

②一元非线性回归分析：一个变量的变化仅仅取决于另一个变量的变化，两个变量之间呈非线性关系。

③二元或多元回归分析：一个变量的变化取决于两个或两个以上变量的变化，变量之间呈线性或非线性关系。

在实验中我们主要学习并使用一元线性回归分析进行数据的处理。

(2) 一元线性回归分析

回归分析的任务之一就是确定具有相关关系的变量之间的经验关系式，以便由一个(或几个)变量的数值估计出另一个变量的数值。一元线性回归所要考虑的仅仅是两个变量之间的关系,假如要分析一对变量 X 和 Y 的相关关系,可以通过来自 X 和 Y 这两个总体的一组数据 $(x_i, y_i)(i=1,2,\cdots,n)$ 来确定 X 和 Y 之间的经验公式,即

$$y = f(x) \tag{1.24}$$

上式是 Y 关于 X 的回归方程,其中 y 是 Y 的估计值。

例如,某种合成材料的强度与其拉伸倍数有关,表 1.7 是 24 个材料试样的强度与相应的拉伸倍数的实测记录,试建立这两个变量之间的关系。

表 1.7　某材料的拉伸强度与拉伸倍数

强度 Y	倍数 X	强度 Y	倍数 X	强度 Y	倍数 X
1.9	1.4	4.0	4.0	6.5	6.0
2.0	1.3	4.0	3.5	7.1	5.3
2.1	1.8	4.5	4.2	8.0	6.5
2.5	2.5	4.6	3.5	8.0	7.0
2.7	2.8	5.0	5.5	8.0	7.2
2.7	2.5	5.2	5.0	8.2	7.4
3.5	3.0	6.0	5.5	8.6	7.6
3.5	2.7	6.3	6.4	8.6	7.4

根据解析几何知识,在平面上选取一个直角坐标系,把这 24 对数据对应的点画在坐标系中,得到如图 1.2 所示的散点图。

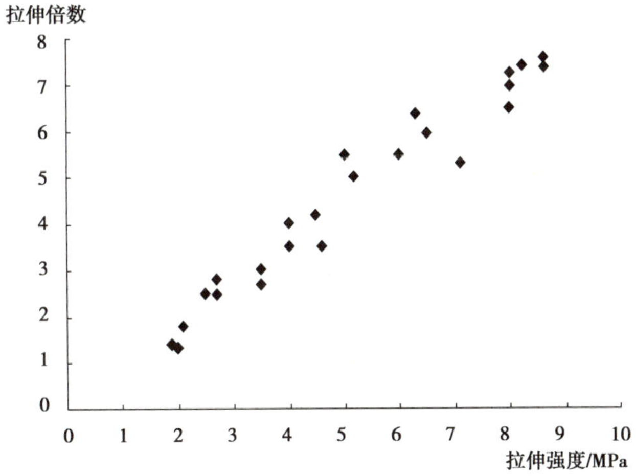

图 1.2　拉伸强度与拉伸倍数散点图

从图 1.2 可以看出,这些点大致分布在某一条直线的两侧。也就是说,拉伸倍数与拉伸强度之间大体上呈线性关系。如果配置一条直线,则可写成

$$\hat{y} = a + bx \tag{1.25}$$

这里,在 y 上方加记号“^”是因为 $\hat{y}$ 是由经验公式得到的 Y 的估计量,它区别于 Y 的实际值 y。

式(1.25)便是所要求的 Y 和 X 的定量关系式,称为回归方程。要求出回归方程,就必须确定式中的 a 和 b。下面用最小二乘法原理来求 a 和 b。

实际测量值 y_i 和 $\hat{y}$ 的差异:

$$y_i - \hat{y}_i = y_i - (a + bx_i)$$

右侧平方得到:

$$[y_i - (a + bx_i)]^2$$

将所有点的差异平方加起来得到偏差(离差)平方和:

$$S = \sum_{i=1}^{n} [y_i - (a + bx_i)]^2 \tag{1.26}$$

这个量反映了直线与各点之间总的偏差程度,它是随不同直线变化的,或者说是随不同的 a 与 b 而变化的,所以它是 a、b 的二元函数,记为 $Q(a,b)$,于是:

$$Q(a,b) = \sum_{i=1}^{n} [y_i - (a + bx_i)1]^2 \tag{1.27}$$

现在,要找一条直线,使其总的看来最"接近"这 n 个点的问题,就转化为"找到两个数 $\hat{a}$ 和 $\hat{b}$,使二元函数 $Q(a,b)$ 在 $a=\hat{a}$、$b=\hat{b}$ 处达到最小,即总的偏离程度最小。

由于 $Q(a,b)$ 是 n 个数值的平方和,所以"使 $Q(a,b)$ 最小"的原则称为最小二乘法原则(也称平方和最小原则)。按照以上原则,用微分求极值的方法,求解二元一次联立方程:

$$\begin{cases} \dfrac{\partial Q}{\partial a} = -2\sum_{i=1}^{n} [y_i - (a + bx_i)] = 0 \\ \dfrac{\partial Q}{\partial b} = -2\sum_{i=1}^{n} [y_i - (a + bx_i)] \cdot x_i = 0 \end{cases} \tag{1.28}$$

或写成

$$\begin{cases} na + \left(\sum_{i=1}^{n} x_i\right) b = \sum_{i=1}^{n} y_i \\ \left(\sum_{i=1}^{n} x_i\right) a + \left(\sum_{i=1}^{n} x_i^2\right) b = \sum_{i=1}^{n} x_i y_i \end{cases} \tag{1.29}$$

不难求解得

$$\begin{cases} \hat{a} = \bar{y} - b\bar{x} \\ \hat{b} = \dfrac{l_{xy}}{l_{xx}} \end{cases} \tag{1.30}$$

其中

$$\bar{x} = \frac{1}{n}\sum_{i=1}^{n} x_i \tag{1.31}$$

$$\bar{y} = \frac{1}{n}\sum_{i=1}^{n} y_i \tag{1.32}$$

$$l_{xx} = \sum_{i=1}^{n} (x_i - \bar{x})^2 = \sum_{i=1}^{n} x_i^2 - \frac{1}{n}\left(\sum_{i=1}^{n} x_i\right)^2 \tag{1.33}$$

$$l_{xy}=\sum_{i=1}^{n}(x_i-\bar{x})(y_i-\bar{y})=\sum_{i=1}^{n}x_iy_i-\frac{1}{n}\left(\sum_{i=1}^{n}x_i\right)\left(\sum_{i=1}^{n}y_i\right) \tag{1.34}$$

$$l_{yy}=\sum_{i=1}^{n}(y_i-\bar{y})^2=\sum_{i=1}^{n}y_i^2-\frac{1}{n}\left(\sum_{i=1}^{n}y_i\right)^2 \tag{1.35}$$

将由式(1.30)计算得到的 $\hat{a}$ 和 $\hat{b}$ 的值代入式(1.25),得到所求的线性方程:

$$\hat{y}=\hat{a}+\hat{b}x \tag{1.36}$$

这个方程叫做 Y 关于 X 的线性方程,其中,$\hat{b}$ 被称为回归系数,对应的直线叫做回归直线。

(3)线性拟合的有效性分析

实验测量数据 $y_1,y_2,\cdots,y_n$ 的偏差(离差)平方和定义为

$$S_{总}=\sum_{i=1}^{n}(y_i-\bar{y})^2$$

偏差(离差)平方和 $S_{总}$ 反映了观测值 y_i 总的分散程度,对 $S_{总}$进行分解,得

$$S_{总}=\sum_{i=1}^{n}[(\hat{y}_i-\bar{y})+(y_i+\hat{y}_i)]^2=\sum_{i=1}^{n}(\hat{y}_i-\bar{y})^2+\sum_{i=1}^{n}(y_i+\hat{y}_i)^2+2\sum_{i=1}^{n}(\hat{y}_i-\bar{y})(y_i+\hat{y}_i)$$

因式 $2\sum_{i=1}^{n}(\hat{y}_i-\bar{y})(y_i+\hat{y}_i)=0$,即有

$$S_{总}=\sum_{i=1}^{n}(\hat{y}_i-\bar{y})^2+\sum_{i=1}^{n}(y_i+\hat{y}_i)^2=S_{回}+S_{余} \tag{1.37}$$

式中 $S_{回}$ 称为回归平方和,它反映了回归值 y_i 的分散程度,这种分散是由 Y 与 X 之间的线性相关关系引起的。

$S_{余}$ 称为残差平方和,它反映了观测值 y_i 偏离回归直线的程度,这种偏离是由观察误差等随机因素引起的。

引入统计量:

$$F=\frac{S_{回}}{S_{余}/(n-2)} \tag{1.38}$$

如果 Y 与 X 之间的线性相关关系显著,则 $S_{回}$ 的值较大,$S_{余}$ 的值较小。因而 F 的值也较大;反之,如果 Y 与 X 之间的线性相关关系不显著,则 F 的值较小。

我们也可以根据相关系数 R 的大小来判断是否线性相关。

对于相关系数 R:

$$R=\frac{\frac{1}{n}\sum_{i=1}^{n}(x_i-\bar{x})(y_i-\bar{y})}{\sqrt{\frac{1}{n}\sum_{i=1}^{n}(x_i-\bar{x})^2}\sqrt{\frac{1}{n}\sum_{i=1}^{n}(y_i-\bar{y})^2}}=\frac{l_{xy}}{\sqrt{l_{xx}\cdot l_{yy}}} \tag{1.39}$$

当 R 的值越接近 1,Y 与 X 之间的线性相关关系越显著。当 $R>0$ 时,称 Y 与 X 正相关;当 $R<0$ 时,称 Y 与 X 负相关;当 R 的绝对值接近 0 时,可以认为 Y 与 X 之间不存在线性相关关系。

第 2 章

力、热学实验

2.1 长度测量

【实验目的】

①学会游标卡尺、螺旋测微器和读数显微镜的正确使用。
②掌握测量长度、密度的基本方法。
③掌握有效数字的正确使用和测量不确定度的估算。

【实验原理】

1. 游标卡尺

游标卡尺的结构如图 2.1 所示。有一最小分度为毫米的主尺 A 和套在 A 上可以滑动的游标尺 B。主尺左端有两个垂直于主尺长度的固定量爪 D 和 C,游标尺左端有两个垂直于主尺长度的活动量爪 C′和 D′,且有一测量深度的尾尺 E。C′、D′ 和 E 都随游标尺一起移动。

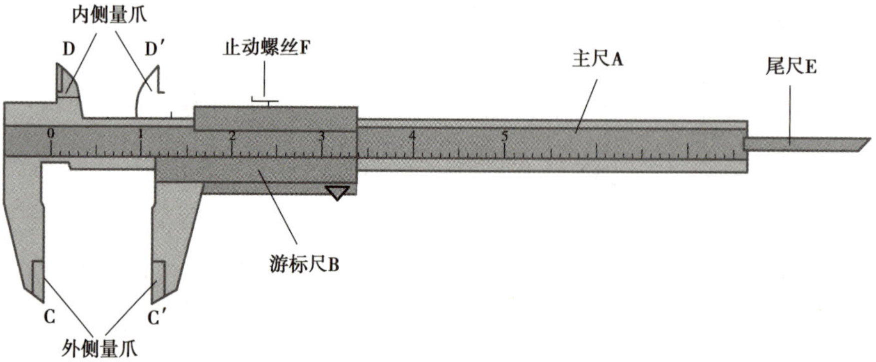

图 2.1　游标卡尺的结构

游标尺上有一个止动螺丝 F,松开 F 可使游标尺沿主尺滑动。当量爪 C 和 C′密切接触

(此时,D 和 D′也密切接触,且尾尺 E 的尾端恰与主尺的尾端对齐),主尺上的“0”刻线和游标尺上的“0”刻线也正好对齐。外测量爪 C,C′用于测量物体长度,内测量爪 D,D′用于测量空心物体的内径。

使用游标卡尺时应该左手拿待测物,右手握尺,用拇指按游标尺上凸起部位,或推或拉,把物体轻轻卡住即可读数。不要把被夹紧的待测物在量爪间挪动,以免磨损量爪。

游标卡尺的结构特点是游标上 N 个最小分格的总长度与主尺上 $N-1$ 个最小分格的总长度相等。

设主尺上一个最小分格长度为 y,而游标上一格为 x,则有 $Nx=(N-1)y$,主尺与游标上每个最小分格之差为 $y-x=\frac{y}{N}$,$\frac{y}{N}$ 就称为游标卡尺的精度。

游标卡尺有十分度、二十分度、五十分度 3 种,若 $y=1$ mm,$N=50$(五十分度)的游标卡尺,则 $\frac{y}{N}=\frac{1}{50}=0.02$ mm,即该游标卡尺的精度为 0.02 mm。

测量方法:将待测物体放在游标卡尺的钳口之间,用大拇指推移游标尺使物体与钳口紧密接触,此时主尺的“0”线与游标的“0”线之间的长度就是待测物体的长度。若游标的“0”线在主尺上的位置距主尺“0”线之间主尺上最小分格数为 n,则物体长度毫米以上的整数值为 ny。毫米以下的小数值从游标上读出,若游标的第 k 条分格线与主尺上某一分格线对齐,游标读数为 $ky-kx=k\frac{y}{N}$,则待测物体长度为

$$L=ny+k\frac{y}{N}$$

2. 螺旋测微器

螺旋测微器也叫千分尺,其结构如图 2.2 所示。测微螺杆 F 的右边连着螺距为 0.5 mm 的螺杆,螺母套筒 B 与尺架 C 相连,螺母套筒 B 内刻有螺纹与测微螺杆 F 配合。螺母套筒 B 上有刻度,并刻有横线,横线上面(或下面)刻度线的最小分度值都是毫米,而上、下相邻两刻度线的间距是 0.5 mm。当微分套筒 D 旋转时,带动测微螺杆向左或向右移动,微分套筒 D 前端的筒面上沿着圆周刻有 50 格分度,微分套筒 D 旋转一周,测微螺杆 F 移动 0.5 mm,所以微分套筒 D 每转一格分度,测微螺杆 F 即转动 0.01 mm,因此,微分套筒 D 上的最小分度为 0.01 mm,可估读到 0.001 mm。一般实验室常用的一级千分尺的仪器误差为 0.004 mm。

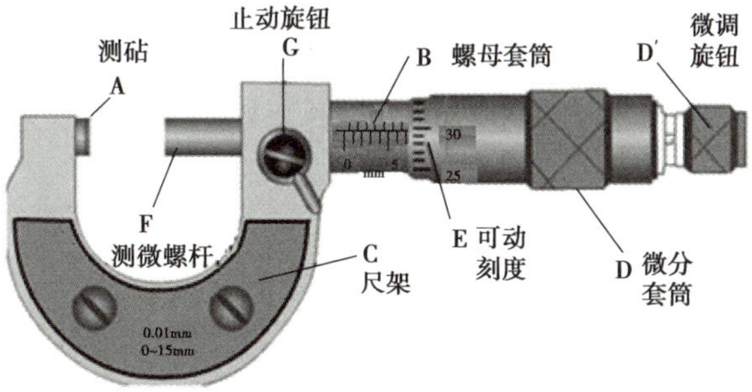

图 2.2　螺旋测微器结构图

使用千分尺时应先校正零点(或记下初读数)。旋动微分套筒 D,当测微螺杆 F 将要接触

测砧 A 时，应转动微调旋钮 D′，当听到“喀、喀”的声音时应停止转动，因为这时测砧 A 和测微螺杆 F 刚好接触但此时的微分套筒 D 上的“0”线不一定与螺母套筒 B 上的横线重合，记录此时微分套筒 D 上的初读数。应注意初读数有正、有负，测量长度时所得的读数再减去初读数后才是待测物的长度。

3. 读数显微镜

读数显微镜是用来测量微小长度和微小距离的，它主要由 3 部分组成：低放大倍数的显微镜、微小测量长度部分（多分度的游标或螺旋测微器）和机械部分，如图 2.3 所示。

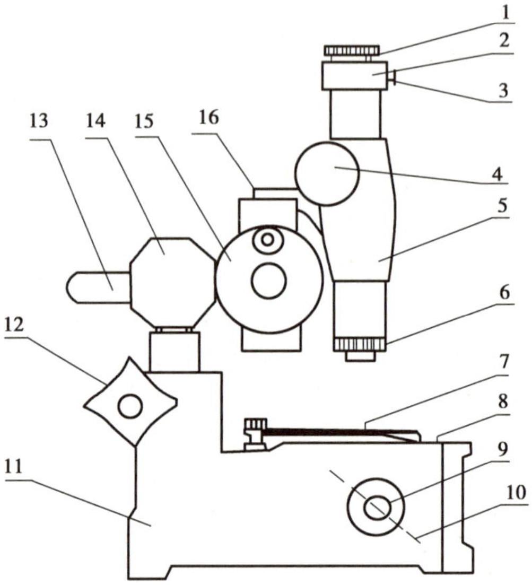

图 2.3　读数显微镜结构示意图

1—目镜；2—锁紧圈；3—锁紧螺钉；4—调焦手轮；
5—镜筒支架；6—物镜；7—压片；8—载物平台；
9—手轮；10—反光镜；11—基座；12—锁紧手轮Ⅰ；
13—方轴；14—锁紧手轮Ⅱ；15—测微手轮；16— 标尺

显微镜装在一个由丝杆带动的镜筒支架上，这个支架连同显微镜安装在底座支架上。物镜通过调焦手轮 4、测微手轮 15 上下左右移动。底座上设有玻璃平台和压紧弹簧，可放置被测物体，底座中间装有反光镜 10。测微手轮 15 同螺旋测微器的微分筒一样，均匀刻有 100 个分度，转动测微手轮 15 可以带动显微镜沿标尺 16 左右移动，标尺的最小分度为 1 mm。测微手轮转动一周，显微镜沿标尺移动 1 mm，手轮转动一个分度，移动的微小距离为 1/100 mm，故可以准确读出 1/100 mm，估读到 1/1 000 mm。有的读数显微镜测微手轮上没有分度，而用 50 或 100 分格的游标代替标尺指示线。

读数显微镜的使用方法：

①按要求将物镜对准待测物体。

②调节显微镜的目镜到可清楚看到叉丝为止。

③旋转手轮，调节显微镜的焦距，使待测物体成像清楚。

④转动目镜，使叉丝竖线与待测物体的一个端面平行，并旋转测微手轮，使叉丝竖线对准被测件的起点（或与待测的孔径一点相切），并记下标尺的数值 A，读数方法与螺旋测微器或游

标卡尺相同。沿同方向继续旋转测微手轮，使叉丝竖线与待测物体另一边终点线重合（或与待测孔径对称的另一点相切），并读出标尺指示的数值 A'，两次读数之差 ΔL，即为待测物体的长度（或孔径的大小）。

【实验仪器】

游标卡尺、螺旋测微器、读数显微镜、铜圆柱体、小钢珠、细铜丝等。

【实验内容与步骤】

①用游标尺测铜圆柱体的高度和直径：取不同部位各测量 6 次，求平均值和不确定度；计算体积 V 及不确定度。

②用螺旋测微器测小钢珠直径：取不同部位各测量 6 次，求平均值和不确定度。

③测定铜圆柱体的密度：称量铜圆柱体的质量，然后依据步骤①中所测得的体积 V 求出铜圆柱体的密度。

④用读数显微镜测细铜丝直径：取不同部位各测量 6 次，求平均值和不确定度。

【数据处理与分析】

1. 用游标尺测量铜圆柱体的高度和直径（表 2.1）

表 2.1　用游标尺测量铜圆柱体的高度和直径（$\Delta_{INS}=0.02\ mm$）

直径和高度	1	2	3	4	5	6	平均值
D/mm							
$D_i-\overline{D}$							—
H/mm							
$H_i-\overline{H}$							—

$$s_{\overline{D}}=\sqrt{\frac{\sum_{i=1}^{n}(D_i-\overline{D})^2}{n(n-1)}}=\_\_\_\_\_\_\_\_\_\_;$$

$u_A=s_{\overline{D}}=$ __________；　$u_B=\dfrac{\Delta_{INS}}{\sqrt{3}}=$ __________；

$u_D=\sqrt{u_A^2+u_B^2}=$ __________；

$D=\overline{D}\pm u_D=$ __________，$P=$ ________。

$$s_{\overline{H}}=\sqrt{\frac{\sum_{i=1}^{n}(H_i-\overline{H})^2}{n(n-1)}}=\_\_\_\_\_\_\_\_\_\_;$$

$u_A=s_{\overline{H}}=$ __________；　$u_B=\dfrac{\Delta_{INS}}{\sqrt{3}}=$ __________；

$u_H = \sqrt{u_A^2 + u_B^2} =$ ______；

$H = \overline{H} \pm u_H =$ ______，$P =$ ______。

$\overline{V} = \frac{\pi}{4}\overline{D}^2\overline{H} =$ ______；

$E_V = \frac{u_V}{\overline{V}} = 2\frac{u_D}{\overline{D}} + \frac{u_H}{\overline{H}} =$ ______；　　$u_V = \overline{V}E_V =$ ______；

$V = \overline{V} \pm u_V =$ ______，$P =$ ______。

2. 用螺旋测微器测小钢珠的直径(表 2.2)

表 2.2　用螺旋测微器测小钢珠的直径($\Delta_{INS} = 0.004$ mm，$D' =$ ______)

直径	1	2	3	4	5	6	平均值
D/mm							—
$D_{修} = D_i - D'$							
$D_{修i} - \overline{D}_{修}$							

$s_{\overline{D}} = \sqrt{\frac{\sum_{i=1}^{n}(D_{修i} - \overline{D}_{修})^2}{n(n-1)}} =$ ______；

$u_A = s_{\overline{D}} =$ ______；　$u_B = \frac{\Delta_{INS}}{\sqrt{3}} =$ ______；

$u_D = \sqrt{u_A^2 + u_B^2} =$ ______；

$D = \overline{D} \pm u_D =$ ______，$P =$ ______。

3. 计算圆柱体的密度

$m =$ ______；　$u_m = \sqrt{u_A^2 + u_B^2} = u_B =$ ______；

$M = m \pm u_m =$ ______；$\rho = \frac{m}{\overline{V}} =$ ______；

$\frac{u_\rho}{\rho} = \sqrt{\left(\frac{u_m}{m}\right)^2 + \left(\frac{u_V}{\overline{V}}\right)^2} =$ ______；

$\rho = \overline{\rho} \pm u_\rho =$ ______，$P =$ ______。

4. 用读数显微镜测量细铜丝外径(表 2.3)

表 2.3　用读数显微镜测量细铜丝外径[$d(\text{mm}) = |A-A'|$, $\Delta_{\text{INS}} = 0.004\ \text{mm}$]

外径	1	2	3	4	5	6	平均值
A/mm							—
A'/mm							—
d/mm							
$d_i-\bar{d}$							—

$s_{\bar{d}} = \sqrt{\dfrac{\sum_{i=1}^{n}(d_i - \bar{d})^2}{n(n-1)}} =$ ________；　　$u_A = s_{\bar{d}} =$ ________；

$u_B = \dfrac{\Delta_{\text{INS}}}{\sqrt{3}} =$ ________；　　$u_d = \sqrt{2u_A^2 + 2u_B^2} =$ ________；

$d = \bar{d} \pm u_d =$ ________，$P =$ ________。

【课后讨论】

1. 注意事项

①游标卡尺测量前要检查零点。

②螺旋测微器测量前要校正零点，测量完毕后，应使螺旋杆与测砧的测量面之间留出一定间隙，以免因热膨胀而损坏螺纹。

③读数显微镜调焦时，应使镜筒移离待测物体，绝不能使镜筒向下移近待测物体，以免砸坏物镜；测量中，测微鼓轮只能向一个方向转动，以减小回程差对测量的影响。

2. 课后讨论题

①游标卡尺、螺旋测微器如何进行零点校准?

游标卡尺校正零点：松开紧固螺钉，轻推尺框，使卡尺两个量爪的测量面紧密接触，观察卡尺读数，若不为“0”，记下读数，以便修正测量值(加上或减去)。

螺旋测微器校正零点：缓慢转动棘轮旋柄，使螺旋杆与测砧的测量面逐渐合拢，听到“得”的声响即可。

②实验过程中应怎样减小螺旋测微器的系统误差?

测量前首先校准零点，以便修正测量值。零点读数为负值时，应反方向读出零点读数的绝对值。

③用读数显微镜测微小长度时，为什么测微鼓轮只能向一个方向转动?

测微鼓轮只能向一个方向转动，否则会产生回程差，影响测量准确度。

【实验小结】

①学会了正确使用游标卡尺、螺旋测微器和读数显微镜测量长度。
②理解了仪器精度与有效数字之间的关系,会正确读取原始数据。
③掌握了可定系统误差的处理方法。
④掌握了用不确定度评定测量误差的方法,能够正确表达直接测量量的测量结果。
⑤学会了间接测量量不确定度估算的方法,能够给出间接测量量的正确测量结果。

2.2 声速的测量

声波是一种在弹性媒质中传播的机械波,测量发现声波的振动方向与传播方向保持一致,因而声波是纵波。振动频率在 20 Hz~20 kHz 的声波可以被人们听到,称为可闻声波;频率低于 20 Hz 的声波称为次声波;频率超过 20 kHz 的声波称为超声波。声波特性的测量(如频率、波速、波长、声压衰减和相位等)是声学应用技术中的一个重要内容,特别是声波波速(简称声速)的测量,在无损检测、测距和定位、测气体温度的瞬间变化、测液体的流速、测材料的弹性模量等应用中具有重要的意义。如测量氯气等气体或蔗糖溶液的浓度、橡胶乳液的密度以及测定输油管中不同油品的分界面等,这些问题都可以通过测定这些物质中的声速来解决。声速的测量方法可分为两类:第一类是根据关系式 $v=L/t$,测出传播距离 L 和所需时间 t 后,即可算出声速 v;第二类是利用关系式 $v=\lambda \cdot f$,通过测量频率 f 和波长 λ 来算出声速 v。本实验所采用的共振干涉法和相位比较法属于后者,时差法则属于前者。

声速与声波的频率无关,只决定于弹性介质的性质。由于超声波具有波长短、易于定向发射及抗干扰等优点,所以在超声波段进行声速测量是比较方便的。本实验对声速这一非电量的测量是利用压电陶瓷换能器来进行的。

【实验目的】

①学会用共振干涉法和相位比较法测量空气中的声速。
②学会使用示波器和信号发生器。
③加强对驻波及振动合成等理论的理解。

【实验原理】

声波的传播速度与频率和波长的关系为

$$v=\lambda \cdot f$$

测得声波的频率和波长,就可得到声速。

同样,传播速度也可用 $v=L/t$ 表示,若测得声波传播所经过的距离 L 和传播时间 t,也可求得声速。

1. 超声波与压电陶瓷换能器

超声波具有波长短、易于定向发射、易被反射等优点。本实验超声波的发射和接收采用的是压电陶瓷制成的换能器(探头),它利用压电效应和磁致伸缩效应可以在机械振动与交流电压之间双向换能。在声速测量的实验中,采用超声波频率一般都在 20 ~ 60 kHz。在此频率范围内,采用压电陶瓷换能器作为声波的发射器、接收器效果最佳。

压电陶瓷换能器的结构如图 2.4 所示。头部用轻金属做成喇叭形,尾部用重金属做成柱形,中部为压电陶瓷圆环,螺钉穿过圆环的中心。这种结构增大了辐射面积。振子纵向长度的伸缩直接影响头部轻金属,发射的波有较好的方向性和平面性。

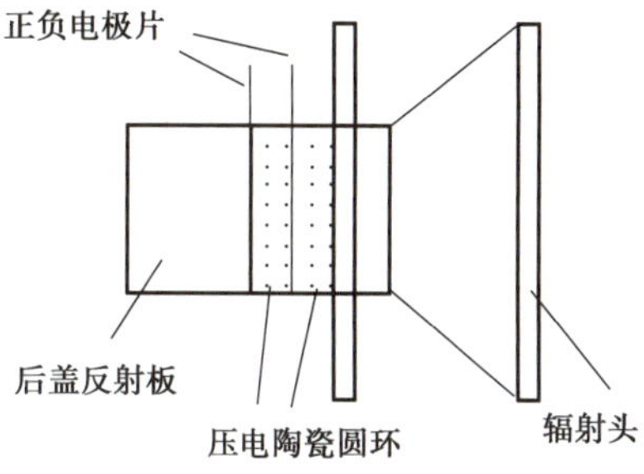

图 2.4　压电陶瓷换能器的结构简图

2. 共振干涉法(驻波法)测量声速

共振干涉法(驻波法)测量声速实验装置如图 2.5 所示,图中 S_1 和 S_2 为压电晶体换能器,S_1 作为超声波源,低频信号发生器输出的交流电信号接入换能器后,产生逆压电效应而发出一近似平面超声波。S_2 为超声波接收器,S_2 在接收声波的同时还能反射一部分超声波,反射波与入射波为相干波,形成驻波。

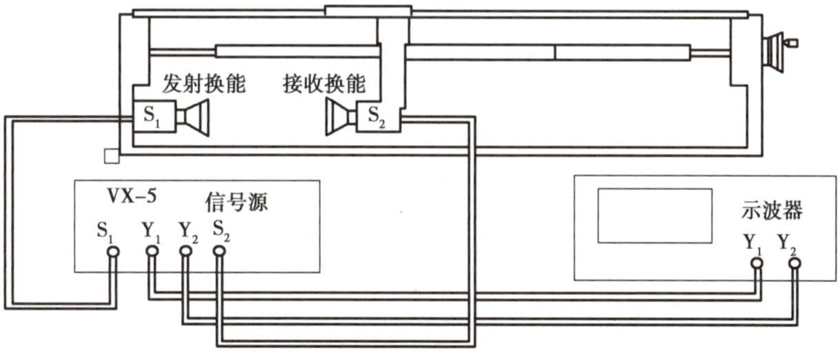

图 2.5　共振干涉法(驻波法)测量声速实验装置图

当两个换能器之间的距离等于半波长的整数倍时,来回声波的波峰与波峰、波谷与波谷正好重叠,产生驻波现象,波幅达到极大。从示波器上观察到的电压信号幅值也是极大值。

设沿 x 方向入射波方程为

$$\xi_1 = A\cos\left(\omega t + \frac{2\pi}{\lambda}x\right)$$

反射波方程为

$$\xi_2 = A\cos\left(\omega t - \frac{2\pi}{\lambda}x\right)$$

入射波与反射波相干叠加,合成驻波 ξ

$$\xi = \xi_1 + \xi_2 = \left(2A\cos\frac{2\pi}{\lambda}x\right)\cos\omega t$$

当 $\left|\cos\frac{2\pi}{\lambda}x\right| = \pm 1$ 时,振幅最大,称为波腹。对应在 $x = n\frac{\lambda}{2}, n = 1, 2, \cdots$ 位置上;

当 $\left|\cos\frac{2\pi}{\lambda}x\right| = 0$ 时,振幅最小,称为波节。对应在 $x = \pm(2n-1)\frac{\lambda}{4}, n = 1, 2, \cdots$ 位置上;

由上述讨论可以知道：任何两相邻的波腹或波节间的距离均为$\frac{\lambda}{2}$。

当信号发生器的策动频率等于驻波系统的固有频率时，系统的振幅最大，即发生驻波共振，声波波腹处的振幅达到最大值。当驻波系统偏离共振状态时，驻波的波形不稳定，且声波波腹的振幅比最大值要小很多。

缓慢地改变 S_1 和 S_2 之间的距离，在示波器屏上所显示的波形幅值发生周期性的变化，即由一个极大值变到极小值，再变到极大值。在一系列特定的位置上，形成驻波，示波器上可观察到信号幅度较大。在幅度较大时，调节信号发生器的频率，找到信号幅度最大的驻波共振状态。移动 S_2 的过程中可以观察到一系列的共振态。任意两个相邻极大值之间 S_2 移动的距离皆为半波长。若从第 n 个共振状态变化到第 $n+1$ 个共振状态时，S_2 移动的距离为 ΔL，则

$$\Delta L = (n+1)\frac{\lambda}{2} - n\frac{\lambda}{2} = \frac{\lambda}{2}$$

在连续多次测量相隔半波长的 S_2 的位置变化，可得超声波波长，从频率仪上读出超声波频率 f 以后，即可算出声速。

3. 相位比较法（行波法）测量原理

如图 2.2 所示，从 S_1 发出的超声波通过媒质传到接收器 S_2，接收器和发射器之间产生了相位差：

$$\Delta\varphi = \frac{2\pi}{\lambda}$$

由上式可知，L 每改变一个波长 λ，相位差就变化 2π，通过观察相位差的变化 $\Delta\varphi$，便可测出 λ。将发射器 S_1 和接收器 S_2 的正弦电压信号分别输入示波器的 CH1 和 CH2 通道，在屏上便显示出频率为 1∶1 的李萨如图形。改变 L 时，两个谐振动的相位差从 $0 \sim \pi$，图形就从斜率为正的直线变为椭圆，再变到斜率为负的直线；相位差再由 $0 \sim 2\pi$，图形又从斜率为负的曲线变为椭圆，再变回斜率为正的直线，如图 2.6 所示。为了便于判断，选择李萨如图为直线时作为测量的起点，移动 S_2，当 L 变化一个波长时，就会重复出现同样斜率的直线。读出移过的距离，就测出了超声波的波长。

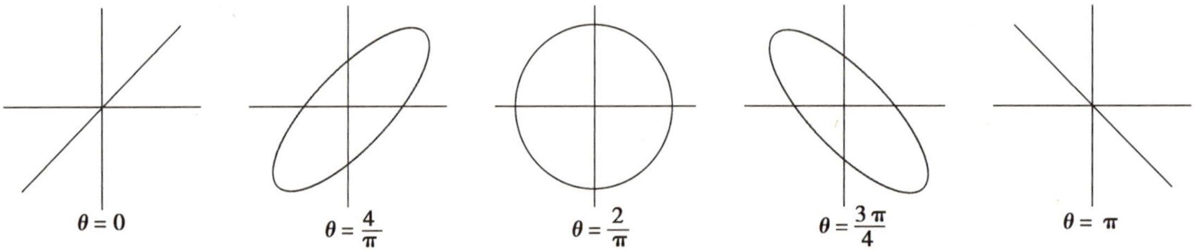

图 2.6　用李萨如图观察相位变化

4. 时差法测量原理

时差法测量声速的基本原理是基于 $v = L/\mathrm{t}$。发射换能器 S_1 定时发出一个声脉冲，经声波在介质中传播，经过 t 时间后，到达 L 距离处的接收换能器。由高精度计时电路得到声波从发出到接收在媒质中传播的时间，并由声速测试仪信号源时间显示窗口直接读出，声波传播的距

离由数显表头记录，从而计算出声波在媒质中的传播速度。

【实验仪器】

SV-DH 系列声速测试仪是由测试架和综合声速测定仪信号源两个部分组成。

1. 测试架

声速测试仪测试架结构如图 2.7 所示。

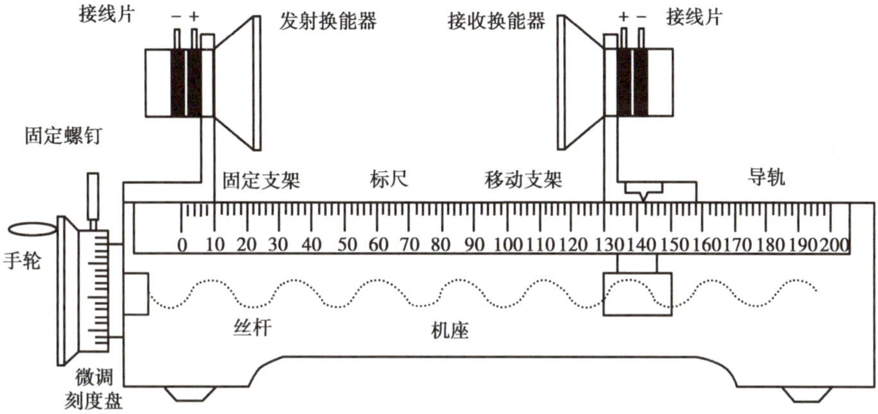

图 2.7　声速测试仪测试架结构

2. 综合声速测定仪信号源

综合声速测定仪信号源面板如图 2.8 所示。

①频率调节：调节输出信号的频率。

②连续波强度：调节输出信号电功率（输出电压），仅连续波有效。

③接收增益：调节仪器内部的接收增益。

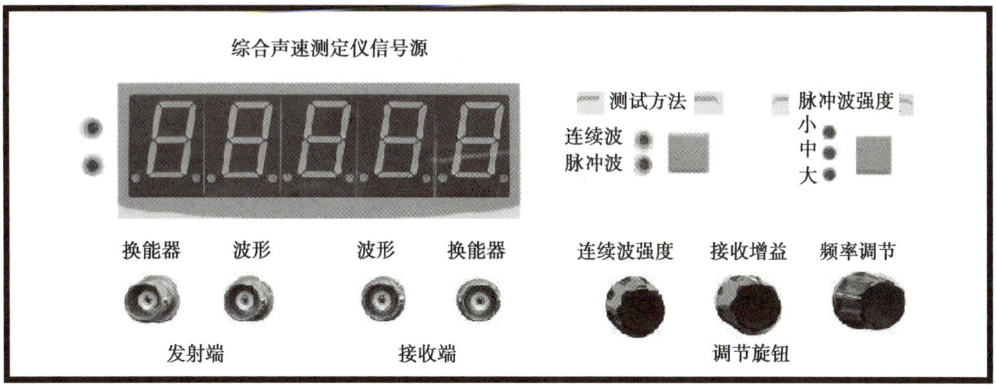

图 2.8　综合声速测定仪信号源面板

【实验内容及步骤】

1. 驻波法测量声速

(1)电路连接与仪器调整

①仪器使用前,加电开机预热 15 min,在接通市电后,自动工作在连续波方式。

②如图 2.2 所示,信号源面板上的发射端换能器接口 S_1,用于输出一定频率的功率信号,接至测试架的发射换能器 S_1;信号源面板上的发射端的发射波形 Y_1,接至双踪示波器的 CH_1(Y_1),用于观察发射波形;接收换能器 S_2 的输出接至示波器的 CH_2(Y_2)。

(2)测定压电陶瓷换能器的频率工作点

将信号发生器输出频率调至谐振频率附近(34 ~ 40 kHz),移动 S_2,示波器显示正弦波振幅的变化,移动到振幅较大处,固定 S_2,再仔细调节频率,使图形幅度达到最大,此频率即是压电换能器相匹配的一个谐振工作点,由信号源频率显示窗口直接读出频率。

(3)测量

在谐振频率下,将测试方法设置到连续波方式,选择合适的发射强度。转动鼓轮,记录幅度为最大时的距离,再向前或者向后(必须是一个方向)移动距离,当接收波经变小后再到最大时,记录此时的距离 L_i,并进行多次测定,将所采集的数据填于表 2.4 中。

2. 相位法(李萨如图法)测量声速

将测试方法设置到连续波方式,选择合适的发射强度。将示波器打到"X-Y"方式,选择合适的示波器通道增益,示波器显示李萨如图形。转动鼓轮,移动 S_2,使李萨如图显示的椭圆变为一定角度的一条斜线,记录下此时的距离 L_{i-1}。再向前或者向后(必须是一个方向)移动距离,使观察到的波形又回到前面所说的特定角度的斜线,这时接收波的相位变化 2π,记录此时的距离 L_i,多次测定,将所采集的数据填于表 2.5 中。

3. 时差法测量声速(选做)

使用空气为介质测试声速,按图 2.2 进行接线,这时示波器的 Y_1、Y_2 通道分别用于观察发射和接收波形。为了避免连续波可能带来的干扰,可以将连续波频率调离换能器谐振点。将测试方法设置到脉冲波方式,选择合适的脉冲发射强度。将 S_2 移动到离开 S_1 一定距离(≥50 mm),选择合适的接收增益,使显示的时间差值读数稳定。然后记录此时的距离值和信号源计时器显示的时间值 L_{i-1}、t_{i-1}。移动 S_2,记录多次测量的距离值和显示的时间值 L_i、t_i(数据记录表格自拟),将所采集的数据填于自拟的表格中。

4. 注意事项

①测量时,旋转鼓轮应向同一方向旋转,以避免空程误差。

②电源接通时,两超声换能器不得接触。

③在距离小于等于 50 mm 时,在一定的位置上,示波器上看到的波形可能会产生"拖尾",

这时显示的时间值很小。这是由于距离较近时，声波的强度较大，反射波引起的共振在下一个测量周期到来时未能完全衰减而产生的。调小接收增益，可去掉“拖尾”，在较近的距离范围内也能得到稳定的声速值。

④由于空气中的超声波衰减较大，在较长距离内测量时，接收波会有明显的衰减，这可能会带来计时器读数有跳字，这时应微调（距离增大时，顺时针调节；距离减小时，逆时针调节）接收增益，使计时器读数在移动 S_2 时连续准确变化。可以将接收换能器先调到远离发射换能器的一端，并将接收增益调至最大，这时计时器有相应的读数。由远到近调节接收换能器，这时计时器读数将变小；随着距离的变近，接收波的幅度逐渐变大，在某一位置，计时器读数如果有跳字，就逆时针微调接收增益旋钮，使计时器的计时读数连续准确变化，就可准确测得计时值。

【数据处理与分析】

1. 驻波法测量声速

表 2.4 驻波法测量声速实验数据记录表（声波频率 f= ______ kHz，介质温度 t= ______ ℃）

n	1	2	3	4	5	6	7	8
L_i/mm								

①用逐差法处理实验数据，给出声波波长 λ、声速 v 的测量结果。

②按理论公式 $v_s = v_0\sqrt{\dfrac{T}{T_0}}$，算出理论值 v_s。

式中 v_0 = 331.45 m · s，为 T_0 = 273.15 K 时的声速，T = (t+273.15) K。

将测量结果与理论值 v_s 进行比较。

2. 相位法测量声速

表 2.5 相位法测量声速实验数据记录表（声波频率 f= ______ kHz，介质温度 t= ______ ℃）

n	1	2	3	4	5	6	7	8
L_i/mm								

用逐差法处理数据，给出测量结果，并与理论值 V_s 进行比较。

【注意事项】

①在选择超声波频率时，要观察示波器图形，找到共振频率。

②声速测定仪上的鼓轮在使用时要避免回程误差的影响。

【课后讨论】

①声速测量中共振干涉法、相位法、时差法有何异同?

②声音在不同介质中传播有何区别? 声速为什么会不同?

2.3 转动惯量的测量

转动惯量是刚体转动时惯性的量度,其量值取决于物体的形状、质量、质量分布及转轴的位置。刚体的转动惯量有着重要的物理意义,在科学实验、工程技术、航天、电力、机械、仪表等工业领域也是一个重要参量。

对于几何形状简单、质量分布均匀的刚体可以直接用公式计算出它相对某一确定转轴的转动惯量。对于任意刚体的转动惯量,通常是用实验方法测定出来的。测定刚体转动惯量的方法很多,常用的有三线摆、扭摆、复摆等。

【实验目的】

1. 学习用三线摆法测量刚体的转动惯量。
2. 用三线摆验证转动惯量平行轴定理。
3. 学习用扭摆法测量刚体的转动惯量(选做)。

【实验原理】

转动惯量相当于刚体在平动中的质量。一个刚体的质量是唯一的,但对不同的转轴却有不同的转动惯量,所以转动惯量是对一定的转轴而言的。不同刚体放在一起时,质量可以相加。但不同刚体只有对同一转轴的转动惯量才可以相加,即对同一转轴而言转动惯量才具有叠加性。

1. 用三线摆测量刚体的转动惯量

三线摆是一个匀质圆盘,以等长的三条悬线对称地悬挂在一个水平固定的小圆盘下面,如图 2.9 所示。下圆盘可绕两圆盘的中心轴线作扭摆运动。由于三线摆的摆动周期与摆盘的转动惯量有一定关系,所以把待测样品放在摆盘上后,三线摆系统的摆动周期就要相应地随之改变。这样,根据摆动周期、摆动质量以及有关的参量,就能求出摆盘系统的转动惯量。

当上、下圆盘水平时,将上圆盘绕竖直的中心轴线 O_1O 转动一个小角度,借助悬线的张力使悬挂的大圆盘绕中心轴 O_1O 作扭转摆动。同时,下圆盘的质心 O_1 将沿着转动轴升降。H

是上、下圆盘中心的垂直距离；h 是下圆盘在振动时上升的高度；α 是扭转角。显然，扭转的过程也是圆盘势能与动能的转化过程。扭转的周期与下圆盘（包括置于上面的刚体）的转动惯量有关。

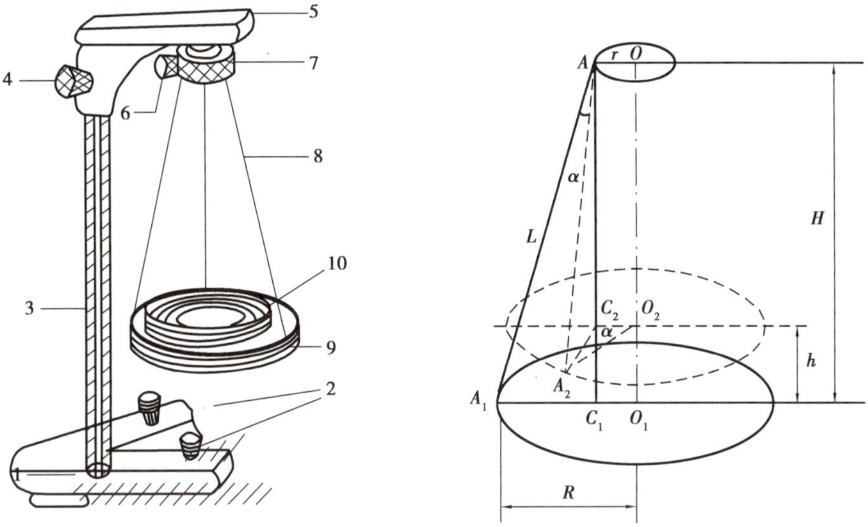

图 2.9　三线摆示意图

1—底座；2—底座上的调平螺丝；3—支杆；4—悬架和支杆连接的固定螺丝；

5—悬架；6—上圆盘悬线的固紧螺丝；7—上圆盘；8—悬线；9—下圆盘；10—待测金属环

当下圆盘的扭转角 α 很小时，下圆盘的振动可以看作理想的简谐振动。其势能 E_p 和动能 E_k 分别为

$$E_p = m_0 g H \tag{2.1}$$

$$E_k = \frac{1}{2} I_0 \left(\frac{d\alpha}{dt}\right)^2 + \frac{1}{2} m_0 \left(\frac{dh}{dt}\right)^2 \tag{2.2}$$

式(2.1)和式(2.2)中，m_0 是下圆盘的质量，g 为重力加速度，h 为下圆盘在振动时上升的高度，$\frac{d\alpha}{dt}$为圆频率，$\frac{dh}{dt}$为下圆盘质心的速度，I_0 为圆盘对 O_1O 轴的转动惯量。

若忽略摩擦力的影响，则在重力场中机械能守恒：

$$\frac{1}{2} I_0 \left(\frac{d\alpha}{dt}\right)^2 + \frac{1}{2} m_0 \left(\frac{dh}{dt}\right)^2 + m_0 g h = \text{恒量} \tag{2.3}$$

因下圆盘的转动能远大于上下运动的平动能，于是近似有

$$\frac{1}{2} I_0 \left(\frac{d\alpha}{dt}\right)^2 + m_0 g h = \text{恒量} \tag{2.4}$$

又通过计算可得

$$h = \frac{R r \alpha^2}{2H} \tag{2.5}$$

将式(2.5)代入式(2.4)并对 t 求导，可得

$$\frac{d^2\alpha}{dt^2} = \frac{m_0 g R r}{I_0 H} \alpha \tag{2.6}$$

式(2.6)为简谐振动方程，可得方程的解为

$$\omega^2 = \frac{m_0 gRr}{I_0 H} \tag{2.7}$$

因振动周期 $T_0 = \frac{2\pi}{\omega}$，代入式(2.7)得

$$\frac{4\pi^2}{T_0^2} = \frac{m_0 gRr}{I_0 H}$$

故有

$$I_0 = \frac{m_0 gRr}{4\pi^2 H} T_0^2 \tag{2.8}$$

由此可见，只要准确测出三线摆的有关参数 m_0、R、r、H 和 T_0，就可以精确地求出下圆盘的转动惯量 I_0。

如果要测定一个质量为 m 的刚体的转动惯量，可先测定无负载时下圆盘的转动惯量 I_0，然后将刚体放在下圆盘上，并注意，必须让待测物的质心恰好在仪器的转动轴线上。测定整个系统的转动周期 T_1，则系统的转动惯量 I_1 可由式(2.9)求出：

$$I_1 = \frac{(m_0 + m)\ gRr}{4\pi^2 H_1} T_1^2 \tag{2.9}$$

式(2.9)中 H_1 为放了待测物之后的上、下圆盘间距，一般可以认为 $H_1 \approx H$。待测物的转动惯量 I 为：

$$I = I_1 - I_0 = \frac{gRr}{4\pi^2 H}[(m_0 + m)T_1^2 - m_0 T_0^2] \tag{2.10}$$

用这种方法，在满足实验要求的条件下，可以测定任何形状刚体的转动惯量。

2. 用三线摆验证转动惯量的平行轴定理

刚体的转动惯量取决于刚体的质量分布以及相对转轴的位置。因此，刚体的转动惯量随转轴的不同而改变，转轴可以通过刚体内部，也可以通过刚体外部。根据平行轴定理，刚体对任意轴的转动惯量 I_a，等于通过此刚体以质心为轴的转动惯量 I_c 加上刚体质量 m 与两轴间距离 d 平方的乘积，写成

$$I_a = I_c + md^2 \tag{2.11}$$

通过改变待测刚体质心与三线摆中心转轴的距离，测量 I_a 与 d^2 的关系便可验证转动惯量的平行轴定理。

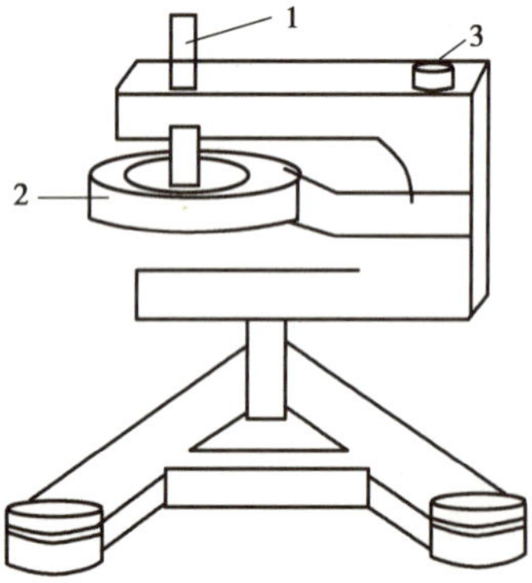

图 2.10　扭摆的构造

3. 用扭摆法测量刚体的转动惯量(选做)

扭摆的构造如图 2.10 所示，在垂直轴 1 上装有一根薄片状的螺旋弹簧 2，用以产生恢复力矩。在轴的上方可以装上各种待测刚体，垂直轴与支座间装有轴承，以降低摩擦力矩。3 为水平仪，用来调整仪器转轴成铅直。

刚体在水平面内转过一角度 θ 后，在弹簧的恢复力矩作用下开始绕垂直轴作往返扭转运动。根据虎克定律，弹簧受扭转产生的恢复力矩 M 与所转过的角度 θ 成正比，即

$$M = -K\theta \tag{2.12}$$

式中 K 为弹簧的扭转常数。根据转动定律

$$M = I\beta \tag{2.13}$$

其中，I 为刚体绕转轴的转动惯量，β 为角加速度。忽略轴承的摩擦阻力矩，由式(2.12)、式(2.13)得

$$\frac{\mathrm{d}^2\theta}{\mathrm{d}t^2} + \frac{K}{I}\theta = 0$$

令

$$\omega^2 = K/I\text{，则}\frac{\mathrm{d}^2\theta}{\mathrm{d}t^2} + \omega^2\theta = 0 \tag{2.14}$$

方程(2.14)表明扭摆运动具有角简谐振动的特性，角加速度与角位移成正比，且方向相反。此方程解为

$$\theta = A\cos(\omega t + \varphi) \tag{2.15}$$

式(2.15)中 A 为谐振动的角振幅，φ 为初相位角，ω 为角频率。谐振动的周期为

$$T = \frac{2\pi}{\omega} = 2\pi\sqrt{\frac{I}{K}} \tag{2.16}$$

由式(2.16)可知，只要实验测得刚体扭摆的摆动周期 T，并在 I 和 K 中任何一个量为已知时，即可计算出另一个量。

本实验用一个几何形状规则的刚体，它的转动惯量可以根据它的质量和几何尺寸用理论公式直接计算得到，再算出本仪器弹簧的 K 值$\left(K = 4\pi^2\dfrac{I'_1}{T_1^2 - T_0^2}\right)$。若要测定其他形状刚体的转动惯量，只需将待测刚体安放在本仪器顶部的各种夹具上，测定其摆动周期，由式(2.16)即可算出该刚体绕转动轴的转动惯量。

【实验仪器】

转动惯量测试仪(DH4601)(图2.11)、三线摆支架、扭摆支架、金属圆环、金属圆柱体一对、气泡水平仪、米尺、游标卡尺、螺旋测微器等。

图2.11　转动惯量测试仪(DH4601)操作面板

【实验内容及步骤】

1. 仪器的调整

①调节支架底座水平：利用气泡水平仪，调节底盘上3个调节螺钉，使支架底座水平。

②调节下圆盘水平：气泡水平仪放在下圆盘中心，调节3根悬线长度，使下圆盘水平。

③调整光电传感接收装置，使下圆盘边上的挡光杆能自由往返通过光电槽口。

2. 测量周期 T_0 和 T_1、T_2

①将光电传感接收装置与测试仪用专用导线连接。预置周期 $T=30$，打开电源，先按“置数”，再按“上调”或“下调”改变周期至30，再按“置数”锁定。

②让下圆盘静止，拨动上圆盘的“转动手柄”，将上圆盘转过一个小角度（5°左右），带动下圆盘绕中心轴 OO' 作微小扭摆运动。然后，按测试仪上的“执行”键，光电门开始计数。到设置周期对应的次数时，测试仪会显示30个周期的总时间 t_0，记下 t_0。

③测试仪按“返回”键，进行第二次测量，测量5次，取平均值。计算周期 $T_0=\dfrac{\overline{t_0}}{30}$。

④将圆环放在下圆盘上，使两者的中心轴线重叠，按上述方法测定摆动周期 T_1。

⑤将两小圆柱体对称放置在下圆盘上，用上述同样方法测定摆动周期 T_2。

3. 测量其他物理量

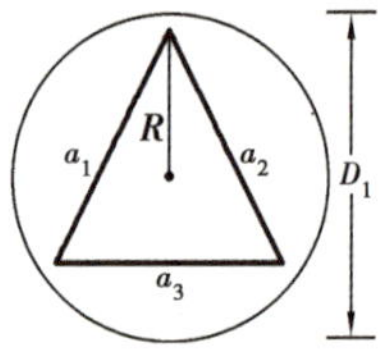

图2.12　下圆盘 R 的测量

①测量上下圆盘三悬点之间的距离 a 和 b（用直尺），并计算悬点到中心的距离 r 和 R（等边三角形外接圆半径）。

②测量下圆盘的直径 D_0 和上下两圆盘之间的垂直距离 H（用直尺）及放置两小圆柱体小孔间距 $2d$。

③测量待测圆环的内、外径 $D_{内}$、$D_{外}$（用游标卡尺）和小圆柱体的直径 D_2（用千分尺，注意先记下千分尺的零误差）。

④记录各刚体的质量（各刚体实物上已标出，可直接读取）。

测量示意图如图2.12所示。

4. 测定扭摆的扭转常数 K（选做）

①将金属载物盘卡紧在扭摆垂直轴上，并调整光电探头的位置，使载物盘上挡光杆处于其缺口中央且能遮住发射红外线的小孔。使用转动惯量测试仪测定其摆动周期 T_0。

②将塑料圆柱体垂直放在载物盘上，测定其摆动周期 T_1。

③由 T_0、T_1 及塑料圆柱转动惯量的理论值 I'_1 计算扭摆的扭转常数 K。

$$K=4\pi^2\frac{I'_1}{T_1^2-T_0^2}$$

【数据处理与分析】

①数据记录：

$r=\dfrac{\sqrt{3}}{3}a$；$R=\dfrac{\sqrt{3}}{3}b$；$H=$________；$D_1=$________。

下盘质量 $m_0=$________；待测圆环质量 $m_1=$________；圆柱体质量 $m_2=$________。

将累积法测量周期数据填入表2.6中。

表 2.6　累积法测量周期数据

	下盘		下盘加圆环		下盘加两圆柱	
摆动 30 个周期所需时间/s	1		1		1	
	2		2		2	
	3		3		3	
	平均		平均		平均	
周期 T/s						

将长度测量数据填入表 2.7 中。

表 2.7　长度测量数据

序号	上盘悬孔间距 a/cm	下盘悬孔间距 b/cm	待测圆环		小圆柱体直径 D_1/cm	放置小圆柱体两小孔间距 $2d$/cm
			外直径 $D_{外}$/cm	内直径 $D_{内}$/cm		
1						
2						
3						
平均						

②计算圆盘、待测圆环及圆柱体的转动惯量。

③计算圆盘、待测圆环及圆柱体的转动惯量的理论值。

④将各组的测量值与理论值进行比较，求相对误差。

⑤验证平行轴定理。

【注意事项】

①在用游标卡尺测量圆柱体、圆盘直径时，应用量爪将待测物包住，避免误测成弦长。

②三线摆的摆角不宜过大。

【课后讨论】

①三线摆的振幅受空气的阻尼会逐渐变小,它的周期也会随时间变化吗?

②如何测量任意形状的刚体绕转动轴的转动惯量?

2.4 热导率的测量

导热系数(热导率)是反映材料导热性能的一个重要参数,在科学实验和工程技术中都要涉及这个参数。材料按导热性能可分为良导体和不良导体,通常导电材料大部分是热的良导体。导热系数的测定大体上分为稳态平板法和动态法。稳态平板法是测量不良导体导热系数的一种常用方法,该法也可测量良导体的导热系数。本实验采用稳态平板法测量材料导热系数。

【实验目的】

①了解热传导的基本规律,掌握稳态平板法测材料导热系数的方法。
②学习用作图法求冷却速率。
③掌握一种用热电转换方式进行温度测量的方法。

【实验原理】

1. 热传导定律

当物体内部各处的温度不均匀时,就会有热量从温度较高处传递到温度较低处,这种现象称为热传导现象。傅里叶提出:如果热量是沿着 Z 方向传导,那么在 Z 轴上任一位置 Z_0 处取一个垂直截面积 $\mathrm{d}s$ 以 $\frac{\mathrm{d}T}{\mathrm{d}z}$ 表示在 Z 处的温度梯度,以 $\frac{\mathrm{d}Q}{\mathrm{d}t}$ 表示在该处的传热速率(单位时间内通过截面积 $\mathrm{d}s$ 的热量),那么热传导定律可表示成

$$\mathrm{d}Q = -\lambda\left(\frac{\mathrm{d}T}{\mathrm{d}z}\right)_{z_0}\mathrm{d}s\cdot\mathrm{d}t \tag{2.17}$$

式(2.17)中的负号表示热量从高温区向低温区传导(即热传导的方向与温度梯度的方向相反)。式中比例系数 λ 即为导热系数,可见热导率的物理意义:在温度梯度为一个单位的情况下,单位时间内垂直通过单位面积截面的热量。

利用式(2.17)测量材料的导热系数 λ，需解决的关键问题有两个：一个是在材料内造成一个温度梯度 $\frac{\mathrm{d}T}{\mathrm{d}z}$，并确定其数值；另一个是测量材料内由高温区向低温区的传热速率 $\frac{\mathrm{d}Q}{\mathrm{d}t}$。

2. 测量温度梯度

为了在样品内造成一个温度的梯度分布，可以把样品加工成平板状，并把它夹在两块铜板(良导体)之间，如图 2.13 所示，使两块铜板分别保持在恒定温度 T_1 和 T_2，就可能在垂直于样品表面的方向上形成温度的梯度分布。样品厚度可做成 $h \leqslant D$(样品直径)。这样，由于样品侧面积比平板面积小得多，由侧面散去的热量可以忽略不计，可以认为热量是沿垂直于样品平面的方向上传导的，即只在此方向上有温度梯度。由于铜是热的良导体，在达到平衡时，可以认为同一铜板各处的温度相同，样品内同一平行平面上各处的温度也相同。这样只要测出样品的厚度 h 和两块铜板的温度 T_1、T_2，就可以确定样品内的温度梯度：

$$\frac{\mathrm{d}T}{\mathrm{d}h} = \frac{\Delta T}{\Delta h} = \frac{T_2 - T_1}{h} \tag{2.18}$$

当然这需要铜板与样品表面的紧密接触(无缝隙)，否则中间的空气层将产生热阻，使得温度梯度测量不准确。

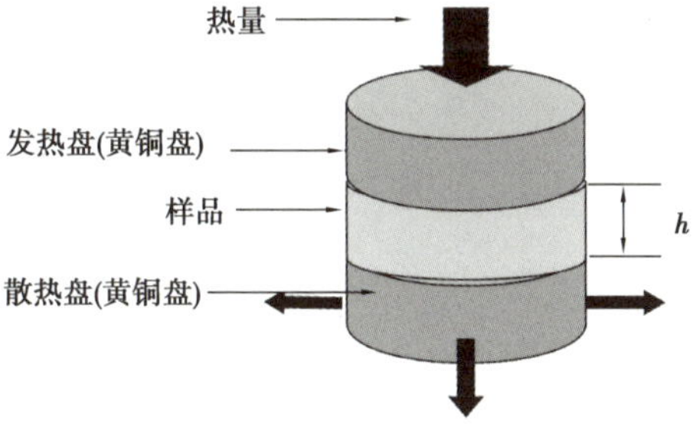

图 2.13　测量温度梯度示意图

为了保证样品中温度场的分布具有良好的对称性，应把样品及两块铜板都加工成等大的圆形。

3. 测量传热速率

单位时间内通过一截面积的热量 $\frac{\mathrm{d}Q}{\mathrm{d}t}$ 是一个无法直接测定的量，我们设法将这个量转化为较为容易测量的量。为了维持一个恒定的温度梯度分布，必须不断地给高温侧铜板加热，热量通过样品传到低温侧铜板，低温侧铜板则要将热量不断地向周围环境散出。当加热速率、传热速率与散热速率相等时，系统就达到一个动态平衡状态，称为稳态。此时低温侧铜板的散热速率就是样品内的传热速率。这样，只要测量低温侧铜板在稳态温度 T_2 下散热的速率，也就间接测量出了样品内的传热速率。但是，铜板的散热速率也不易测量，还需要进一步作参量转换，我们已经知道，铜板的散热速率与其冷却速率(温度变化率 $\frac{\mathrm{d}T}{\mathrm{d}t}$)有关，其表达式为

$$\left.\frac{\mathrm{d}Q}{\mathrm{d}t}\right|_{T_2} = -mc\left.\frac{\mathrm{d}T}{\mathrm{d}t}\right|_{T_2} \tag{2.19}$$

式(2.19)中 m 为铜板的质量，c 为铜板的比热容，负号表示热量向低温方向传递。因为质量容易直接测量，c 为常量，这样对铜板的散热速率的测量又转化为对低温侧铜板冷却速率的

测量。测量铜板的冷却速率可以这样测量：达到稳态后，移去样品，用加热铜板直接对下金属铜板加热，使其温度高于稳定温度 T_2（大约高出 10 ℃）再让其在环境中自然冷却，直到温度低于 T_2，测出温度在大于 T_2 到小于 T_2 区间中随时间的变化关系，描绘出 $T—t$ 曲线，曲线在 T_2 处的斜率就是铜板在稳态温度时 T_2 下的冷却速率。

应该注意的是，这样得出的是在铜板全部表面暴露于空气中的冷却速率，其散热面积为 $2\pi R_P{}^2+2\pi R_P h_P$（其中 R_P 和 h_P 分别是下铜板的半径和厚度），然而在实验中稳态传热时，铜板的上表面（面积为 $\pi R_P{}^2$）是样品覆盖的，由于物体的散热速率与它们的面积成正比，所以稳态时，铜板散热速率的表达式应修正为

$$\frac{\mathrm{d}Q}{\mathrm{d}t} = -mc\frac{\mathrm{d}T}{\mathrm{d}t}\cdot\frac{\pi R_P^2+2\pi R_P h_P}{2\pi R_P^2+2\pi R_P h_P} \tag{2.20}$$

根据前面的分析，这个量就是样品的传热速率。将式（2.20）代入热传导定律表达式，由 $\mathrm{d}s=\pi R^2$ 可以得到导热系数：

$$\lambda = -mc\frac{2h_P+R_P}{2h_P+2R_P}\cdot\frac{1}{\pi R^2}\cdot\frac{h}{T_1-T_2}\cdot\frac{\mathrm{d}T}{\mathrm{d}t}\bigg|_{T=T_2} \tag{2.21}$$

式中的 R 为样品的半径，h 为样品的高度，m 为下铜板的质量，c 为铜板的比热容，R_P 和 h_P 分别是下铜板的半径和厚度。

【实验仪器】

YBF-3 型导热系数测定仪、游标卡尺、电子天平等。

1. YBF-3 型导热系数测定仪

YBF-3 型导热系数测定仪采用一体化设计，主要由加热器、数字电压表、计时秒表等部分组成，如图 2.14 所示。

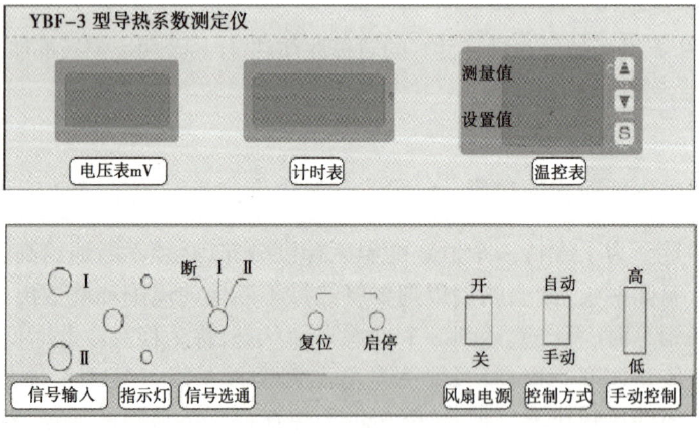

图 2.14 YBF-3 型导热系数测定仪面板图

2. 仪器主要技术指标

①电源：AC（220±10%）V；（50/60）Hz。

②数字电压表：3 位半显示；量程 0～20 mV；测量精度 0.1% ±2 个字。

③数字计时秒表：计时范围 0 ~ 9 999.9 s；最小分辨率 0.1 s；精度 10^{-5}。
④测量温度范围：室温 ~ 100 ℃。
⑤加热电压：高端 AC 36 V；低端 AC 25 V。
⑥散热铜板：半径 65 mm；厚度 7 mm；质量 815 g。
⑦测试介质：硬铝、硅橡胶、胶木板、空气等。

3. 冰点补偿器

YBF-3 型导热系数测定仪在使用过程中，应将测定仪与对应仪器编号的冰点补偿器配合使用，如不配合使用可能造成实验无法正常测量。

【实验内容及步骤】

1. 待测样品、散热盘的基本物理参量

用游标卡尺多次测量待测样品盘和散热盘（下铜板）的厚度、半径，并用电子天平测量下铜板的质量后分别将数据填入表 2.8 中。

2. 组装测试系统

①将 YBF-3 型导热系数测定仪和对应编号的冰点补偿器以及相关的电源线、信号线相连接。

②将散热盘、待测盘、加热盘自下而上安装在加热架上，注意加热架上下两面都有紧固螺钉，在安装时要注意顺序拧紧，可用塞尺检查上述三盘是否达到紧密接触。依次将冰点补偿器上信号Ⅰ、Ⅱ所对应的热电偶涂抹导热硅胶后插入加热盘和散热盘旁边的小孔底部，保证接触良好。

③检查 YBF-3 型导热系数测定仪下面板“信号选通”按钮，旋至“断”；计时表选择“复位”，风扇电源选择“关闭”，控制方式选择“关闭”，手动控制选择“关闭”。打开后面板电源后，此时上面板正常显示，电压表显示加热盘和散热盘温差电动势，旋转下面板“信号选通”旋钮从“断”到“Ⅰ”到“Ⅱ”，观察此时电压表数据变化情况（因为此时加热盘和散热盘温度一样，故此时电压表显示的温差电动势不变）。

3. 设定加热温度开始测量

①在打开测定仪后面板电源前，检查并将下面板风扇电源选择“关闭”、控制方式选择“关闭”和手动控制选择“关闭”，然后打开后面板电源。

②将信号选通旋钮分别置于“Ⅰ”和“Ⅱ”，观察电压表示数，此时“Ⅰ”和“Ⅱ”所对应测量的加热盘（上铜板）和散热盘（下铜板）温度一样，理论上“Ⅰ”和“Ⅱ”在上面板电压表上显示的数值差应为“0”。将型号选通旋钮置于“断”，计时表复位。

③通过上面板“PID”温控器上的“SET”进行温度设置，连续按“SET”键可以调整需要设置的温度位数，“UP”和“DOWN”分别调节温度高低。选择合适的温度后，停止按键，8 s 后设置生效，开始加热。

④加热控制，控制方式选择“手动”，并在手动控制中选择“高”（此时加热速度较快），再

在手动控制中选择“低”（此时加热速度较慢），在上面板“PID”温控器上“测量值”快接近“设置值”后将控制方式改为“自动”（此时采用自动加热方式），使之达到稳态，测量加热盘和散热盘对应的温度，填入表 2.9 中。

⑤移去样品，继续通过加热盘对散热盘加热，使散热盘温度较原来温度高 10 ℃左右，移去加热盘，让散热盘完全暴露在空气中，使散热盘自然冷却。将信号选通旋至“Ⅱ”，启动数字计时秒表，每 30 s 记录一次散热盘温度示值，填入表 2.10 中，直到温度下降到初始温度以下。

4. 测量其他样品的导热系数（选作）

用不同样品如：木板、硬铝测量各自导热系数。

【数据处理与分析】

1. 测量待测样品、散热盘的基本物理参数

表 2.8　待测样品、散热盘的基本物理参量

	半径/m	厚度/m	质量/kg
待测样品（橡胶）			—
散热盘（铜）			

2. 稳态时加热盘（T_{10}）和散热盘（T_{20}）的值

表 2.9　稳态时加热盘和散热盘的温度值

t/min	1	2	3	4	5	6	7	8	9	10
T_{10}/mV										
T_{20}/mV										

$\overline{T_{10}}$ = ________（mV）；$\overline{T_{20}}$ = ________（mV）

3. 散热盘的散热速率

表 2.10　散热盘的散热速率

$t_{散}$/min	
T_2/mV	

4. 用作图法计算散热速率

5. 利用式(2.21)计算样品导热系数

根据给出的标准值算出:相对误差 $E=$______ ;

绝对误差 $\Delta\lambda=E\lambda=$________ ;

测量结果 $\lambda=\bar{\lambda}\pm\Delta\lambda=$__________。

6. 读数

本实验选用铜-康铜热电偶测量温度。温差 100 ℃时,温差电动势约为 4.27 mV,能测到为 0.01 mV 的电压。可以根据电压表示数与表 2.11 中数据直接读出相应温度。

表 2.11　铜-康铜热电偶分度表

热电势/mV										
温度/℃	0	1	2	3	4	5	6	7	8	9
-10	-0.383	-0.421	-0.458	-0.496	-0.534	-0.571	-0.608	-0.646	-0.683	-0.720
-0	0.000	-0.039	-0.077	-0.116	-0.154	-0.193	-0.231	-0.269	-0.307	-0.345
0	0.000	0.039	0.078	0.117	0.156	0.195	0.234	0.273	0.312	0.351
10	0.391	0.430	0.470	0.510	0.549	0.589	0.629	0.669	0.709	0.749
20	0.789	0.830	0.870	0.911	0.951	0.992	1.032	1.073	1.114	1.155
30	1.196	1.237	1.279	1.320	1.361	1.403	1.444	1.486	1.528	1.5699
40	1.611	1.653	1.695	1.738	1.780	1.882	1.865	1.907	1.950	1.992
50	2.035	2.078	2.121	2.164	2.207	2.250	2.294	2.337	2.380	2.424
60	2.467	2.511	2.555	2.599	2.643	2.687	2.731	2.775	2.819	2.864
70	2.908	2.953	2.997	3.042	3.087	30131	3.176	3.221	3.266	2.312
80	3.357	3.402	3.447	3.493	3.538	3.584	3.630	3.676	3.721	3.767
90	3.813	3.859	3.906	3.952	3.998	4.044	4.091	4.137	4.184	4.231
100	4.277	4.324	4.371	4.418	4.465	4.512	4.559	4.607	4.654	4.701
110	4.749	4.796	4.844	4.891	4.939	4.987	5.035	5.083	5.131	5.179

部分材料的密度和导热系数见表 2.12。

表 2.12　部分材料的密度和导热系数

材料名称	20 ℃		−100 ℃	0 ℃	100 ℃	200 ℃
	导热系数 /($W \cdot m^{-1} \cdot K^{-1}$)	密度/($kg \cdot m^{-3}$)	导热系数/($W \cdot m^{-1} \cdot K^{-1}$)			
纯铝	236	2 700	243	236	240	238
铝合金	107	2 610	86	102	123	148
纯铜	398	8 930	421	401	393	389
金	315	19 300	331	318	313	310
硬铝	146	2 800				
橡皮	0.13～0.23	1 100				
电木	0.23	1 270				
木丝纤维板	0.048	245				
软木板	0.044～0.079					

【注意事项】

①使用前将加热盘和散热盘表面擦干净。样品两面擦净，可涂抹少量导热硅脂。保证接触良好，可用塞尺检查是否存在缝隙。

②在实验过程中需要移动加热盘时，应先关闭加热电源。手持固定轴转动加热盘，小心烫手。

③仪器使用过程中，应避免周围有强磁场干扰。

④"PID"温控器在设置过程中可能出现提示错误，这时屏幕显示"ERR"。检查测温热电偶是否准确插入测温孔后，重启机器并用"SET""UP""DOWN"进行温度重新设定。

⑤实验过程中不要将风扇电源随意开关。

⑥实验结束后，切断电源，保管好测量样品。避免将样品表面划伤，影响实验精度。

【课后讨论】

在测量样品的传热速率时，传热速率是否等于下铜板暴露在空气中的散热速率？为什么？

2.5 液体表面张力系数的测定

表面现象广泛见于钢铁生产、焊接、印刷和染料、复合材料的制备等过程中。液体表面张力系数是表征液体性质的一个重要参数,研究表面现象、测量表面液体张力系数具有极其重要的意义。测量液体表面张力系数有多种方法,如最大泡压法、毛细管法、拉脱法等。本实验利用拉脱法测量液体的表面张力系数。该方法的特点是,用称量仪器直接测量液体的表面张力,测量方法直观,概念清楚。用拉脱法测量液体表面张力系数,对测量力的仪器要求较高,由于液体表面张力的大小为 $1\times10^{-3}\sim1\times10^{-2}$ N,因此需要一种灵敏度高且稳定性好的测量力的仪器。近年来,新发展的硅压阻式力敏传感器张力测定仪正好能满足此种需要,它比传统的焦利秤、扭秤等灵敏度高,稳定性好,且可用数字输出显示,操作比较方便。为了理解各类液体的表面张力系数,在对水进行测量以后,还可对不同浓度的酒精溶液进行测量,去观察表面张力系数随液体浓度的变化而变化的现象。

【实验目的】

①会用拉脱法测量室温下液体的表面张力系数。
②学会力敏传感器的定标方法。

【预习思考题】

①什么叫表面张力?表面张力的大小和方向分别是什么样的?
②影响表面张力系数的因素有哪些?
③力敏传感器如何定标?

【实验原理】

许多现象表明液体表面具有收缩到尽可能小的趋势,这是液体分子间存在相互作用力的宏观表现。跟气体接触的一薄层液体(其厚度等于分子的作用半径,约 10^{-3} cm)称为表面层。液体分子之间存在相互作用的分子力。液体内部每个分子都受到周围分子的作用,合力为零。而处于表面层内的分子比液体内部的分子少了一部分能与之吸引的分子,因此出现了一个指向液体内部的吸引力,使得液面具有收缩的趋势。这种液体表面的张力作用,称为表面张力。

假想在液体表面画一条分界线,表面张力就是两边的分子间作用力的合力,力的大小与分界线的长度 L 成正比,方向沿液体表面且与分界线垂直,即

$$f=\alpha\times L \tag{2.22}$$

式中 α 称为液体的表面张力系数,单位为 N/m,在数值上等于单位长度上的表面张力。实验证明,表面张力系数的大小与液体的温度、纯度、种类和它上方的气体成分有关。对同种液体,温度越高,其 α 越小;某些杂质能使 α 增大,而表面活性物质则能使 α 减小。

将内径为 D_1、外径为 D_2 的金属环悬挂在测力器上,然后把它浸入盛有待测液体的玻璃器皿中。当缓慢地向上提拉金属环时,金属环就会拉起一个与液体相连的水柱。测量金属环从待测液体表面脱离时需要的力,求得该液体表面张力系数的实验方法即为拉脱法。由于表面张力的作用,测力计的拉力逐渐达到最大值 F(超过此值,水柱即破裂),则 F 应当是金属环重

力 G 与水柱拉引金属环的表面张力 f 之和，即

$$F = G + f \tag{2.23}$$

由于水柱有两个液面，且两液面的直径与金属环的内外径相同，则有

$$f = \alpha \times \pi \cdot (D_1 + D_2) \tag{2.24}$$

则液体的表面张力系数

$$\alpha = \frac{f}{\pi(D_1 + D_2)} \tag{2.25}$$

表面张力的值一般很小，测量必须用特殊的仪器。本实验用的测力计是硅压阻式力敏传感器，以数字式电压表输出显示。硅压阻式力敏传感器由弹性梁和贴在梁上的传感器芯片组成，其中芯片由四个硅扩散电阻集成一个非平衡电桥，当外界压力作用于金属梁时，在压力作用下，电桥失去平衡，此时将有电压信号输出，输出电压大小与所加外力成正比，则

$$F = \frac{U}{K} \tag{2.26}$$

式中，F 为外力的大小，K 为硅压阻式力敏传感器的灵敏度，U 为传感器输出电压的大小。

吊环拉断液柱前的一瞬间，吊环受到的拉力为 $F_1 = G+f$。拉断瞬间，吊环受到的拉力为$F_2 = G$。

若吊环拉断液柱前的一瞬间数字电压表的读数值为 U_1，拉断瞬间数字电压表的读数值为 U_2，则有

$$f = F_1 - F_2 = \frac{U_1 - U_2}{K} \tag{2.27}$$

故表面张力系数为

$$\alpha = \frac{f}{\pi(D_1 + D_2)} = \frac{U_1 - U_2}{\pi(D_1 + D_2)K} \tag{2.28}$$

【实验仪器】

表面张力系数测定仪如图 2.15 所示，包括硅扩散电阻非平衡电桥的电源和测量电桥失去平衡时输出电压大小的数字电压表、铁架台、微调升降台、装有力敏传感器的固定杆、盛液体的玻璃器皿 1 套、铝合金圆形吊环 1 个、0.500 g 砝码 7 只（定标用）。其他仪器包括游标卡尺和镊子各 1 把、烧杯、温度计等。此外，还有待测液体水和乙醇。

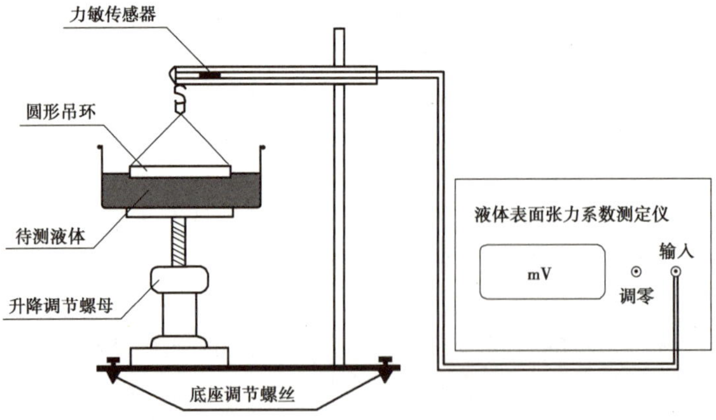

图 2.15　表面张力系数测定仪

【实验内容及步骤】

1. 实验准备

①连接后接通仪器的电源，开机预热 15 min。

②调节铁架台上的 3 个水平调节螺丝，使铁架台水平。

③用游标卡尺测量吊环的内直径 D_1 和外直径 D_2，各测 3 次，记下室温 t。

④清洗玻璃器皿和铝合金圆形吊环。吊环的表面状况与测量结果有很大的关系，实验前应将金属环状吊片在 NaOH 溶液中浸泡 20 ~ 30 s，然后用净水洗净。

2. 力敏传感器的定标

①将砝码盘挂在力敏传感器的钩上。

②将数字电压表调零。

③在砝码盘里依次加入 0.500 g 的砝码，待稳定后记下电压表读数。注意放砝码时应尽量轻。每次增加 0.500 g 砝码，待稳定后记下电压表读数 $U_i(i=1,2,\cdots,6)$，填入表 2.13 中。

3. 水的表面张力系数的测量

①将砝码盘取下来换上吊环，使吊环平面成水平状态。

②将升降台降到最低位置，在玻璃器皿内放入水并安放在升降台上。

③调节容器下的升降台，使液面渐渐上升，当吊环下沿部分全部浸没于待测液体中时，金属环片和液面间形成一环形液膜，然后改为反向调节升降台，使液面逐渐下降，观察环浸入液体中及从液体中拉起时的物理过程和现象。特别应注意吊环即将拉断液膜前一瞬间数字电压表读数值为 U_1，液膜拉断后一瞬间数字电压表读数为 U_2。记下这两个数值（表 2.14），这时 $\Delta U = U_1 - U_2$。

④重复测量 6 次。

4. 选做

测出其他待测液体（如酒精、蓖麻油等）在不同浓度下的表面张力系数。

5. 注意事项

①吊环须严格处理干净。可用 NaOH 溶液洗净油污或杂质后，再用清洁水冲洗干净，并用热吹风烘干。

②吊环水平须调节好，注意偏差 1°，测量结果引入误差为 0.5%；偏差 2°，则误差为 1.6%。

③仪器开机需预热 15 min。

④在旋转升降台时，尽量使液体的波动要小。

⑤实验室内不可有风，以免吊环摆动致使零点波动，所测系数不正确。

⑥若液体为纯净水。在使用过程中防止灰尘和油污及其他杂质污染，特别注意手指不要接触被测液体。

⑦力敏传感器使用时用力不宜大于0.098 N。过大的拉力传感器容易损坏。

⑧实验结束须将吊环用清洁纸擦干,再用清洁纸包好,放入干燥缸内。

【数据处理与分析】

表2.13 传感器灵敏度的测量数据表

砝码 m/g	0	0.50	1.00	1.50	2.00	2.50	3.00
电压 U/mV							

逐差法求:$\overline{\Delta U} = \frac{1}{3}\sum_{i=1}^{3} X_i \left| U_{i+3} - U_i \right| =$ ________;

仪器的灵敏度:$K = \frac{\overline{\Delta U}}{\Delta m \cdot g} =$ ________,已知重力加速度 $g = 9.796\ 1\ \text{m/s}^2$。

表2.14 水的表面张力系数的测量数据表

(金属环外径 $D_1 =$ ______cm,内径 $D_2 =$ ______cm,水温:$t =$ ______℃)

序号	U_1/mV	U_2/mV	ΔU/mV	F/N	α/(N·m^{-1})
1					
2					
3					
4					
5					
6					

平均值:$\bar{\alpha} =$ ________ N/m;

计算 $F = \frac{U_1 - U_2}{K} =$ ________ N;

根据公式 $\alpha = \frac{f}{\pi(D_1 + D_2)}$ 计算在室温下水的表面张力系数 α,然后与标准值相比较,求出不确定度,并写出结果表达式。

【课后讨论】

①表面张力与哪些因素有关?实验中应注意哪些因素才能减小误差?

②若吊环的下沿所在平面与液面不平行，测得的表面张力系数是大了还是小了？为什么？

③为什么液膜破裂前的一瞬间读出 U_1 值，而不是将数字电压表显示的最大值作为 U_1 值？

【附】

①20 ℃时与空气接触的液体的表面张力系数见表 2.15。

表 2.15　20 ℃时与空气接触的液体的表面张力系数

液体	$\alpha/(\times 10^{-3}\text{N}\cdot\text{m}^{-1})$	液体		$\alpha/(\times 10^{-3}\text{N}\cdot\text{m}^{-1})$
航空汽油(在 10 ℃时)	21	甘油		63
石油	30	水银		513
煤油	24	甲醇	常温	22.6
			在 0 ℃时	24.5
松节油	28.8	乙醇	常温	22.0
			60 ℃时	13.4
			0 ℃时	24.1
水	72.75	弗里昂-12		9.0
肥皂溶液	40	蓖麻油		36.4

②不同温度下与空气接触的水的表面张力系数见表 2.16。

表 2.16　不同温度下与空气接触的水的表面张力系数

温度/°C	$\alpha/(\times 10^{-3}\text{N}\cdot\text{m}^{-1})$	温度/°C	$\alpha/(\times 10^{-3}\text{N}\cdot\text{m}^{-1})$	温度/°C	$\alpha/(\times 10^{-3}\text{N}\cdot\text{m}^{-1})$
0	75.62	16	73.34	30	71.15
5	74.90	17	73.20	40	69.55
6	74.76	18	73.15	50	67.90
8	74.48	19	72.89	60	66.17
10	74.20	20	72.75	70	64.41
11	74.07	21	72.60	80	62.60
12	73.92	22	72.44	90	60.74
13	73.78	23	72.28	100	58.84
14	73.64	24	72.12		
15	73.48	25	71.96		

2.6 金属线膨胀系数的测定

由于物质内部分子的热运动,多数物体都具有“热胀冷缩”现象。在工程结构的设计、机械仪器的制造、材料的加工等过程中,都必须考虑材料的“热胀冷缩”。否则,将影响结构的稳定和仪表的精度;考虑失当,甚至会造成工程的毁损、仪表的失灵等。热膨胀分为“线膨胀”和“体膨胀”,我们把在一维情况下,固体受热后长度的微小增加称为线膨胀。为了表征固体材料的热性能,引入线膨胀系数(简称线胀系数)这一物理量,它是选用材料的重要指标。测定线膨胀系数的关键在于如何精确测量长度的微小变化,通常可采用千分表、读数显微镜、光杠杆以及光学干涉等仪器或方法进行测量。本实验采用千分表测定金属棒长度随温度的微小变化量,从而得到金属的线胀系数。

【实验目的】

①掌握测量固体线膨胀系数的基本原理。

②了解 DH4608 固体线膨胀系数实验仪的基本结构、工作原理,掌握千分表和温度控制仪的操作方法。

③测量金属棒的线膨胀系数。

④用图示图解法处理实验数据,并分析实验误差。

【预习思考题】

①两根材料相同、粗细和长度均不相同的金属杆,在同样的温度变化范围内,线胀系数是否相同? 为什么?

②如何利用千分表的位移传感原理测量金属棒长度随温度升高时发生的微小变化量?

③如何正确操作和使用 DH4608 固体线膨胀系数实验仪?

【实验原理】

一般情况下,固体的长度随温度的升高而增加,长度 L 和温度 t 之间的关系可表示为

$$L = L_0(1 + \alpha t + \beta t^2 + \cdots)$$

式中,L_0 为 $t=0$ ℃时的长度,α、β 是与物质材料有关的系数。在一定温度范围内,可取

$$L = L_0(1 + \alpha t) \tag{2.29}$$

设温度为 t_1 时固体长度为 L_1;温度为 t_2 时固体长度为 L_2,则有

$$L_1 = L_0(1 + \alpha t_1)$$

$$L_2 = L_0(1 + \alpha t_2)$$

$$\Delta L_{21} = L_2 - L_1 = L_0\alpha(t_2 - t_1) = L_0\alpha\Delta t_{21}$$

所以

$$\alpha = \frac{\Delta L_{21}}{L_0} \cdot \frac{1}{\Delta t_{21}} \tag{2.30}$$

α 为固体的线膨胀系数,其物理意义是:当温度每升高 1 ℃时,物体单位长度的伸长量。

实验表明：

①不同材料的线膨胀系数不同。

②同一种材料，在不同温度范围内线膨胀系数也不同。

③温度变化不大时，α 近似为常量。

几种固体的线膨胀系数见表2.17。

表2.17　几种固体的线膨胀系数

物质	铝	铁	青铜	黄铜
温度/°C	0~100	0~100	0~100	0~100
线膨胀系数 /[$10^{-6}\cdot(°C)^{-1}$]	22.0~24.0	11.54~13.20	17.10~18.02	18.10~20.08

当温度不太高时，$L_1 = L_0(1+\alpha t_1) \approx L_0$，所以

$$\alpha = \frac{\Delta L_{21}}{L_0} \cdot \frac{1}{\Delta t_{21}} = \frac{\Delta L_{21}}{L_1} \cdot \frac{1}{\Delta t_{21}} \tag{2.31}$$

在实际测量中，我们等温度间隔地设置加热温度（如等间隔5 °C等间隔或10 °C等间隔），从而测量对应的一系列 ΔL_{i1}，即

$$\alpha = \frac{\Delta L_{i1}}{L_1 \Delta t_{i1}} \qquad (i = 2,3,4,\cdots) \tag{2.32}$$

将所得到的测量数据进行直线拟合处理，从直线的斜率可得到一定温度范围内的平均热膨胀系数 $\bar{\alpha}$。

【实验仪器】

金属线膨胀系数实验仪器包括电加热恒温箱、恒温控制仪、千分表以及待测金属棒（3根）。

1. 电加热恒温箱

电加热恒温箱结构如图2.16所示。

使用要求：

①被测物体为直径 ϕ8 mm，长400 mm的3种密度均匀材质不同的金属棒。

②千分表安装须适当固定（以表头无转动为准）且与被测物体有良好的接触（读数在0.2~0.3 mm为宜，然后再转动表壳校零）。

③被测物体与千分表探头需保持在同一直线。

④整体要求平稳。因伸长量极小，故仪器不应有振动。

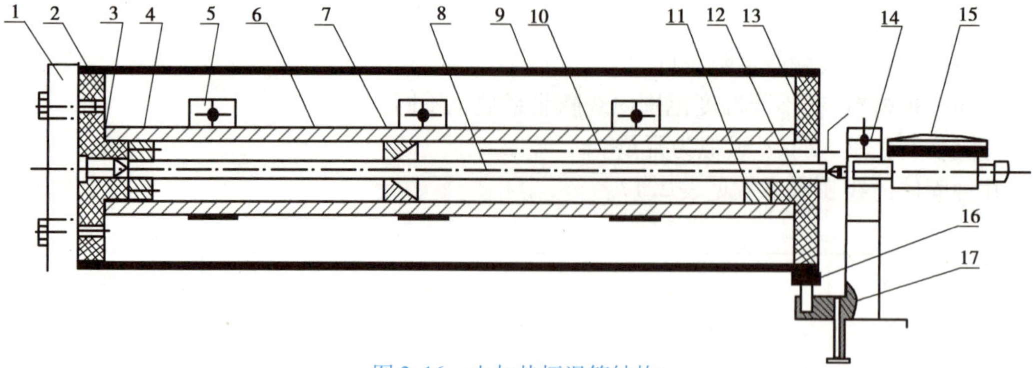

图 2.16　电加热恒温箱结构

1—托架;2—隔热盘 A;3—隔热顶尖;4—导热衬托 A;5—加热器;
6—特厚导热均匀管;7—导向块;8—被测材料;9—隔热罩;
10—温度传感器;11—导热衬托 B;12—隔热棒;13—隔热盘 B;
14—千分表固定架;15—千分表;16—支撑螺钉;17—固定螺钉

2. 恒温控制仪

DH4608 恒温控制仪面板如图 2.17 所示。

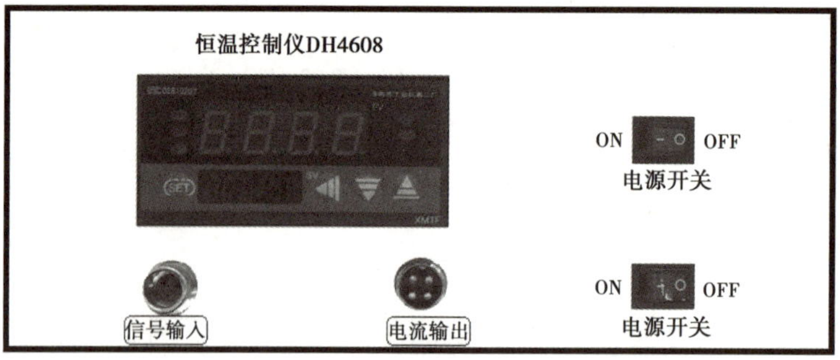

图 2.17　DH4608 恒温控制仪面板

3. 主要技术指标

①温度控制分辨率 0.1 ℃;控制精度±0.1 ℃。
②控温范围:室温 ~85 ℃。
③恒温加热炉内空间温度达到平衡时,温度梯度≤±0.1 ℃。
④千分表测量精度 0.001 mm,量程 0 ~1 mm。
⑤待测金属棒样品直径 ϕ8 mm,长 400 mm。
⑥使用环境:温度 0 ~40 ℃,湿度≤85% 。

【实验内容及步骤】

1. 连接电加热器与温控仪

连接电加热器与温控仪输入、输出接口和温度传感器的插头。

2. 安装待测金属棒

旋松千分表固定架螺栓，取下千分表固定架，将测试样品（直径 $\phi 8$ mm，长 400 mm 金属棒）从胶木孔插入特厚壁紫铜管内（圆胶木中心孔用来插入测试样品，旁边小孔用来插入传感器），再插入不良导热体（不锈钢）用力压紧后装上千分表固定架，在安装千分表架时注意被测物体与千分表测量头保持在同一条直线上。

3. 安装调整千分表

将千分表安装在固定架上，并且扭紧螺栓，不使千分表转动，再向前移动固定架，使千分表读数值在 0.2 ~0.3 mm，拧紧固定架螺栓。然后稍用力压一下千分表滑落端，使它能与绝热体有良好的接触，再转动千分表表盘使读数为零。

4. 设定加热温度开始测量

①接通温控仪电源（关闭加热电流），静置 10 min 后，记录千分表和温度表的起始读数。

②设定需加热的值，一般可逐次增加温度 10 °C，分别设定为 20 °C、30 °C、40 °C、50 °C、60 °C，接通加热电流，开始加热，此时加热指示灯闪动。

③当显示值上升到设定值附近时，恒温控制仪自动控制到设定值。正常情况下加热波动 1 ~2 次后达到稳定值，此时可以记录终止读数 l_i 和 t_i，将数据记录在表 2.18 中。

5. 测量其他样品的线胀系数（选作）

选用不同的金属棒样品，分别测量并计算各自的线胀系数。

6. 注意事项

①千分表是精密仪表，不能用力挤压。

②实验过程中不能振动仪器和桌子，否则会影响千分表读数。

【数据处理与分析】

①由表 2.18 中的测试数据计算线胀系数，并分析误差。

表 2.18　固体线胀系数测定表

测试样品：__________，$\phi 8$ mm，$L_0=400$ mm

温度 $t_i/(°C)$	t_0	t_1	t_2	t_3	t_4	t_5
千分表读数 l_i/mm	0					
$L_i(mm)=L_0+l_i$						
$\Delta L(mm) = l_{i+1} - l_i$						
$\alpha = \dfrac{\Delta L}{L_i \Delta t}/(°C)^{-1}$						
$\overline{\alpha}/(°C)^{-1}$						

注：以室温 t_0 为起点，每升温 10 °C 记录一次数据。

②画出 L—t 的关系曲线图，观察总结其线性关系；由直线的斜率求出 $\overline{\alpha}$。

【课后讨论】

①哪个测量量对实验结果的精度影响最大？为什么？

②能否设计出另一种测量长度的微小变化的方法，从而测出线膨胀系数？

【附】

实验举例

①按照实验步骤和要求，安装固定好测试棒。

②记录环境温度和千分表的初始读数，将温度分别设定为 30 °C、40 °C、50 °C、60 °C，分别记录当温度达到平衡时的千分表的读数，填在表 2.19 中。

③以 30 °C 为起始点，进行数据处理。

④画出 L—t 的关系曲线，如图 2.18 所示，由斜率求出 $\overline{\alpha}$。

表 2.19 固体线胀系数测量数据

测试样品：黄铜棒，ϕ8 mm，L_0 = 400 mm

温度 t_i/(°C)	t_0	t_1	t_2	t_3	t_4
	25	30	40	50	60
千分表读数 l_i/mm	0	0.018	0.095	0.173	0.250
L_i(mm) = $L_0 + l_i$	400	400.018	400.095	400.173	400.250
ΔL(mm) = $l_{i+1} - l_i$	—	0.077	0.078	0.077	—
$\alpha = \frac{\Delta L}{L_i \Delta t}$/(℃)$^{-1}$	—	19.25	19.5	19.25	—
$\overline{\alpha}$/($\times 10^{-6} \cdot$ °C^{-1})	19.375				

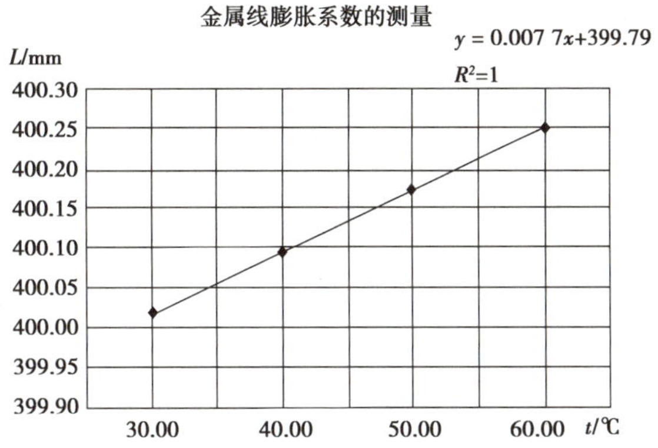

图 2.18　L—t 的关系曲线

计算：

$$\bar{\alpha}L_0 = 0.0077$$

$\bar{\alpha} = 0.0077/L_0 = 0.0077/400 = 19.25(\times 10^{-6}/°C)$

千分表使用说明

千分表是美国的 B. C. 艾姆斯等于 1890 年制成的。它是一种利用精密齿条齿轮机构制成的表式通用长度测量工具。当量杆移动 1 mm 时，这一移动量通过齿条、轴齿轮放大后传递给安装在轴齿轮上的指针，使指针转动一圈。增加齿轮放大机构的放大比，使圆表盘上的分度值为 0.001 mm 或 0.002 mm（圆表盘上有 200 个或 100 个等分刻度），这种表式测量工具即称为千分表。它常用于形状和位置误差以及小位移的长度测量。千分表的示值范围一般为 0 ~ 10 mm。

千分表的种类较多，本实验采用的千分表是横形（Y）式千分表，即从正面观测刻度板的话，测头为左右移动型。本仪器采用的千分表技术参数见表 2.20。

表 2.20　本仪器采用的千分表技术参数

量程	精度等级	分度值	示值总误差	下轴套直径
0 ~ 1 mm	一等品	0.001 mm	±2 μm	ϕ8 mm

（1）使用前的准备工作

①检验千分表的灵敏程度：左手托住表的背面，度盘向前用眼观察，右手拇指轻推表的测头，试验量杆的移动是否灵活。

②检验千分表的稳定性：将千分表夹持在表架上，并使测头处于工作状态，反复几次提落防尘帽自由下落测头，观察指针是否指向原位。

（2）测量和读数方法

①安装。先把千分表固定在表架上，所夹部位应尽量靠近下轴根部，但是不能影响表圈的转动，夹紧即可，不要太过紧，以免压坏伸缩杆。

②校准零位。旋转表盘的外圈，使刻度盘“0”位对准指针。

注意：校对零位的时候，应尽量使表的测量头对准基本面，并使量杆有一定的伸缩量（0.2 mm 左右），再用扳手固定住千分表支架，夹住千分表。在对好零位后，应反复几次拉伸、放手，让其回位（伸缩 0.1 ~0.2 mm），待指针稳定后方可旋转表盘外圈对零。校准零位时，要反复检查,要求指针测量既准又稳。

③测量。测量平面时,应使千分表的量杆轴线与所测量表面垂直,防止有斜角现象。测量圆柱体时,量杆轴线应该通过工件中心并与母线垂直。在测量过程中,可以看到大小指针都在转动。大指针每转一格为0.001 mm;大指针转一圈,小指针转一格。在开始测量时,要记住大小指针的初始值,与待测量读数,做差值即为测量值。读数视线要垂直于千分表的刻度盘,如果大指针停留在刻线之间,就进行估读。

④其他注意事项。

a. 不要使测量杆突然撞落到工件上,也不可强烈振动、敲打指示表。

b. 测量时注意表的测量范围,不要使测头位移超出量程,以免过度伸长弹簧,从而损坏指示表。

c. 不要使测头跟测杆做过多无效的运动,否则会加快零件磨损,使表失去应有精度。

d. 当测杆移动发生阻滞时,不可强力推压测头,须交给老师维修。

2.7 霍尔传感器测量材料的杨氏模量

杨氏模量是描述固体材料在线度方向受力后抵抗形变能力的重要物理量。它与材料自身性质有关,与材料的几何形状和所受到外力的大小无关,是工程设计中机械构件选材的重要参数和依据。测量杨氏模量的常用方法有拉伸法、弯曲法、振动法和内耗法等,本实验采用梁弯曲法测量金属的杨氏模量。实验中选用霍尔位置传感器实现对微小位移量的测量。

【实验目的】

①熟悉霍尔位置传感器的特性,掌握微小位移非电量电测新方法。

②学会用梁弯曲法测定金属的杨氏模量。

③掌握用逐差法处理数据。

【预习思考题】

①什么是霍尔效应?

②杨氏模量的定义是什么?

③梁弯曲法测量杨氏模量的计算式及意义是什么?

【实验原理】

1. 霍尔效应

霍尔元件放在磁感强度为 B 的磁场中,在垂直于磁场方向通有电流 I,则与这二者垂直的方向上将产生霍尔电压 U_H:

$$U_H = K_H \cdot I \cdot B \tag{2.33}$$

式(2.33)中 K_H 为霍尔灵敏度。如果保持霍尔元件中的电流 I 不变,而使其在一个均匀梯度的磁场中移动时,则输出的霍尔电压变化量为

$$\Delta U_H = K_H I \frac{dB}{dZ} \cdot \Delta Z \tag{2.34}$$

式(2.34)中 ΔZ 为位移量，由上式可知，若 dB/dZ 为常数，则 ΔU_H 与 ΔZ 成正比。

为获得均匀梯度的磁场，可以用两块相同的磁铁 N 极与 N 极相对，两磁铁之间留一等间距空位，如图 2.19 所示。将霍尔元件平行于磁铁放在该空位的中轴上。空位大小要根据测量范围和测量灵敏度要求而定，空位越小，磁场梯度就越大，灵敏度就越高。磁铁截面要远大于霍尔元件，以尽可能减小边缘效应的影响，提高测量精确度。

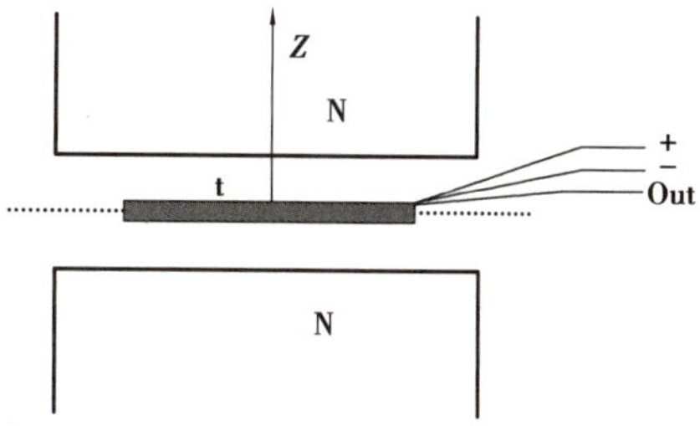

图 2.19　霍尔效应示意图

若磁铁间的空位中心截面处的磁感应强度为零，霍尔元件处于该处时，输出的霍尔电压就应该为零。当霍尔元件偏离中心沿 Z 轴发生位移时，由于磁感应强度不再为零，霍尔元件也就产生相应的电势差输出，其大小可以用数字电压表显示。由此可以将霍尔电压为零时元件所处的位置作为位移参考零点。

霍尔电压与位移量之间存在一一对应关系，当位移量较小（<2 mm）时，这一对应关系具有良好的线性。

2. 杨氏模量 Y 的计算公式

设一段固体板，在其两端沿轴方向施加大小相等、方向相反的外力 F，其长度 $hf_1 = e|U_1| + A$ 改变 Δl，力 F 与横截面面积 S 的比值 $\frac{F}{S}$ 称为应力，$\frac{\Delta l}{l}$ 为应变。在弹性限度内，根据胡克定律有

$$\frac{F}{S} = Y \cdot \frac{\Delta l}{l} \tag{2.35}$$

式(2.35)中 Y 称为杨氏模量，其数值决定于材料本身的性质，杨氏模量的大小反映了材料抵抗形变的能力。

将厚为 a、宽为 b 的金属板放在相距为 d 的二刀口上，在金属片上二刀口的中点处挂上质量为 m 的砝码，板被压弯，挂砝码处下降 ΔZ。在待测样品发生微小弯曲时，梁中存在一个中性面 m，面上部分发生压缩，面下部分发生拉伸，所以整体来说，可以理解为待测样品发生应变，可用杨氏模量来描写材料的性质，杨氏模量的大小为

$$Y = \frac{d^3 \cdot mg}{4a^3 \cdot b \cdot \Delta Z} \tag{2.36}$$

【实验仪器】

1. 杨氏模量实验装置

霍尔位置传感器法杨氏模量测定仪（图 2.20）；读数显微镜（放大倍数 20 倍，分度值 0.005 mm，测量范围 0 ~ 6 mm）；螺旋测微器；游标卡尺；米尺；砝码（10.0 g、20.0 g 两种）等。

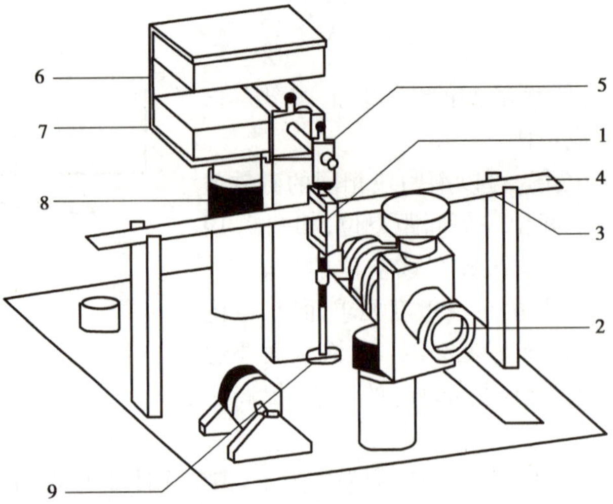

1—铜刀口上的基线;2—读数显微镜;3—刀口;4—横梁;
5—铜杠杆(顶端装有霍尔传感器);6—磁铁盒;
7—磁铁(N 极相对位置);8—三维调节架;9—砝码。

图 2.20　杨氏模量实验装置

2. 杨氏模量测定仪

杨氏模量测定仪面板图如图 2.21 所示。

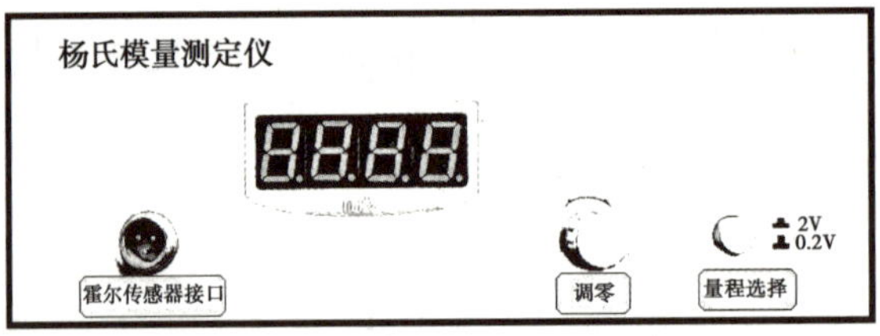

图 2.21　杨氏模量测定仪面板图

三位半数字面板表(0 ~ 199.9 mV,0.1 mV 和 0 ~ 1.999 V,1 mV 两种量程)。

【实验内容及步骤】

1. 测量黄铜样品的杨氏模量

(1)测量梁的弯曲微小位移 ΔZ_i

①以水准器为参照,调节底座螺丝使装置水平。

②调节三维架上下前后的螺丝,使霍尔位置传感器探测元件处于磁铁中间。

③磁铁盒上可上下调节螺丝使磁铁上下移动,当毫伏表读数值很小时,停止调节,最后调节调零电位器使毫伏表读数为零。

④调节读数显微镜。调节目镜,使标尺和准线(两条小横线)清晰。调节显微镜的高度,使其对准刀口架上的基线。然后移动读数显微镜前后距离,使待测目标(刀口架上的标记刻线)成像清晰,调整后紧固螺丝。微调显微镜的支柱螺杆,使待测标记成像于视场的中央偏下方部位。转动显微镜的读数鼓轮,从目镜中可看到准线上下移动,使准线与标记刻线完全重

合，记下读数作为测量的初始位置值 Z_0。

⑤逐次增加砝码 m_i（每次增加 10 g 砝码），读出每次准线与标记刻线重合时读数显微镜的读数 Z_i（金属片的弯曲位移 $\Delta Z_i = Z_i - Z_0$）及相应的数字电压表读数值 U_i。以便计算杨氏模量和霍尔位置传感器进行定标。在整个测量过程中都要注意避免读数显微镜的空程误差，即只允许准线向一个方向移动。

⑥用逐差法处理数据，计算梁的弯曲微小位移 ΔZ_i。

(2) 测量其他物理量

①测量横梁两刀口间的长度 d（用 30 cm 的直钢尺）。

②测量不同位置横梁宽度 b（用游标卡尺）。

③测量横梁厚度 a（用螺旋测微器）。

2. 用霍尔位置传感器测量可锻铸铁的杨氏模量（选做）

①逐次增加砝码 m_i，读出数字电压表的数值。由霍尔位置传感器的灵敏度，计算出下降的距离 ΔZ_i。

②测量不同位置的金属板宽度 b 和金属板厚度 a。用逐差法按式(2.36)计算可锻铸铁的杨氏模量。

3. 注意事项

①实验开始前，必须检查横梁是否有弯曲，如有应矫正。

②梁的厚度必须测准确。用千分尺测量待测样品的厚度时，必须取不同位置多点测量取平均值。测量黄铜样品时，因黄铜比钢软，旋紧千分尺时，当将要与金属接触时，必须用微调轮。当听到“嗒嗒嗒”三声时，停止旋转。用力要适当，不宜过猛。

③霍尔位置传感器定标前，应先将霍尔位置传感器调整到零输出位置，这时可调节永磁铁盒下的升降杆上的旋钮，达到零输出的目的，另外应使霍尔位置传感器的探头处于两块磁铁的正中间（磁铁上有十字标线）稍偏下的位置，这样测量数据更可靠一些。

④测量中注意避免读数显微镜的空程误差。

【数据处理与分析】

霍尔位置传感器实验数据表见表 2.21。

表 2.21　霍尔位置传感器实验数据表

m/g	1	2	3	4	5	6	7	8
	10.00	20.00	30.00	40.00	50.00	60.00	70.00	80.00
Z/mm								
U/mV								

①用逐差法算出样品在 m=40.00 g 的作用下产生的位移量：

$$\overline{\Delta z} = \frac{1}{4}[(z_1 - z_5) + (z_2 - z_6) + (z_3 - z_7) + (z_4 - z_8)]$$

②按式(2.36)进行计算,计算黄铜材料的杨氏模量,并求出霍尔位置传感器的灵敏度$\frac{\Delta U}{\Delta Z}$。

③把测量结果与公认值(黄铜材料的杨氏模量公认值$E=10.55\times10^{10}\,N/m^2$)进行比较。

【课后讨论】

①弯曲法测杨氏模量实验,主要测量误差有哪些?请估算各因素的不确定度。

②用霍尔位置传感器法测位移有什么优点?

【附】

实验数据处理举例(逐差法)

1. 霍尔位置传感器的定标

在进行测量之前,要求符合上述安装要求,并且检查金属板的水平、刀口的垂直、挂砝码的刀口处于梁中间,一切正常后加砝码,使梁产生位移ΔZ;精确测量传感器信号输出端的数值与固定砝码架的位置Z的关系,也就是用读数显微镜对传感器输出量进行定标,测量数据间表2.22所示。

表2.22　霍尔位置传感器实验数据表

m/g	1	2	3	4	5	6	7	8
	10.00	20.00	30.00	40.00	50.00	60.00	70.00	80.00
Z/mm	2.966	2.866	2.722	2.585	2.386	2.285	2.126	1.996
U/mV	12.2	24.4	37.6	49.6	62.2	73.6	86.8	98.3

2. 杨氏模量的计算

用直尺量得横梁的长度$d=22.68$ cm,游标卡尺测其宽度$b=2.290$ cm,千分尺测其厚度$a=0.950$ mm。

用逐差法算出样品在$m=40.00$ g的作用下产生的位移量$\overline{\Delta z}$。

$$\overline{\Delta z}=\frac{1}{4}[(z_1-z_5)+(z_2-z_6)+(z_3-z_7)+(z_4-z_8)]$$

$$=\frac{1}{4}[(2.966-2.386)+(2.866-2.285)+(2.722-2.126)+(2.585-1.996)]$$

$$=\frac{1}{4}(0.580+0.581+0.596+0.589)=0.5865(\text{mm})$$

代入式(2.36)得黄铜的杨氏模量

$$Y_{黄铜}=\frac{d^3\cdot mg}{4a^3\cdot b\cdot\Delta Z}=\frac{(22.68\times10^{-2})^3\times40.00\times10^{-3}\times9.796}{4\times(0.950\times10^{-3})^3\times2.290\times10^{-2}\times0.5865\times10^{-3}}$$

$$=9.92\times10^{10}(\text{N/m}^2)$$

霍尔位置传感器的灵敏度为

$$K_H = \frac{\Delta U}{\Delta Z} = \frac{49.3}{0.586\,5} = 84.1(\text{V/mm})$$

与公认值比较,得百分误差

$$E = \frac{|Y_{公认} - Y_{测量}|}{Y_{公认}} = \frac{(10.55 - 9.92) \times 10^{10}}{10.55 \times 10^{10}} = 0.6\%$$

3. 梁弯曲法测杨氏模量计算公式推导

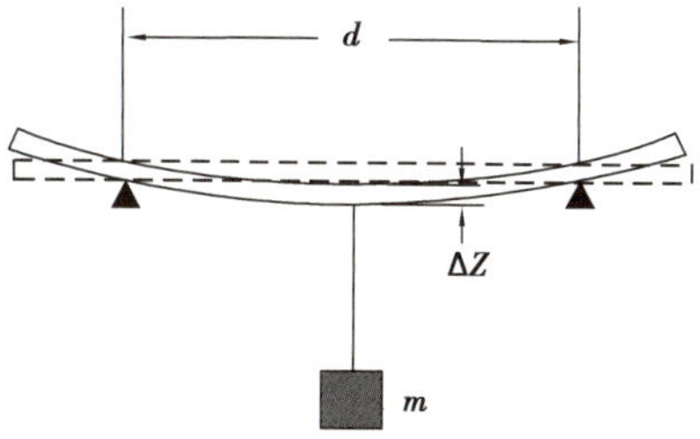

图 2.22　梁弯曲法

将厚为 a、宽为 b 的金属板放在相距为 d 的二刀口上,如图 2.22 所示,在金属板上二刀口的中点处挂上质量为 m 的砝码,板被压弯,设挂砝码处下降 ΔZ。

如图 2.23(a)所示,在相距 $\mathrm{d}x$ 的 O_1O_2 二点上的横断面,在金属板弯曲前互相平行,弯曲后则成一小角。显然,在金属板弯曲后,其下半部呈现拉伸状态,上半部为压缩状态,而在金属板的中间的一薄层虽弯曲但长度不变,称为中间层。假设与中间层相距为 y、厚 $\mathrm{d}y$、形变前长为 $\mathrm{d}x$ 的一段,弯曲后伸长了 $y\mathrm{d}\varphi$,受到的拉力为 $\mathrm{d}F$,那么整个横断面的转矩应是

$$M = 2Yb\frac{\mathrm{d}\varphi}{\mathrm{d}x}\int_0^{\frac{a}{2}} y^2\mathrm{d}y = \frac{1}{12}Ya^3b\frac{\mathrm{d}\varphi}{\mathrm{d}x} \tag{2.37}$$

若将金属板的中点 C 固定,在中点两侧各为 $\frac{d}{2}$ 处分别施以向上的力 $\frac{1}{2}mg$,如图 2.23(b)所示,则金属板的弯曲情况应当和图 2.23(a)完全相同。那么金属板上距中点 C 为 x,长为 $\mathrm{d}x$ 的一段,由于弯曲产生的下降 $\mathrm{d}(\Delta Z)$ 为

$$\mathrm{d}(\Delta Z) = \left(\frac{\mathrm{d}}{2} - x\right)\mathrm{d}\varphi \tag{2.38}$$

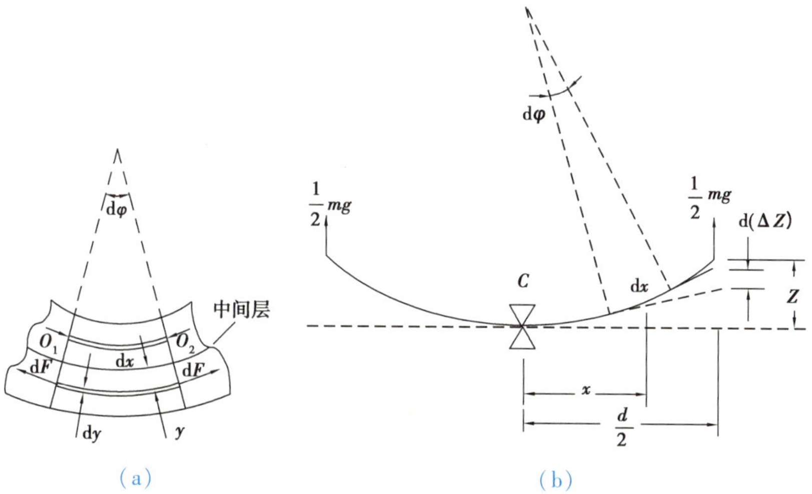

图 2.23　梁弯曲法公式推导

当平衡时，由外力$\frac{1}{2}mg$对该处产生的力矩$\frac{1}{2}mg\left(\frac{d}{2}-x\right)$应当等于由式(2.37)求出的转矩$M$，即

$$\frac{1}{2}mg\left(\frac{d}{2}-x\right)=\frac{1}{12}Ya^3b\frac{\mathrm{d}\varphi}{\mathrm{d}x}$$

由此式求出$\mathrm{d}\varphi$代入式(2.38)中并积分，可求出

$$\Delta Z=\frac{6mg}{Ya^3b}\int_0^{\frac{d}{2}}\left(\frac{d}{2}-x\right)^2\mathrm{d}x=\frac{mgd^3}{4Ya^3b}$$

则有

$$Y=\frac{d^3mg}{4a^3b\Delta Z} \tag{2.39}$$

2.8 落球法测量液体的黏滞系数

液体的黏滞系数又叫黏度。黏度是反映液体流动特性的物理量，它的大小主要决定于液体的性质，受温度、流速等影响。液体黏度的测量在材料的工艺技术等方面有实际应用价值，如石油在管道中的传输、机械的润滑、油脂涂料、有机合成、医疗和药物等方面都需要测定黏度。测量液体黏度有多种方法，本实验所采用的落球法是最基本的一种。它是利用小球在黏滞液体中铅直下落时小球受到黏滞阻力大小与小球下落速度的关系来测量的。测出小球匀速下落的速度，就可以计算出液体的黏度。这种方法可用于测量黏度较大的透明或半透明液体，如蓖麻油、甘油、变压器油等。

【实验目的】

①会用落球法测液体的黏滞系数。

②掌握激光光电计时仪的用法。

【预习思考题】

①什么是液体的黏度？影响其大小的因素有哪些？

②斯托克斯定律的内容是什么？

③落球法测液体黏度的原理是什么？

【实验原理】

1. 黏度的概念

流体作层流时，相邻两流层之间的内摩擦力与流层间的接触面积成正比，与两流层的速度梯度$\frac{\Delta V}{\Delta x}$成正比

$$F = \eta s \frac{\Delta v}{\Delta x}$$

式中 η 称为液体的黏滞系数，也叫黏度，其单位是 Pa · s。

2. 落球法测黏度计算公式

当金属小球在黏性液体中下落时，它受到三个铅直方向的力：小球的重力 mg（m 为小球质量）；液体作用于小球的浮力 ρgV（V 是小球体积，ρ 是液体密度）；黏滞阻力 F（其方向与小球运动方向相反）。

如果液体无限深广，在小球下落速度 v 较小的情况下，有

$$F = 6\pi\eta rv \tag{2.40}$$

式(2.40)称为斯托克斯公式，其中 r 是小球的半径，η 为液体的黏度。

小球开始下落时，由于速度尚小，所以阻力也不大；但随着下落速度增大，阻力也随之增大，最后三个力达到平衡，即

$$mg = \rho gV + 6\pi\eta vr$$

于是，小球作匀速直线运动，由上式可得

$$\eta = \frac{(m - V\rho)g}{6\pi vr}$$

令小球的直径为 d，并用 $m = \frac{\pi}{6}d^3\rho'$，$v = \frac{l}{t}$，$r = \frac{d}{2}$ 代入上式得

$$\eta = \frac{(\rho' - \rho)gd^2t}{18l} \tag{2.41}$$

其中 ρ' 为小球材料的密度，l 为小球匀速下落的距离，t 为小球下落 l 距离所用的时间。

3. 公式的修正

实验时，待测液体必须盛于容器中，如图 2.24 所示，故不能满足无限深广的条件，实验证明，若小球沿筒的中心轴线下降，式(2.41)须做如下修正方能符合实际情况：

$$\eta = \frac{(\rho' - \rho)gd^2t}{18l} \cdot \frac{1}{\left(1 + 2.4\frac{d}{D}\right)\left(1 + 1.6\frac{d}{h}\right)} \tag{2.42}$$

其中 D 为容器内径，h 为液柱高度。

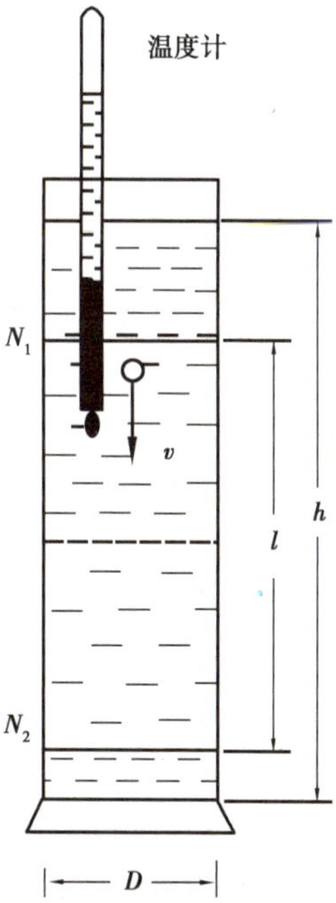

图 2.24　盛待测液体的量筒

4. 说明

实验时小球下落速度若较大，例如气温及油温较高，钢珠从油中下落时，可能出现湍流情况，使式(2.42)不再成立，此时要作另一个修正。

【实验仪器】

落球法黏滞系数测定仪(图 2.25)、小钢珠、蓖麻油、米尺、千分尺、游标卡尺、液体密度计、激光光电计时仪、电子秒表、温度计、比重瓶、电子分析天平等。

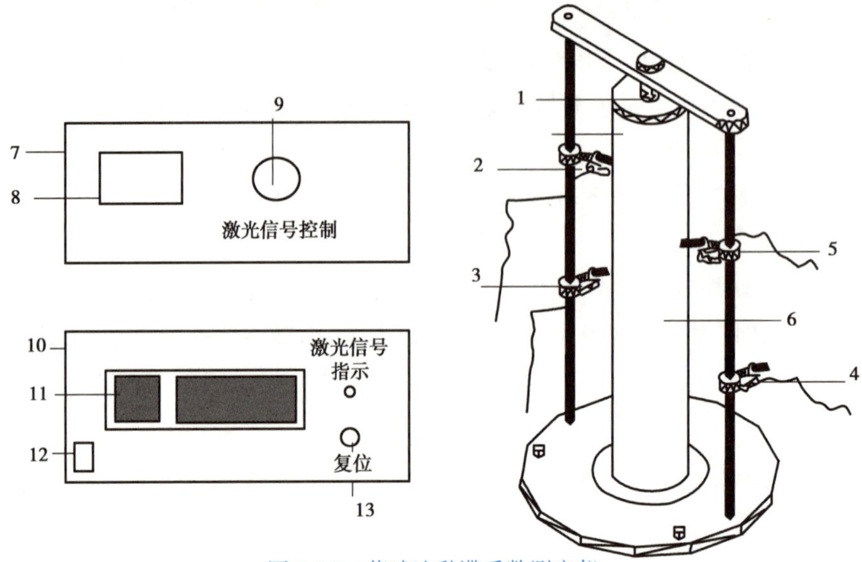

图 2.25 落球法黏滞系数测定仪

1—导管;2—激光发射器 A;3—激光发射器 B;4—激光接收器 A;5—激光接收器 B;
6—量筒;7—主机后面板;8—电源插座;9—激光信号控制;10—主机前面板;
11—计时器;12—电源开关;13—计时器复位端

【实验内容及步骤】

①调整底盘水平。在仪器横梁中间部位放重锤部件,调节底盘旋钮,使重锤对准底盘的中心圆点。

②安装激光器及接收器,将实验架上的两激光器接通电源,并进行调节,使其红色激光束平行对准锤线,这时计时仪上的红灯亮。

③收回重锤部件,将盛有待测液体的量筒放置到实验架底盘中央,轻微移动位置和适当上下、前后调整激光接收器位置,使计时仪上的红灯再次亮。

④在实验架上放上钢球导管,将小球放入钢球导管,看其能否阻挡光线,如不能,则适当调整激光器位置。

⑤用温度计测量油温,在全部小球下落完后再测一次油温,取其平均值。

⑥测量上下两激光束之间的距离 l,用钢尺测量玻璃桶中油的高度,测出公式用到的其他物理量。

⑦将小球从支架导管中丢下,分别用电子秒表和激光计时器记录小球所用时间 t,测量 6 次。注意测量小球匀速下落过程中的时间。

⑧按要求整理好仪器。

【数据处理与分析】

钢球下落时间填入表 2.23 中。

表 2.23　钢球下落时间

时间	次数						平均
	1	2	3	4	5	6	
秒表计时 t_1/s							
计数器计时 t_2/s							

记录公式中的其他相关量，计算黏度大小，并与标准值比较。

【课后讨论】

①如何判断小球是否在作匀速运动?
②用激光光电开关测量小球下落时间的方法测量液体黏滞系数有何优点?
③造成误差得主要因素是什么? 如何改进?

【附】

蓖麻油黏度系数与温度的关系见表 2.24。

表 2.24　蓖麻油黏度系数与温度的关系

T /℃	η /(Pa·s)	T /℃	η /(Pa·s)	T /℃	η /(Pa·s)	T /℃	η /(Pa·s)	T /℃	η /(Pa·s)
4.50	4.00	13.00	1.87	18.00	1.17	23.00	0.75	30.00	0.45
6.00	3.46	13.50	1.79	18.50	1.13	23.50	0.71	31.00	0.42
7.50	3.03	14.00	1.71	19.00	1.08	24.00	0.69	32.00	0.40
9.50	2.53	14.50	1.63	19.50	1.04	24.50	0.64	33.50	0.35
10.00	2.41	15.00	1.56	20.00	0.99	25.00	0.60	35.50	0.30
10.50	2.32	15.50	1.49	20.50	0.94	25.50	0.58	39.00	0.25
11.00	2.23	16.00	1.40	21.00	0.90	26.00	0.57	42.00	0.20
11.50	2.14	16.50	1.34	21.50	0.86	27.00	0.53	45.00	0.15
12.00	2.05	17.00	1.27	22.00	0.83	28.00	0.49	48.00	0.10
12.50	1.97	17.50	1.23	22.50	0.79	29.00	0.47	50.00	0.06

第3章 光学实验

3.1 等厚干涉及应用

光的干涉现象为光的波动性提供了有力的实验证明。生活中能见到许多与干涉有关的现象,比如彩色的肥皂泡,雨后路上的彩色油膜等,都与光的干涉相关,都能够用光的波动性来说明其中的原理。光的干涉广泛应用于科学研究、工业生产和检测技术中,如用于测量光波波长,精确测量微小物体的长度、厚度和角度,检测加工工件表面的光洁度和平整度及机械元件的内应力分布等。

要使两束光线发生干涉现象,那么这两束光必须是相干光,即两束光频率相同、振动方向相同、相位差恒定。实验中获得相干光的方法一般有两种:分波阵面法和分振幅法。此次要进行的等厚干涉实验属于分振幅法产生的干涉现象。

【实验目的】

①通过观察干涉图样的特点,加深对等厚干涉的理解。

②学会测量平凸透镜曲率半径的方法。

③学会读数显微镜的使用方法。

【实验原理】

1. 等厚干涉

当一束单色光入射到透明薄膜上时,薄膜上下表面依次反射产生两束相干光。如果这两束反射光相遇时的光程差仅取决于薄膜厚度,则同一级干涉条纹对应的薄膜厚度相等,这就是所谓的等厚干涉。牛顿环和劈尖干涉都是典型的等厚干涉。

如图 3.1 所示,玻璃板 A 和玻璃板 B 二者叠放起来,中间加有一层空气(即形成了空气劈尖)。设光线 1 垂直入射到厚度为 d 的空气薄膜上。入射光线在 A 板下表面和 B 板上表面分别产生反射光线 2 和 2′,二者在 A 板上方相遇,由于两束光线都是由光线 1 分出来的(分振幅法)，故频率相同、相位差恒定(与该处空气厚度 d 有关)、振动方向相同，因而会产生干涉。我们现在考虑光线 2 和 2′的光程差与空气薄膜厚度的关系。显然光线 2′比光线 2 多传播了一段距离 $2d$。此外，由于反射光线 2′是由光密介质(玻璃)向光疏介质(空气)反射，会产生半波损失。故总的光程差还应加上半个波长 $\lambda/2$，即

$$\Delta = 2d + \lambda/2$$

根据干涉条件，当光程差为波长的整数倍时相互加强，出现亮纹；为半波长的奇数倍时互相减弱，出现暗纹。

因此有

$$\Delta = 2d + \frac{\lambda}{2} = \begin{cases} 2K \cdot \frac{\lambda}{2} & K = 1,2,3,\cdots \text{ 出现亮纹} \quad (3.1) \\ (2K+1) \cdot \frac{\lambda}{2} & K = 0,1,2,\cdots \text{ 出现暗纹} \quad (3.2) \end{cases}$$

光程差 Δ 取决于产生反射光的薄膜厚度。同一条干涉条纹所对应的空气厚度相同，故称为等厚干涉。

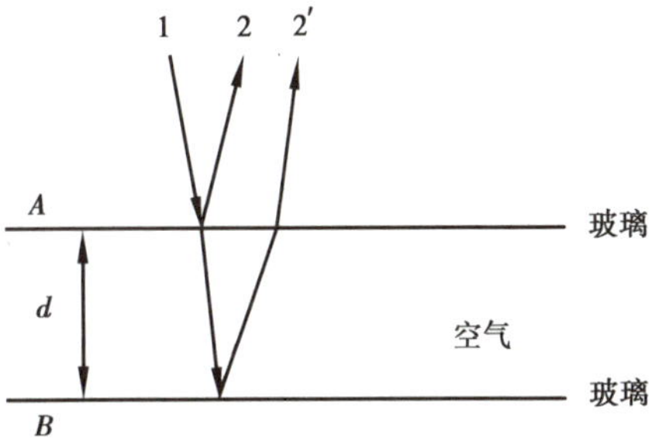

图 3.1　等厚干涉

2. 牛顿环

将一块圆形平面凸透镜放置在一块圆形平板玻璃上，两者之间存在一个空气间隙，如图 3.2 中所示。将平凸透镜与平板玻璃的接触点记作 O 点，空气间隙的厚度从 O 点到边缘逐渐增加。若有一束单色光垂直入射到平凸透镜上，该光线在平凸透镜下表面和平板玻璃上表面的反射光会产生干涉，形成明暗相间、中心疏边缘密的同心圆环状干涉条纹，我们称这种干涉图样为牛顿环。

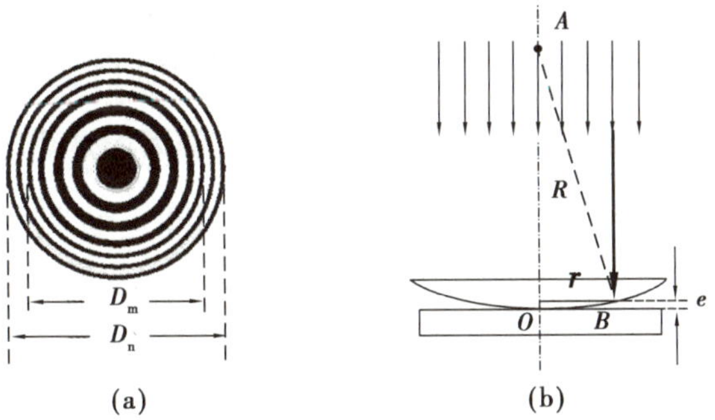

图 3.2　牛顿环图像与牛顿环仪器

将平凸透镜的曲率半径记作 R，环纹半径记作 r，图中 B 点处的空气厚度记作 e，由图中三角形 AOB 可以得到

$$r^2 = R^2 - (R-e)^2 = 2Re - e^2 \tag{3.3}$$

由于空气层 e 是极小量，故式中 e^2 可略去，得

$$e = \frac{r^2}{2R} \tag{3.4}$$

将式(3.4)代入式(3.1)和式(3.2)，可得反射光中明环与暗环的半径分别为

$$r=\sqrt{\frac{(2k-1)}{2}R\lambda}\qquad k=1,2,3,\cdots \text{ 明环} \tag{3.5}$$

$$r=\sqrt{kR\lambda}\qquad k=0,1,2,\cdots \text{ 暗环} \tag{3.6}$$

第 m 级和第 n 级暗环的半径为

$$r_m^{\ 2}=mR\lambda$$

$$r_n^{\ 2}=nR\lambda$$

两式相减得平凸透镜的曲率半径计算公式

$$R=\frac{r_m^{\ 2}-r_n^{\ 2}}{(m-n)\lambda}=\frac{D_m^{\ 2}-D_n^{\ 2}}{4(m-n)\lambda} \tag{3.7}$$

注:式(3.7)中,因第 m 级和第 n 级的序数差与第 m 级和第 n 级的级数差相等,所以在实际测量中,不用考虑观察到的牛顿环级数到底是多少。

3. 劈尖干涉

在劈尖架上两个光学平玻璃板中间的一端插入一薄片(或细丝),则在两玻璃板间形成一空气劈尖。当一束平行单色光垂直照射时,则被劈尖薄膜上下两表面反射的两束光进行相干叠加,形成干涉条纹。其光程差为

$$\Delta=2d+\frac{\lambda}{2}\qquad (d\text{ 为空气间隙的厚度})$$

产生的干涉条纹是一簇与两玻璃板交接线平行且间隔相等的平行条纹,如图 3.3 所示。
同样根据牛顿环的明暗纹条件有

$$\Delta=2d+\frac{\lambda}{2}=(2m+1)\frac{\lambda}{2}$$

m=0,1,2,3…时,为干涉暗纹

$$\Delta=2d+\frac{\lambda}{2}=2m\cdot\frac{\lambda}{2}\qquad m=1,2,3\cdots \text{ 时,为干涉明纹}$$

显然,同一明纹或同一暗纹都对应相同厚度的空气层,因而是等厚干涉。同样可得,两相邻明条纹(或暗条纹)对应空气层厚度差都等于$\frac{\lambda}{2}$;则第 m 级暗条纹对应的空气层厚度为:$D_m=m\frac{\lambda}{2}$,假若夹薄片后劈尖正好呈现 N 级暗纹,则薄层厚度为

$$D=N\frac{\lambda}{2} \tag{3.8}$$

用 α 表示劈尖形空气隙的夹角、s 表示相邻两暗纹间的距离、L 表示劈间的长度,则有

$$\alpha\approx\tan\alpha=\frac{\frac{\lambda}{2}}{s}=\frac{D}{L}$$

则薄片厚度为

$$D=\frac{L}{s}\cdot\frac{\lambda}{2} \tag{3.9}$$

由式(3.9)可见,如果求出空气劈尖上总的暗条纹数,或测出劈尖的 L 和相邻暗纹间的距

离 s,都可以由已知光源的波长 λ 测定薄片厚度(或细丝直径)D。

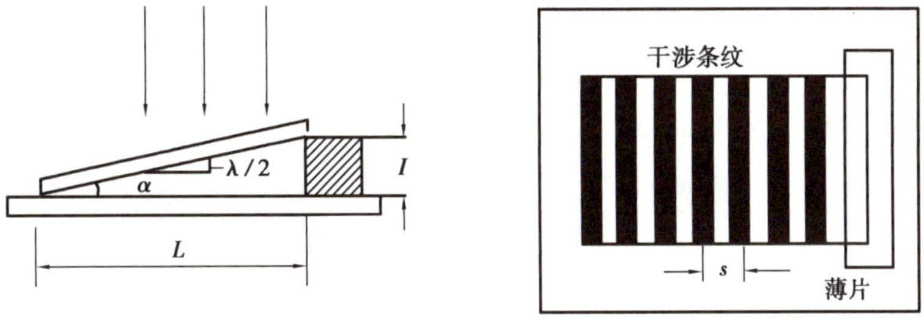

图 3.3　劈尖干涉测厚度示意图

【实验仪器】

牛顿环仪、劈尖、钠光灯、读数显微镜等。

【实验内容及步骤】

牛顿环测平凸透镜的曲率半径的步骤如下:

①接通钠光灯电源使灯管预热,调节牛顿环仪边框上的三个螺旋,使在牛顿环仪中心出现一组同心干涉环。

②将牛顿环仪 N 放在读数显微镜的平台上,调节 45°反射镜 G,如图 3.4 所示。

③调节读数显微镜调焦手轮,直至在读数显微镜内能看到清晰的干涉条纹的像。适当移动牛顿环位置,使干涉条纹的中央暗区在显微镜叉丝的正下方, 观察干涉条纹是否在读数显微镜的读数范围内,以便测量(注意:调焦过程中应该先将读数显微镜调下, 然后向上调焦,以免压坏牛顿环和劈尖)。

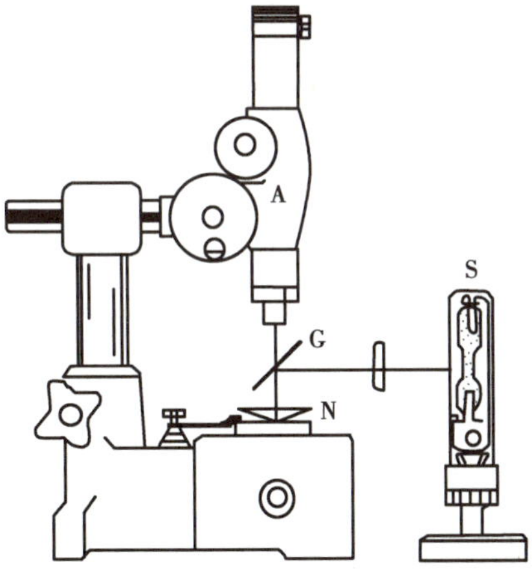

图 3.4　读数显微镜测牛顿环装置

④转动读数鼓轮,观察十字准线从中央缓慢向左(或向右)移至 23 环,然后反方向至第 20 环向右移动,当十字准线竖线与 20 环中心相切时,记录读数显微镜上的位置读数,然后继续转动鼓轮,使竖线依次与 19、18、17 等环中心相切,并记录读数于表 3.1 中。

⑤继续按原方向转动读数鼓轮,越过干涉圆环中心,记录十字准线与右边第 9 至 20 环中

心相切时的读数于表 3.1 中。注意整个测量过程中鼓轮不能倒转。

【数据处理与分析】

牛顿环测平凸透镜的曲率半径实验数据记录见表 3.1。

表 3.1　牛顿环测平凸透镜的曲率半径

环的级数	m	20	19	18	17	16	15
环的位置 /mm	左						
	右						
直径 D_m/ mm							
环的级数	n	14	13	12	11	10	9
环的位置 /mm	左						
	右						
直径 D_n/ mm							

【课后讨论】

钠光波长 $\lambda=589.3$ nm;用逐差法计算出曲率半径。

3.2　光的衍射

波在传播过程中遇到障碍物或孔隙时,能够绕过障碍物的边缘或经过孔隙继续传播,这种偏离直线传播的现象称为波的衍射现象。

光的衍射现象揭示了光的波动特性。光的衍射是指光作为电磁波在其传播路径上如果遇到障碍物,它能绕过障碍物的边缘而进入几何阴影区内传播的现象。惠更斯-菲涅耳原理:波在传播过程中,从同一波阵面上各点发出的子波,经传播而在空间相遇时,产生相干叠加。

【实验目的】

①观察单缝衍射现象,研究其光强分布规律。

②学习使用光电元件进行光强相对测量的方法。

③学会用衍射的方法测量微小的物理量。

【实验原理】

在观察衍射现象时,根据观察方式的不同,通常把光的衍射现象分为两种类型。一种是光源和接收屏(或二者之一)距离衍射孔(或障碍物)的长度为有限远,或者说入射波和衍射波都是球面波,这种衍射称为菲涅耳衍射,或近场衍射;另一种是光源和接收屏距离衍射孔(或障碍物)均为无限远或相当于无限远,这时入射波和衍射波都可看作平面波,这种衍射称为夫琅和费衍射或远场衍射。实际上，夫琅和费衍射是菲涅耳衍射的极限情形。

1. 单缝衍射的光强分布

实验中以散射角极小的激光器产生激光束，通过一条很细的狭缝，在狭缝后大于0.5 m的地方放上接收屏，就可看到衍射条纹。由于激光束的方向性很强，可视为平行光束，因此观察到衍射条纹实际上就是夫琅和费衍射条纹，如图3.5所示。

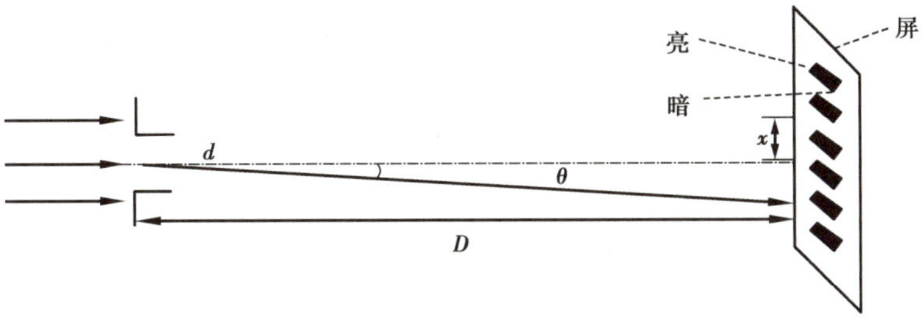

图 3.5　夫琅和费衍射条纹

光照射在单缝上时，根据惠更斯-菲涅耳原理，单缝上每一点都可看成是向各个方向发射球面子波的新波源，由于子波叠加的结果，在屏上可以得到一组平行于单缝的明暗相间的条纹。

图3.5中宽度为 d 的单缝产生的夫琅和费衍射图样，其衍射光路图满足近似条件：

$$D \gg d \qquad \sin\theta \approx \theta \approx \frac{x}{D}$$

产生暗条纹的条件是

$$d\sin\theta = k\lambda \quad (k=\pm1,\pm2,\pm3,\cdots) \tag{3.10}$$

暗条纹的中心位置为

$$x = K\frac{D\lambda}{d} \tag{3.11}$$

两相邻暗纹之间的中心是明纹中心。

由理论计算可得，垂直入射于单缝平面的平行光经单缝衍射后光强分布的规律为

$$I = I_0\frac{\sin^2\beta}{\beta^2} \qquad \left(\beta = \frac{\pi d\sin\theta}{\lambda}\right) \tag{3.12}$$

式(3.11)中，d 是狭缝宽，λ 是波长，D 是单缝位置到光电池位置的距离，x 是从衍射条纹的中心位置到测量点之间的距离，其光强分布如图3.6所示。

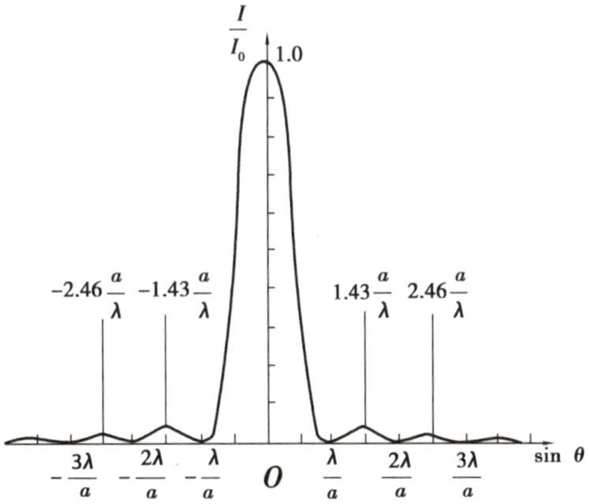

图 3.6　光强分布图

2. 双缝衍射

夫琅和费双缝衍射，可以看作前面介绍的单缝衍射的简单组合。当平行光垂直射到两个宽度相等的单缝上时，每个单缝的衍射强度不仅分布相同，而且中央主极大的位置都在光路的主轴上。如果没有其他物理过程的影响，接收屏上的衍射

图样应该是被无错开地叠加在一起，但实际上，接收屏上的图样并非两个单缝衍射结果的简单相加，而是由于两单缝衍射光束的相互干涉，使衍射图样的主极大区域和次极大区域内分裂出等宽度的双缝干涉条纹，如图 3.7 所示。

图 3.7　双缝干涉图样

根据杨氏双缝干涉公式可知，双缝干涉的强度分布为

$$I = 2I_1(1 + \cos\delta) = 4I_1\cos^2\frac{\delta}{2} \tag{3.13}$$

式中 I_1 是单独一条狭缝在接收屏上某一点的光强，δ 是从两个狭缝的中心分别到接受屏上 P 点的相位差，相位差 δ 可表示为

$$\delta = \frac{2\pi}{\lambda}d\sin\theta$$

这里 d 表示狭缝中心间距（$d=a+b$，a 是狭缝的宽度，b 是两狭缝最近邻边的距离）。干涉条纹中的极大（亮条纹）对应的角度可由下式给出：

$$d\sin\theta = \frac{\delta\lambda}{2\pi} = m\lambda \quad (m = 1,2,3,\cdots) \tag{3.14}$$

式(3.14)中 θ 表示从干涉图样中心到第 m 级极大之间的夹角，λ 表示光的波长，m 表示级次（从中心向外计数，0 对应中央极大，1 对应第一级极大，2 对应第二级极大，……），如图 3.8 和图 3.9 所示。通常因为角度较小，可以假设：$\sin\theta\approx\tan\theta$，根据三角关系：

$$\tan\theta = \frac{y}{D}$$

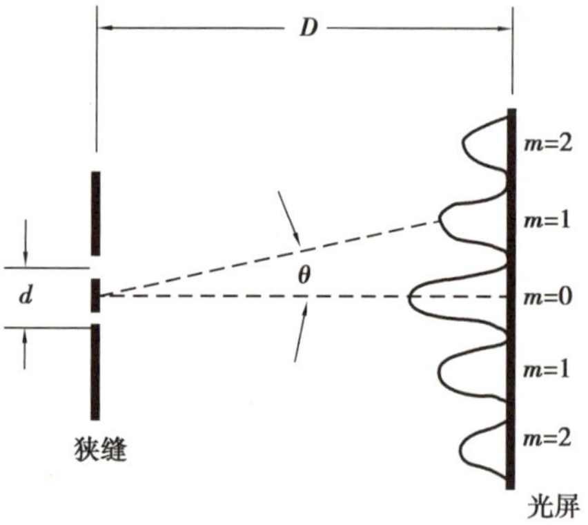

图 3.8　双缝衍射光路图

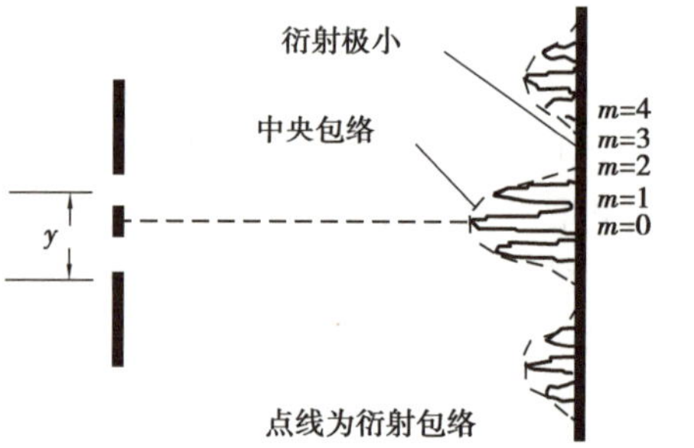

图 3.9　双缝衍射光强分布图

这里 y 表示在屏上从图样中心到第 m 级极大间的距离，D 表示从狭缝到屏的距离，如图 3.8 所示。所以可得缝间距为

$$d = \frac{m\lambda D}{y} \quad (m = 1,2,3,\cdots) \tag{3.15}$$

用单缝衍射的强度式(3.12)代入式(3.13)中,可得到双缝衍射的光强分布:

$$I = 4I_0 \frac{\sin^2 u}{u^2} \cos^2 \frac{\delta}{2} \tag{3.16}$$

【实验仪器】

半导体激光器、手动扫描平台、光电转换器、万用电表、可调单缝模板、光学轨道等。

【实验内容及步骤】

1. 观察单缝衍射图样

①将半导体激光器、可调单缝模板和手动扫描平台安装在光学轨道上,调节角度和高度使各部件等高共轴。用 PS/2 线连接手动扫描平台(光电传感器)和光电转换器,将万用电表接入光电转换器。

②操作可调单缝模板上的推杆从而改变单缝的宽度,由小到大依次改变缝宽,观察衍射图样的变化。

③旋开可调单缝模板光具座底部螺丝,改变模板在轨道上的位置,从而调节了模板与接收屏间的距离,观察衍射图样的变化。

2. 测量单缝衍射图样的光强分布

选定单缝宽度,调节单缝模板至合适位置(图像清晰)。调节手动扫描平台,使得图样呈现在接收屏中间位置,并且位于光电传感器通光孔的一侧。转动二维扫描平台的测微鼓轮,使衍射图样依次入射通光孔,每移动 0.2 mm 记录一个对应的电压值,将数据记录在表 3.2 中。根据数据以水平位置为横坐标,相对光强(即 I/I_0)为纵坐标,作出单缝衍射的相对光强分布曲线。

3. 计算光源的波长

记录单缝宽度,在光学轨道上读出单缝到接收屏间的距离。利用绘出的光强分布曲线图,找到对应的 X 值,根据式(3.11)计算出波长 λ。

【数据记录与处理】

表 3.2　单缝衍射数据记录表

	1	2	3	4	5	6	7	8	9	…
水平位置 X/mm	0	0.2	0.4	0.6	0.8	1.0	1.2	1.4	1.6	…
对应光强(电压)I/mV										

本实验使用的半导体红光激光器波长为:λ= 650.0 nm

D=____;

$a =$______；

电压表调零值 $I' =$______。

画出单缝衍射的光强分布图：

计算出所用半导体激光器波长：

【注意事项】

①测量过程中手动扫描平台不可以倒转，会引入回程误差。

②万用电表应根据光强选择合适的量程进行测量。

【课后讨论】

光源的光强如果有变动，对单缝衍射图样和光强分布曲线有无影响？

3.3 光的偏振特性

光的干涉和衍射现象揭示了光的波动性，但是还不能说明光波是纵波还是横波。而光的偏振现象清楚地显示其振动方向与传播方向是垂直的，说明光波是横波。1808 年法国物理学家马吕斯研究双折射时，发现折射的两束光在两个互相垂直的平面上偏振。

光的偏振有别于光的其他性质，人的感觉器官不能感觉偏振的存在。光的偏振使人们对光的传播规律（反射、折射、吸收和散射）有了新的认识。本实验通过对偏振光的观察、分析和测量，加深对光波的偏振性的认识和理解。

偏振光的应用很广泛，从立体电影、晶体性质研究到光学计量、光弹、薄膜、光通信、实验应力分析等技术领域都有巧妙的应用。

【实验目的】

①观察光的偏振现象，了解偏振光的产生方法和检验方法。

②了解各种波片的作用，并利用 1/4 波片产生椭圆和圆偏振光，再进行验证。

③验证马吕斯定律。

【实验原理】

1. 自然光和偏振光

光是一种电磁波，电磁波中的电矢量 $\boldsymbol{E}$ 就是光波的振动矢量，称作光矢量。通常，光源发出的光波，其电矢量的振动在垂直于光的传播方向上作无规则的取向。在与传播方向垂直的平面内，光矢量可能有各种各样的振动状态，称为光的偏振态。光的振动方向和传播方向所组成的平面称为振动面。按照光矢量振动的不同状态，通常把光波分为自然光、部分偏振光、线偏振光（平面偏振光）、椭圆偏振光和圆偏振光 5 种形式。

如果光矢量的方向是任意的，且在各方向上光矢量大小的时间平均值是相等的，这种光就称为自然光。自然光通过介质的反射、折射、吸收和散射后，光波的电矢量的振动在某个方向具有相对优势，而使其分布对传播方向不再对称。具有这种取向特征的光，统称为偏振光。

偏振光可分为部分偏振光、线偏振光（平面偏振光）、椭圆偏振光和圆偏振光。如果光矢量可以采取任何方向，但不同方向的振幅不同，某一方向振动的振幅最强，而与该方向垂直的方向振动最弱，这种光称为部分偏振光。如果光矢量的振动限于某一固定方向，则这种光称为线偏振光或平面偏振光。如果光矢量的大小和方向随时间作有规律的变化，且光矢量的末端在垂直于传播方向的平面内的轨迹是椭圆，则称为椭圆偏振光；如果是圆则称为圆偏振光。

自然光与线偏振光示意图如图 3.10 所示。

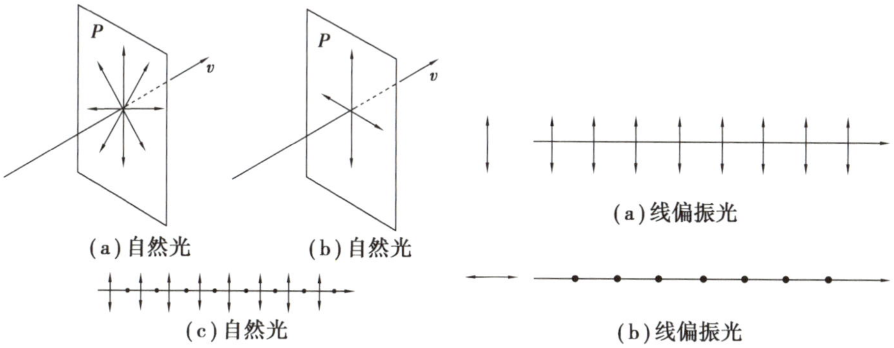

图 3.10　自然光与线偏振光

将自然光变成偏振光的过程称为起偏，用于起偏的装置称为起偏器；鉴别光的偏振状态的过程称为检偏，它所使用的装置称为检偏器。实际上，起偏器和检偏器是可以通用的。本实验所用的起偏器和检偏器均为分子型薄膜偏振片。

2. 线偏振光的产生

产生线偏振光的方法有反射产生偏振、多次折射产生偏振、双折射产生偏振和选择性吸收产生偏振等。

(1) 反射产生偏振与布儒斯特定律

当自然光入射到各向同性的两种介质（如空气和玻璃）分界面时，反射光和透射（折射）光一般为部分偏振光。若改变入射角，则反射光的偏振程度也随之改变。设两介质的折射率分别为 n_1 和 n_2，可以证明，当入射角为某一特定值 ψ_p 时，满足

$$\tan\psi_p = \frac{n_2}{n_1} \tag{3.17}$$

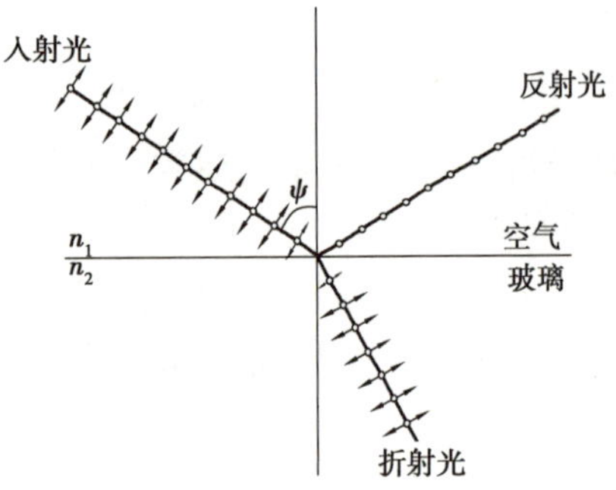

图 3.11 用玻璃片产生反射全偏振光

反射光变为线偏振光，其振动面垂直于入射面，平行于入射面振动的光反射率为零，而透射光为部分偏振光，如图 3.11 所示，其中“ ° ”表示振动面垂直于入射面的线偏振光，短线“-”表示振动面平行于入射面的线偏振光，圆圈和短线的数量表示偏振程度。式(3.17)称为布儒斯特定律，ψ_p 为布儒斯特角或称起偏振角。根据光反射的这一特性，就可用调节入射角的方法获得线偏振光，也可以通过测量 ψ_p 来计算折射率 n_2。例如，通过测量激光束从空气射向玻璃表面反射时的布儒斯特角 ψ_p 可以测定玻璃相对空气的折射率。

(2)透射产生偏振

当光波的入射角为布儒斯特角时，虽然反射光为线偏振光，但反射率很低(如空气和玻璃界面，反射光强约为入射光强的 8%)。对折射光而言，平行于入射面的振动分量全部透过界面，而垂直于入射面的振动分量仅一小部分被反射，大部分也透过了界面，所以透射光只是偏振化程度不高的部分偏振光。如果自然光以 ψ_p 入射到重叠的互相平行的玻璃片堆上，则经过多次折射，最后从玻璃片堆透射出来的光一般是部分偏振光。如果玻璃片数目足够多时，则透射光也变为线偏振光，其振动面平行于入射面。

(3)晶体双折射产生偏振

当一束光射入各向异性的晶体时，产生折射率不同的两束光的现象称为双折射现象。当光垂直于晶体表面入射而产生双折射现象时，如果将晶体绕光的入射方向慢慢转动，按原入射方向传播的那一束光方向不变，这一束折射光的方向满足折射定律，称为寻常光(o 光)，它在介质中传播时，各个方向的速度相同。另一束折射光线随着晶体的转动绕前一束光旋转，可见此光束不满足折射定律，它在各向异性介质内的速度随方向而变，称为非寻常光(e 光)。在一些双折射晶体中，有一个或几个方向，o 光和 e 光的传播速度相同，这个方向称为晶体的光轴。光线在晶体内沿光轴传播时，不发生双折射，垂直于光轴传播时，e 光和 o 光沿同一方向传播不再分离，但传播速度仍是不同。光轴和光线构成的平面称为主截面。o 光和 e 光都是线偏振光，但其振动方向不同。o 光电矢量振动方向垂直于自己的主截面，e 光的电矢量振动方向在自己的主截面内，o 光和 e 光电矢量互相垂直。

利用晶体的双折射现象，可以做成复合棱镜，使其中一束折射光偏离原来的传播方向而得到线偏振光。实验中采用格兰棱镜做成的偏振器，用以产生或检验线偏振光。

(4)二向色性产生偏振与偏振片

有些晶体材料对自然光在其内部产生的偏振分量具有选择吸收作用，即对一种振动方向的线偏振光吸收强烈，而对与这一振动方向垂直的线偏振光吸收较少，这种现象称作二向色性。例如，电气石天然晶体(铝硼硅酸盐)仅需约 1 mm 的厚度，就能将寻常光完全吸收，只透过非寻常光，即获得线偏振光。

偏振片是人工制造的具有二向色性的膜片。每个偏振片的最易透过电场分量的方向叫做透振方向，也称偏振化方向。即当光波穿过它时，平行于透振方向振动的光容易透过，垂直于透振方向振动的光则被吸收，从而获得线偏振光。因此，自然光通过偏振片后，透射光基本上成为电矢量的振动方向与偏振化方向平行的线偏振光。利用这类材料制成的偏振片可获得较大截面积的偏振光束，但由于吸收不完全，所得的偏振光只能达到一定的偏振度。实验室常用偏振片得到偏振光。偏振片既可以用作起偏器又可以作为检偏器。

3. 马吕斯定律

如果自然光通过起偏器后变成强度为 I_0 的线偏振光，再通过一个理想检偏器后，成为强度为 I 的线偏振光，其透射光的强度为

$$I = I_0 \cos^2\theta \tag{3.18}$$

式(3.18)称为马吕斯定律。其中 θ 为起偏器与检偏器两个透振方向之间的夹角，改变 θ 角可以改变透过检偏器的光强。根据马吕斯定律，线偏振光透过检偏器的光强随偏振面和检偏器的偏振化方向之间夹角 θ 将发生周期性变化。当 θ 为 0 或 π 时，透射光强度最大；而当 θ 为 $\dfrac{\pi}{2}$ 或 $\dfrac{3\pi}{2}$ 时，透射光强度为零，即当检偏器转动一周会出现两次消光现象。如用普通偏振片做检偏器，则需引入透射系数 k，式(3.18)可改为

$$I = kI_0 \cos^2\theta \tag{3.19}$$

显然，当以光的传播方向为轴旋转检偏器时，每转 90°透射光强将交替出现极大和消光位置。如果部分偏振光或椭圆偏振光通过检偏器，当旋转检偏器时，虽然透射光强每隔 90°也从极大变为极小，再由极小变为极大，但无消光位置。而圆偏振光通过检偏器，当旋转检偏器时，透射光强则无变化。

4. 椭圆偏振光和圆偏振光的产生

若使线偏振光垂直射入厚度为 d 的晶体中，发生双折射现象。设晶体对 o 光和 e 光的折射率分别为 n_o 和 n_e，则通过晶体后两束光的光程差为：

$$\delta = (n_o - n_e)d \tag{3.20}$$

经过晶体后，其位相差为

$$\Delta\varphi = \frac{2\pi}{\lambda}(n_o - n_e)d \tag{3.21}$$

其中 λ 是光在真空中的波长。

如果以平行光轴方向为 x 坐标，垂直方向为 y 坐标，由晶片出射后的 o 光和 e 光的振动可以用两个互相垂直、同频率、有固定位相差的简谐振动方程式表示

$$x = A_e \sin \omega t \tag{3.22}$$

$$y = A_o \sin(\omega t + \Delta\varphi) \tag{3.23}$$

两式联立消去 t，可得合振动方程：

$$\frac{x^2}{A_e^2} + \frac{y^2}{A_o^2} - \frac{2xy}{A_e A_o}\cos(\Delta\varphi) = \sin^2(\Delta\varphi) \tag{3.24}$$

一般来说，式(3.24)为椭圆方程，合振动矢量的端点轨迹一般是椭圆，因此称为椭圆偏振

光。决定椭圆形的因素是入射光的振动方向与光轴的夹角 α 和晶片的厚度 d。但是,当

$$\Delta\varphi = 2k\pi \quad (k=1,2,3,\cdots) \text{或} \Delta\varphi = (2k+1)\pi \quad (k=0,1,2,\cdots) \tag{3.25}$$

时,式(3.24)变为直线方程

$$x = \frac{A_e}{A_o}y \text{ 或 } x = -\frac{A_e}{A_o}y \tag{3.26}$$

代表两个不同方向振动的线偏振光。而当

$$\Delta\varphi = (2k+1)\frac{\pi}{2} \quad (k=0,1,2,\cdots) \tag{3.27}$$

时,光程差

$$\delta = (n_o - n_e)d = (2k+1)\frac{\lambda}{4} \tag{3.28}$$

式(3.24)成为正椭圆方程。当 $\alpha=45^\circ$ 时,$A_e=A_o$ 合振动就是圆偏振光。

把双折射晶体沿光轴切割成平行平板,平板表面平行于光轴,这就是晶片。能使振动互相垂直的两束线偏振光产生一定位相差的晶片叫做波片。选定晶体后,对于某一波长的单色光,$\Delta\varphi$ 只取决于波片的厚度。波片是从单轴双折射晶体上平行于光轴方向截下的薄片,它可以改变偏振光的偏振态。

①当 $\Delta\varphi = 2k\pi\ (k=1,2,3,\cdots)$ 时,光程差 $\delta = (n_o - n_e)d = k\lambda$ 或 $d = \dfrac{k\lambda}{n_o - n_e}$,即这样的晶片能使 o 光和 e 光产生 $k\lambda$ 的光程差,称为全波片(或 λ 波片)。此时由式(3.24)可得直线方程,表示合振动为线偏振光(与入射线偏振光方向平行)。

②当 $\Delta\varphi = (2k+1)\pi\ (k=0,1,2,\cdots)$ 时,则光程差 $\delta = (n_o - n_e)d = k\lambda = (2k+1)\dfrac{\lambda}{2}$,此时晶片的厚度可使 o 光和 e 光产生 $(2k+1)\dfrac{\lambda}{2}$ 光程差,称为$\dfrac{1}{2}$波片(或 $\dfrac{\lambda}{2}$ 波片)由式(3.24)得直线方程,表示合振动仍为线偏振光(但与入射光的振动方向有 2α 的夹角)。

③当 $\Delta\varphi = (2k+1)\pi/2\ (k=0,1,2,\cdots)$ 时,则光程差 $\delta = (n_o - n_e)d = k\lambda = (2k+1)\dfrac{\lambda}{4}$,此时晶片的厚度可是 o 光和 e 光产生 $(2k+1)\dfrac{\lambda}{4}$ 光程差,称为$\dfrac{1}{4}$波片(或 $\dfrac{\lambda}{4}$ 波片)由式(3.24)得到正椭圆方程。表示合振动为正椭圆偏振光。$\dfrac{\lambda}{4}$ 波片主要用于产生或检验椭圆偏振光和圆偏振光。对于线偏振光垂直射入 $\dfrac{\lambda}{4}$ 波片时,且振动方向与波片光轴成 α 角时,合成的光偏振状态还有以下几种情况:

a. 当 $\alpha=0$ 时,$A_o=0$ 可得到振动方向平行于光轴的线偏振光。

b. 当 $\alpha=\dfrac{\pi}{2}$时,$A_e=0$ 可得到振动方向垂直于光轴的线偏振光。

c. 当 $\alpha=\dfrac{\pi}{4}$时,$A_o=A_e$ 可得到圆偏振光。

d. 当 α 为其他值时，$A_o \neq A_e$ 经 $\frac{\lambda}{4}$ 波片透出的光为椭圆偏振光。

【实验仪器】

半导体激光器、起偏器、检偏器、$\frac{1}{2}$ 波片、$\frac{1}{4}$ 波片、手动扫描平台、光电转换器、数字万用表等，如图 3.12 所示。

手动扫描平台　检偏器　起偏器　半导体激光器

光电转换器

图 3.12　光的偏振特性实验仪器

【实验内容及步骤】

1. 起偏与检偏

①将钠光源、起偏器、检偏器、手动扫描平台等依次安装在光具座上，接通电路并调节光路，使各元器件的中轴在一条线上。

②取下检偏器，在手动扫描平台前放置一张白纸，旋转起偏器，观察并描述纸上光斑强度的变化情况。

③在起偏器后面放置检偏器，起偏器不动，检偏器转动过程中观察并描述纸上光斑强度变化情况。与前一项进行比较，给出解释。

2. 验证马吕斯定律

将光电转换器与手动扫描平台用鼠标线连接，调节放大倍数×1 或者×5，光电转换器输出端接数字万用电表，电表挡位选择 200 mV 或者 2 V。

打开光电转换器电源开关后，调整接收器位置并调节入射孔孔径为 0.9 mm。将检偏器旋转至 90°后旋转起偏器，使透过起偏器与检偏器的光线处于消光状态。记录此时数字万用表电压读数 U_0。

将检偏器转至 0°开始记录数据，每 10°记录一次万用表电压读数，至 360°(0°)，在考虑 U_0 后，将修正后的 U 填入表 3.3 中。

3. 利用$\frac{1}{4}$波片获得椭圆偏振光和圆偏振光并加以验证(选作)

原光路中将起偏器与检偏器正交后,在中间插入$\frac{1}{4}$波片。转动$\frac{1}{4}$波片使其消光。再将$\frac{1}{4}$波片转动30°(45°),将检偏器每转过10°后所读出的电压示数记录在表3.4中。用实验原理中所讲述的检验方法对所获得的椭圆偏振光或圆偏振光进行检验。

4. 分析不同光源的偏振特性(选作)

【数据处理与分析】

1. 验证马吕斯定律

$U_0=$________(V)

表3.3　马吕斯定律验证——角度与电压关系表

角度 θ/(°)	电压/V	角度 θ/(°)	电压/V	角度 θ/(°)	电压/V	角度 θ/(°)	电压/V
0		90		180		270	
10		100		190		280	
20		110		200		290	
30		120		210		300	
40		130		220		310	
50		140		230		320	
60		150		240		330	
70		160		250		340	
80		170		260		350	

2. 绘制 U 与 θ 的直角坐标曲线(以 θ 为横坐标,U 为纵坐标)

3. 椭圆偏振光(圆偏振光)的检验

在实验内容与步骤3中,将$\frac{1}{4}$波片转过______时,获得的是______偏振光,对其进行检验。检偏器转过的角度与对应的电压值填入表3.4中。

表 3.4　偏振光检验表

角度 θ/(°)	电压/V	角度 θ/(°)	电压/V	角度 θ/(°)	电压/V	角度 θ/(°)	电压/V
0		90		180		270	
10		100		190		280	
20		110		200		290	
30		120		210		300	
40		130		220		310	
50		140		230		320	
60		150		240		330	
70		160		250		340	
80		170		260		350	

4. 由表 3.4 绘制 U 与 θ 的极坐标曲线

【注意事项】

①眼睛不要正视激光束，以免造成眼睛的伤害。

②所有光学元器件在取放过程中不能用手触摸元器件表面，不能用尖锐物体损伤元器件表面，如发现光学镜片有脏污，应用专业镜头纸擦拭。使用完毕后应物归原处。

③光电接收器与光电转换器连接的鼠标线不要热插拔，要在断电情况下进行连接、断开。鼠标接口插入时应注意针脚方向，注意鼠标线针脚完好。

【课后讨论】

①怎样鉴别一束光是线偏振光？

②怎样区分自然光和圆偏振光？怎样区分部分偏振光和椭圆偏振光？

3.4　光电效应和普朗克常数的测量

光电效应充分显示了光的粒子性，它对人们认识光的本性及光量子理论的建立起着极为重大的作用。1887 年赫兹在验证电磁波存在时意外地发现了光电效应现象，它所反映的实验事实是经典电磁理论无法完满解释的。1905 年爱因斯坦把普朗克提出的辐射能量不连续的观点引入光辐射，提出了光量子的概念，成功地解释了光电效应现象。1916 年密立根以精确的光电效应实验证实了爱因斯坦光电效应方程的正确性，并测定了普朗克常数。当今，利用光电效应制成的光电元器件(如光电管、光电池、光电倍增管等)是生产和科研中不可或缺的，可以运用到诸如光电自动控制、微弱光信号检测等多个领域。

【实验目的】

①通过实验加深对光的量子性的认识。
②研究光电管的伏安特性,了解光电效应的一般规律。
③验证爱因斯坦光电效应方程,并测量普朗克常数。

【实验原理】

1. 光电效应及其实验规律

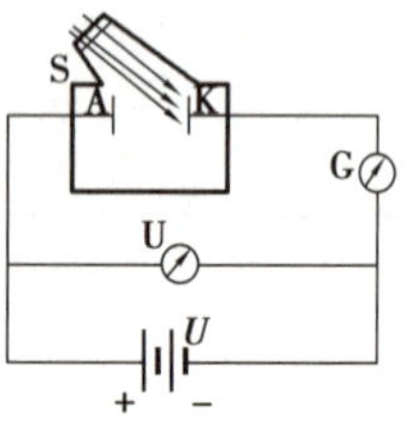

图 3.13　光电效应电路图

当一定频率的光照射到某些金属表面上时,可以使电子从金属表面逸出,这种现象称为光电效应,所产生的电子称为光电子。

研究光电效应的实验装置如图 3.13 所示,入射光照射到阴极 K 时,由光电效应产生的光电子以某一初动能飞出,光电子受电场力的作用向阳极 A 迁移而构成光电流。一定频率的光照射阴极 K 所得到的光电流 I 和两极间的电压 U 的实验曲线如图 3.14 所示。随着光电管两端电压的增大,光电流趋于一个饱和值 I_m,当 $U \leqslant U_S$ 时,光电流为零,U_S 称为反向遏止电压。

总结所有的实验结果,光电效应的实验规律可归纳为:

①对一种阴极材料,当照射光的频率确定时,饱和光电流 I_m 的大小与入射光的强度成正比。

②反向遏止电压 U_S 的物理含义是:当在光电管两端所加的反向电压为 U_S 时,则逸出金属电极 K 后具有最大动能的电子也不能到达阳极 A,此时

$$eU_S = \frac{1}{2}mV_{max}^2 \tag{3.29}$$

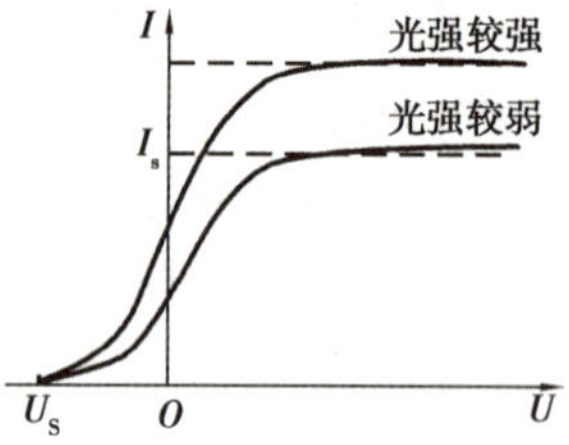

图 3.14　U-I 特性曲线

实验得出光电子的初动能与入射光的强度无关,而只与入射光的频率有关。

③光电效应存在一个阈频率 ν_0,当入射光的频率 $\nu<\nu_0$ 时,不论光的强度如何都没有光电子产生。

④光电效应是瞬时效应,只要照射光的频率大于 ν_0,一经光线照射,立刻产生光电子,响应时间为 10^{-9} s。

对于这些实验事实,经典的波动理论无法给出圆满的解释。按照电磁波理论,电子从波阵面连续地获得能量。获得能量的大小应当与照射光的强度有关,与照射的时间长短有关,而与照射光的频率无关。因此对于任何频率的光,只要有足够的光强度或足够的照射时间,总会发生光电效应。这些结论是与实验结果直接矛盾的。

2. 爱因斯坦光电效应方程和密立根实验

1905 年爱因斯坦受普朗克量子假设的启发,提出了光量子假说,即一束光是一粒一粒以

光速 C 运动的粒子流，这些粒子称为光子，光子的能量为 $E=h\nu$（h 为普朗克常数，ν 为光的频率）。当光子照射金属时，金属中的电子全部吸收光子的能量 $h\nu$，电子把光子能量的一部分变成它逸出金属表面所需的功 W，另一部分转化为光电子的动能，即

$$h\nu = \frac{1}{2}mV_{\max}^2 + W \tag{3.30}$$

式中　h——普朗克常数，公认值为 $6.626\ 07\times10^{-34}$ J · S。

这就是著名的爱因斯坦光电效应方程。

根据这一理论，光电子的能量只决定于照射光的频率，并与之呈线性关系。由式(3.30)可见，只有当 $h\nu\geqslant W$ 时，才会有光电子发射，我们把 W/h 记作 ν_0，即

$$\nu_0 = \frac{W}{h} \tag{3.31}$$

这就是说 ν_0 是能发生光电效应的入射光的最小频率，显然它的值随金属种类不同而不同，又称“红限”频率。

爱因斯坦光量子理论圆满地解释了光电效应的各条实验规律。

爱因斯坦的光子理论由于与经典电磁理论抵触，一开始受到怀疑和冷遇。一方面是因为人们受传统观念的束缚；另一方面是因为当时光电效应的实验精度不高，无法验证光电效应方程。密立根从 1904 年开始进行光电效应实验，1912—1915 年，密立根对一些金属进行测量，得出了光电子的最大动能 $\frac{1}{2}mV_{\max}^2$ 和入射光频率 ν 之间的严格线性关系，如图 3.15 所示，直线在横轴上的交点 ν_0，说明照射光的频率小于 ν_0 时不会有光电子发射。不同的金属其 ν_0 值不同，但所有的金属直线的斜率却是不变的。密立根于 1916 年发表论文证实了爱因斯坦方程的正确性，并直接运用光电方法对普朗克常数 h 作了首次测量。

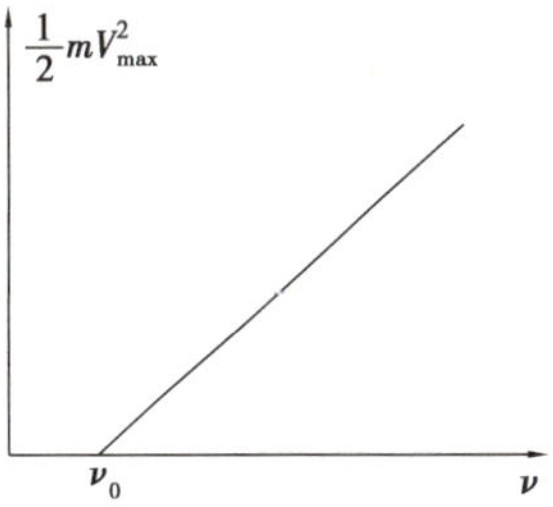

图 3.15　最大动能与入射光频率的关系

历经十年，密立根用实验证实了爱因斯坦的光量子理论。两位物理大师因在光电效应等方面的杰出贡献，分别于 1921 和 1923 年获得诺贝尔物理学奖。

光量子理论创立后，在固体比热、辐射理论、原子光谱等方面都获得成功，人们逐步认识到光具有波动和粒子二象属性。光子的能量 $E=h\nu$ 与频率有关，当光传播时，显示出光的波动性，产生干涉、衍射、偏振等现象；当光和物体发生作用时，它的粒子性又突出了出来。后来科学家发现波粒二象性是一切微观物体的固有属性，并发展了量子力学来描述和解释微观物体的运动规律，使人们对客观世界的认识前进了一大步。

3. 普朗克常数的测量原理

根据爱因斯坦光电效应方程[式(3.30)]、截止电压 U_S 与光电子的最大初动能的关系[式(3.29)]及“红限”频率 ν_0 与逸出金属表面所需的功 W 之间的关系[式(3.31)]，可得到

$$e|U_S| = h(\nu - \nu_0) \tag{3.32}$$

式(3.32)表明截止电压 U_S 是频率ν的线性函数，相应的曲线如图 3.16 所示，可知 U_S-ν 直线的斜率为

$$k = \frac{h}{e} \tag{3.33}$$

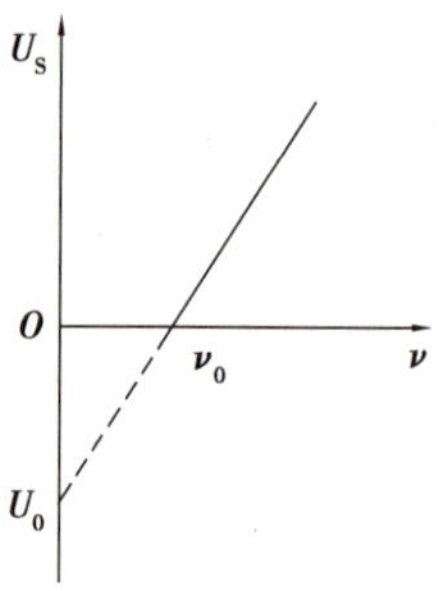

图 3.16　照射光频率与截止电压的关系

U_S-ν 直线的延长线对纵轴的截距为

$$U_0 = \frac{W}{e} \tag{3.34}$$

U_S-ν 直线与横轴的交点为阴极材料的“红限”频率 ν_0。

综上所述,通过用不同频率的光照射阴极,测得相应的截止电压,得出 U_S-ν 关系,即可求得 h、ν_0、W。

4. 影响准确测量截止电压的因素

测量普朗克常数 h 的关键是正确的测出截止电压 U_S,但实际上由于光电管制作工艺等原因,给准确测定截止电压带来了一定的困难。实际测量的光电管伏安特性曲线与理论曲线有明显的偏差,引起这种偏差的主要原因有以下几点。

①在无光照时也会产生电流,称为暗电流。它是由阴极在常温下的热电子发射形成的热电流和封闭在暗盒里的光电管在外加电压下因管子阴极和阳极间绝缘电阻漏电而产生的漏电流两部分组成。

②受环境杂散光影响形成的本底电流。

③由于制作光电管时阳极上往往溅有阴极材料,所以当光照射到阳极上和杂散光漫射到阳极上时,阳极上往往有光电子发射,形成阳极反向电流。

其中以漏电流和阳极反向电流影响最大。

由于上述原因,实际测量的光电管伏安特性曲线如图 3.17 所示。实验曲线在负电压区下沉,截止电压并不对应光电流为零,而对应反向电流开始趋于常量的点(拐点)U'_S。

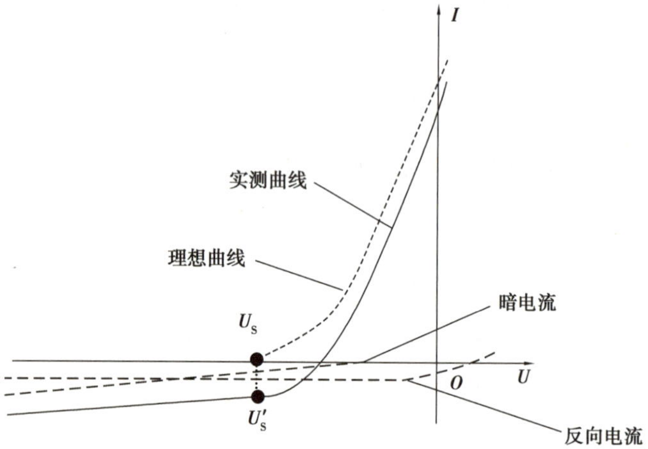

图 3.17　U-I 实验曲线

【实验仪器】

1. DH-GD-1 型普朗克常数实验仪

①光源:用高压汞灯做光源,配专用镇流器,光谱范围从 320.3 ~ 872.0 nm,其中有365.0 nm、404.7 nm、435.8 nm、546.1 nm、577 nm 等谱线可供实验使用。

②滤色片:具有可分别筛选 365.0 nm、404.7 nm、435.8 nm、546.1 nm、577 nm 等谱线的能力。

③光电管及暗盒:暗盒前通光孔直径可以分别选择 2 mm、4 mm、8 mm 三种。

DH-GD-1 光电效应实验仪结构示意图,如图 3.18 所示。

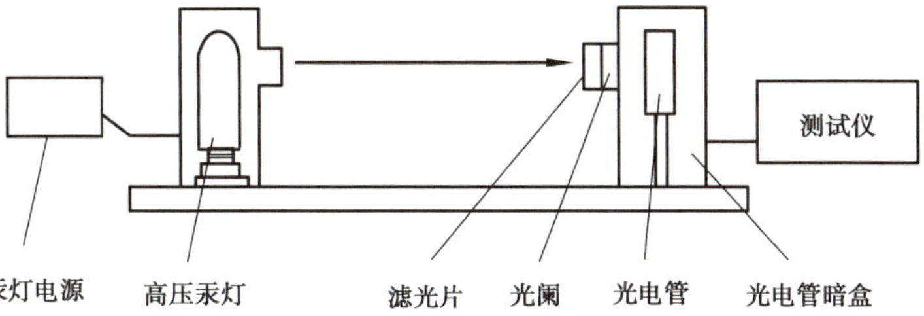

图 3.18　DH-GD-1 光电效应实验仪结构示意图

2. DH-GD-1 型微电流测试仪

普朗克常数测试仪(DH-GD-1)面板如图 3.19 所示。

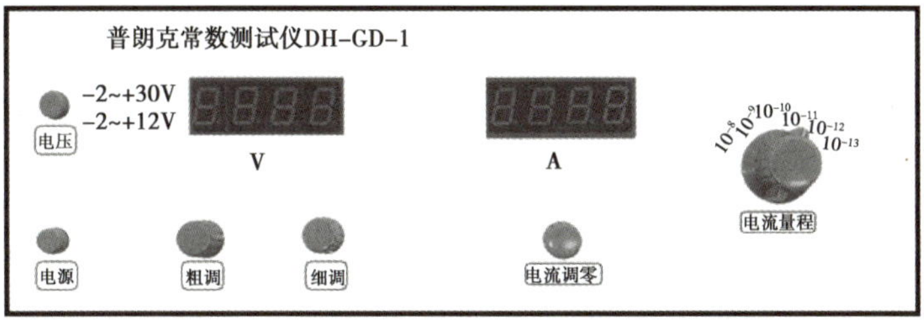

图 3.19　普朗克常数测试仪(DH-GD-1)面板

电流测量范围为 $10^{-8}\sim10^{-13}$ A,分 6 挡,三位半数显;电压调节范围 −2 ~ +2 V 和 −2 ~ +30 V 共两挡,三位半数显。

【实验内容及步骤】

1. 测试前准备

将 DH-GD-1 型普朗克测试仪与汞灯、光电管暗盒之间的屏蔽电缆、地线及光电管阳极电源线连接好;汞灯遮光罩关闭,光电管暗盒前通光孔关闭;打开汞灯电源,预热汞灯 20 min 左右。

2. 测量某频率下光电管伏安特性曲线

打开 DH-GD-1 普朗克常数测试仪电源开关,电压量程选择“−2 ~ +30 V”,通过“电压调零”旋钮调零电压;将“电流量程”旋钮旋至“10^{-10}”挡位,并通过“电流调零”旋钮将电流调零。(调零时可以让数字表头刚巧出现“−”为准)

①测量光电管反向伏安特性:选择“2 mm”光阑口,并将如 435.8 nm(紫色)滤色片旋至光电管暗盒通光孔处,打开汞灯前遮光罩,将反向电压从“0 V”增大至“−2 V”,测量光电管反向伏安特性数据,记录于表 3.5 中。

②测量光电管正向伏安特性:同步骤①,给电路加上正向电压从“0 V”增大至“30 V”,测

量光电管正向伏安特性数据，记录于表3.6中。

3. 测量饱和光电流与入射光强的关系（选作）

测量某频率下饱和光电流 I_m 与入射光强 P 的关系，记录于表3.7中。

4. 测量不同频率光照下光电管所对应的截止电压

将电压量程选择“-2～2 V”，通过“电压调零”旋钮调零电压；将“电流量程”旋钮旋至“10^{-12}”挡位，并通过“电流调零”旋钮将电流调零。测量不同频率照射光电管时所对应的截止电压，记录于表3.8中。

【数据处理与分析】

1. 测量光电管伏安特性曲线

表3.5　435.8 nm 光线照射下光电管加反向电压伏安特性数据

U/V	0	-0.1	-0.2	-0.3	-0.4	-0.5	-0.6	-0.7	-0.8	-0.9
I/($\times10^{-10}$A)										
U/V	-1.0	-1.1	-1.2	-1.3	-1.4	-1.5	-1.6	-1.7	-1.8	-1.9
I/($\times10^{-10}$A)										

表3.6　435.8 nm 光线照射下光电管加正向电压伏安特性数据

U/V	1	2	3	4	5	6	7	8	9	10
I/($\times10^{-10}$A)										
U/V	11	12	13	14	15	16	17	18	19	20
I/($\times10^{-10}$A)										
U/V	21	22	23	24	25	26	27	28	29	30
I/($\times10^{-10}$A)										

据表3.5和表3.6数据画出光电管在435.8 nm光线照射下的伏安特性曲线。

2. 测量饱和光电流 I_m 与入射光强 P 的关系（选作）

表3.7　饱和光电流 I_m 与入射光强 P 的关系（U_{AK}=______V）

ϕ/mm		2	4	8
S/mm^2				
435.8 nm	I_h($\times10^{-10}$)			
546.1nm				

3. 不同频率光照下光电管所对应截止电压的测量

表 3.8　不同入射光线对应截止电压

波长 λ /nm		365.0	404.7	435.8	546.1	577.0
频率 ν /($\times 10^{14}$ Hz)		8.214	7.408	6.879	5.490	5.196
截止电压 U_S/V	1					
	2					
	3					
	4					
	平均值					

利用表 3.8 数据分别用作图法和线性拟合的方法计算出普朗克常数。

【注意事项】

①滤光片保持清洁,禁止用手触摸光学面。
②每次开机或更换电流量程挡位后,都要进行“调零”。
③汞灯关闭后不要立即开启,必须等待灯丝冷却后再开启。

【课后讨论】

为了减小测量截止电压的误差,实验当中应采取哪些措施?

3.5　薄凸透镜焦距的测量

透镜是用透明物质制成的表面为球面一部分的光学元件。它是最常用的光学元件,是构成显微镜、望远镜等光学仪器的基础。当透镜的厚度比透镜的焦距小很多时,我们就把它叫做薄透镜。按形状分类,透镜可以分为凸透镜和凹透镜两类。凸透镜又可以分为双凸透镜、平凸透镜和凹凸透镜。

焦距是表征透镜成像性质的重要参数。学生学习透镜焦距的测量,不仅可以加深对几何光学中透镜成像规律的理解,而且有助于提高光路分析能力,掌握光学仪器的调节技术。

【实验目的】

①理解凸透镜成像的原理及规律。
②掌握凸透镜的测量原理,学会用多种方法测量其焦距。

【预习思考题】

①怎样用一个最简单的方法来区别凸透镜和凹透镜?(不许用手摸)

②实验中为什么要求物像间距要大于 4 倍焦距？

【实验原理】

1. 透镜成像的基本概念

主光轴：通过透镜两个折射曲面中心的直线。
光心：光线通过主光轴上不改变方向的某一点。
焦点：平行于主光轴的光线，在通过透镜后汇聚于主光轴上的点。
焦距：焦点到光心之间的距离。
物距：物体到透镜光心之间的距离。
像距：像到透镜光心之间的距离。
透镜成像公式：

$$\frac{1}{u}+\frac{1}{v}=\frac{1}{f} \tag{3.35}$$

$$f=\frac{uv}{u+v} \tag{3.36}$$

以上两式中，f 为透镜焦距，u 为物距，v 为像距。

2. 物距−像距法（公式法）测透镜焦距

如图 3.20 所示，分别测得物距与像距，利用式(3.36)可计算出透镜焦距。

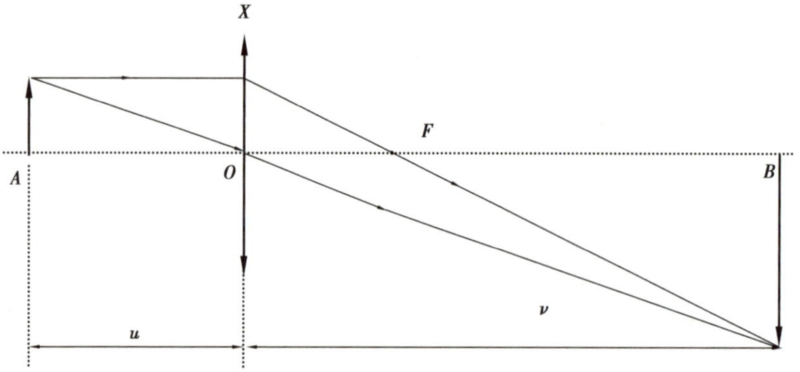

图 3.20　物距-像距法测透镜焦距

3. 共轭法（两次成像法、贝塞尔法）测透镜焦距

在用物距像距法测量的时候，由于光心的位置不能够准确确定，导致测量出的物距和像距出现误差，消除这一系统误差的方法之一就是共轭法。

如图 3.21 所示，如果物屏与像屏的相对位置 D 保持不变，而且 $D>4f$，那么在物屏到像屏之间移动透镜，可以得到两次成像。由透镜的成像公式可以写出这两次成像的公式：

$$\frac{1}{u_1}+\frac{1}{v_1}=\frac{1}{f} \tag{3.37}$$

$$\frac{1}{u_2}+\frac{1}{v_2}=\frac{1}{f} \tag{3.38}$$

$$f = \frac{u_1 v_1}{u_1 + v_1} \tag{3.39}$$

$$f = \frac{u_2 v_2}{u_2 + v_2} \tag{3.40}$$

$$u_1 = D - l - v_2 \tag{3.41}$$

$$v_1 = l + v_2 \tag{3.42}$$

$$u_2 = D - v_2 \tag{3.43}$$

将式(3.41)和式(3.42)代入式(3.39)可得

$$f = \frac{(D - l - v_2)(l + v_2)}{D} \tag{3.44}$$

将式(3.43)代入式(3.40)可得：

$$f = \frac{(D - v_2)v_2}{D} \tag{3.45}$$

将式(3.44)与式(3.45)联立可得

$$v_2 = \frac{D - l}{2} \tag{3.46}$$

将式(3.46)代入式(3.45)可得

$$f = \frac{D^2 - l^2}{4D} \tag{3.47}$$

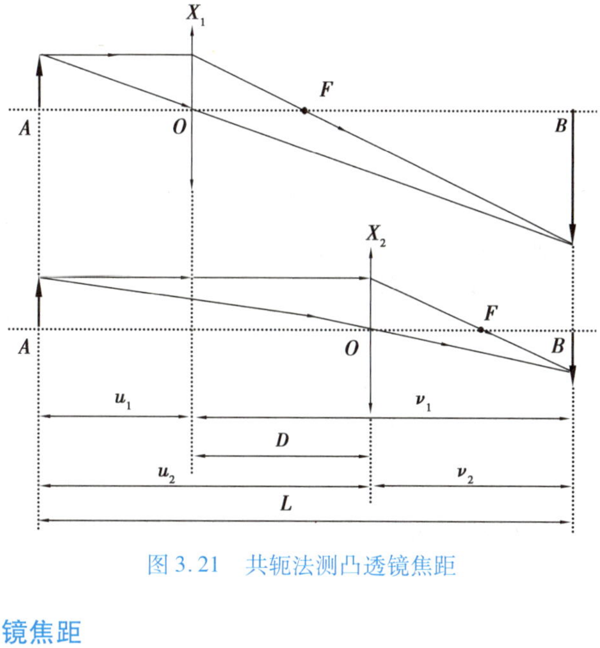

图3.21　共轭法测凸透镜焦距

4. 自准法测凸透镜焦距

将物屏置于透镜的焦平面上，发出的光经过凸透镜后成为平行光，在透镜后放置一面平面镜，使其与主光轴垂直。平行光射向平面镜并沿原路反射回来，仍会聚在焦平面上，形成一个倒立等大的像。此时物屏至透镜光心的距离就是焦距，如图3.22所示。

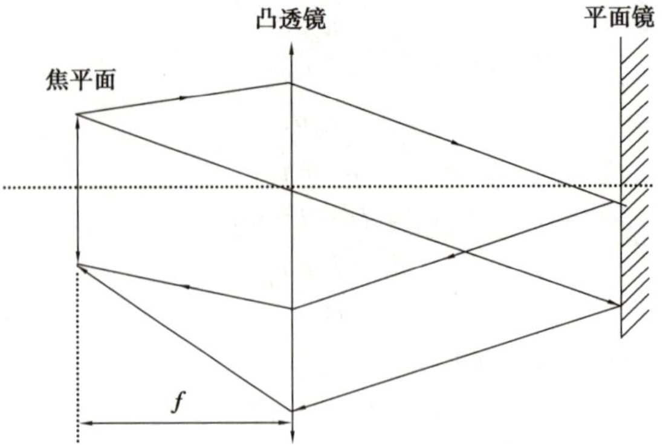

图 3.22　自准法测凸透镜焦距

【实验仪器】

薄凸透镜、点光源、物屏、像屏、平面镜、万能光具座等，如图 3.23 所示装置图。

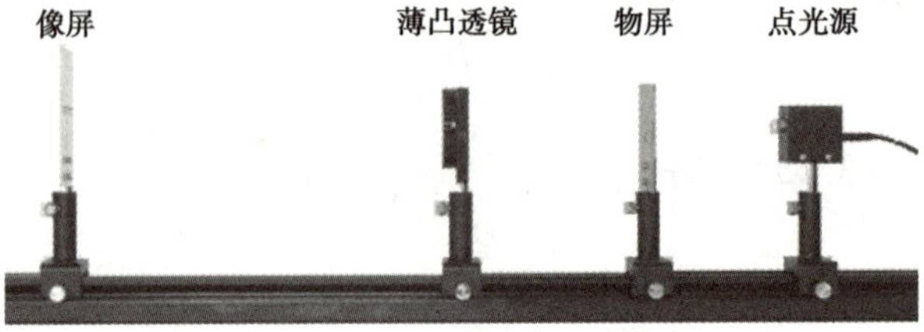

图 3.23　薄凸透镜焦距测量装置图

【实验内容及步骤】

1. 调节光具座上各元件使其共轴等高

①先将点光源、物屏、薄凸透镜、像屏靠拢在一起，目测调节高低、角度，使得它们的中心大致在一条和导轨水平的直线上，并且使各元件平面平行。

②保持点光源和像屏位置不变，调节物屏与薄凸透镜的相对高度，使得移动薄凸透镜时，像屏上的像由大到小围绕一个中心变化。可以归纳总结为“大像追小像，中心相重合”。

2. 利用物距-像距法测量凸透镜焦距

①确定物屏与像屏间的距离大于 4 倍焦距，并保持不变。记录物屏与像屏间的距离。

②当像屏上出现一个清晰的像时，记录此时薄凸透镜的位置。重复 6 次，记录于表 3.9 中。

3. 用共轭法测量凸透镜焦距

①确定物屏与像屏间的距离大于 4 倍焦距，并保持不变。记录物屏与像屏间的距离。

②移动透镜的位置可以在像屏上看到两次成像，分别记录成大像和小像时，透镜的位置。

③重复①、②，记录于表 3.10 中。

注意：在寻找放大的实像时，应将点光源靠近物屏。在寻找缩小的实像时，应将点光源远离物屏。

4. 用自准法测量凸透镜的焦距(选做)

①元件从左至右依次安放点光源、物屏、薄凸透镜、平面镜。保持光源和物屏位置不变。记录物屏位置。

②调节透镜到物屏间的距离和高低,并且始终保持平面镜紧靠薄凸透镜。直到在物屏上出现等大倒立聚焦清晰的像。此时物屏到透镜间的距离就等于薄凸透镜的焦距。记录薄凸透镜位置。重复 6 次,记录于表 3.11 中。

【数据处理与分析】

1. 物距-像距法测凸透镜焦距

① $u = |a - x|$;② $v = |b - x|$;③ $f = \dfrac{uv}{u + v}$。

表 3.9　物距-像距法测凸透镜焦距

物屏位置 a/mm	像屏位置 b/mm	透镜位置 x/mm	物距 u/mm	像距 v/mm	焦距 f/mm

2. 共轭法测凸透镜焦距

① $D = |a - b|$;② $l = |x_2 - x_1|$;③ $f = \dfrac{D^2 - l^2}{4D}$。

表 3.10　共轭法测凸透镜焦距

物屏位置 a/mm	像屏位置 b/mm	物像距离 D/mm	透镜位置 x_1/mm	透镜位置 x_2/mm	l/mm	焦距 f/mm

3. 自准法测凸透镜焦距

$f=|a-b|$。

表 3.11　自准法测凸透镜焦距(选做)

物屏位置 a/mm	透镜位置 b/mm	焦距 f/mm

【课后讨论】

①利用所学知识,举例说明凹透镜焦距的测量方法。
②本实验中如果没有共轴等高,则对实验结果有什么影响?

3.6　分光计

分光计是一种精确测量光线偏转角度的光学仪器,主要用来测定棱镜的顶角、光束的偏向角等。配合分光器件(如棱镜、光栅等)还可以观察光谱,完成全偏振角、晶体(或液体)折射率、光波波长等物理量的测量,其用途十分广泛。分光计结构精密、调节技术复杂,操作训练要求严格。因此,使用时必须按照要求和步骤细心、耐心调节,方能获得较高精度的测量结果。学习分光计的结构原理、调节方法和技巧,有助于掌握更为复杂的光学仪器(如单色仪、摄谱仪等)的操作和使用。

【实验目的】

①了解分光计的构造,学习分光计的原理和调整方法。
②学会用分光计测量光的偏转角度。
③通过测量三棱镜的顶角、最小偏向角,测定棱镜折射率。

【预习思考题】

①分光计测量角度时,如何读数?
②分光计游标盘上为什么要安装两个相差180°的读数游标?
③何为最小偏向角? 如何测量三棱镜的顶角?

【实验原理】

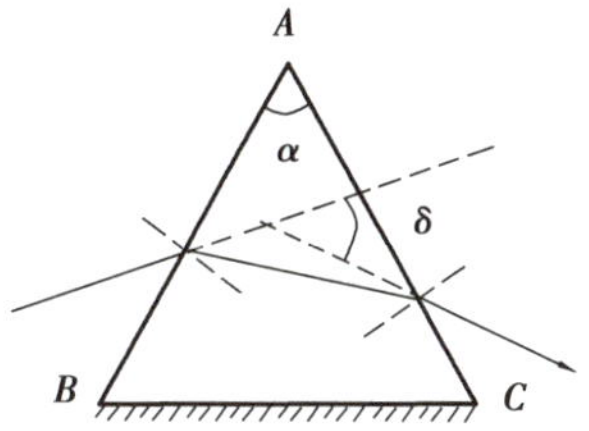

图 3.24　棱镜折射率的测量原理

一束平行光经过三棱镜，在 AB、AC 两个面上发生折射，如图 3.24 所示，出射线方向偏离入射方向，出射线和入射线之间的夹角 δ 称为偏向角。偏向角的大小与光线在 AB 面的入射角度有关，对确定的棱镜，改变入射角（在入射光线方向不变时，改变棱镜的取向），可发现偏向角存在一个极小值，即最小偏向角 $\delta_{\min}$。

可以证明棱镜材料的折射率 n 、棱镜的顶角 α 以及最小偏向角 $\delta_{\min}$ 之间有如下关系：

$$n = \frac{\sin \frac{\alpha + \delta_{\min}}{2}}{\sin \frac{\alpha}{2}} \tag{3.48}$$

所以测得最小偏向角 $\delta_{\min}$ 和三棱镜的顶角 α，即可求出材料的折射率。

【实验仪器】

JJY 型分光计、三棱镜、钠光灯等。

JJY 型分光计主要由望远镜、读数装置、载物平台和平行光管 4 个部分组成，如图 3.25 所示。

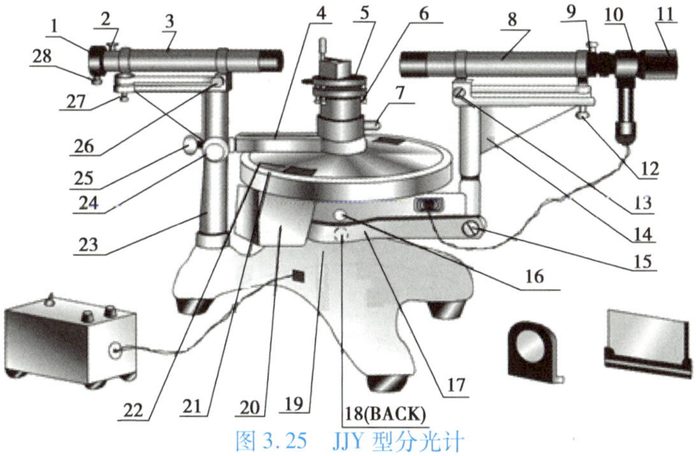

图 3.25　JJY 型分光计

1—狭缝装置；2—狭缝装置锁紧螺旋；3—平行光管部件；4—制动架Ⅱ；5—载物平台；6—载物台调平螺旋（3 只）；7—载物台锁紧螺旋；8—望远镜部件；9—目镜锁紧螺旋；10—阿贝式自准直目镜；11—目镜视度调节手轮；12—望远镜光轴高低调节螺旋；13—远镜光轴水平调节螺旋；14—支臂；15—望远镜微调螺旋；16—转座与度盘止动螺旋；17—望远镜止动螺旋；18—制动架Ⅰ；19—底座；20—转座；21—度盘；22—游标盘；23—立柱；24—游标刻度盘微调螺旋；25—游标盘止动螺旋；26—平行光管轴水平调节螺旋；27—平行光管光轴高低调节螺旋；28—狭缝宽度调节手轮

1. 望远镜

望远镜采用阿贝式自准直望远镜，其结构如图 3.26 所示。分划板上有一个紧贴的直角三棱镜，棱镜的直角面上有一个被下面光源照亮的小绿“十”字，其中心与分划板上叉丝的交点对称。

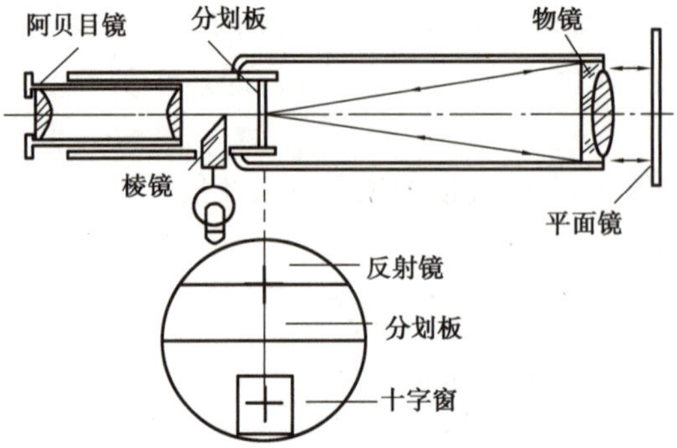

图 3.26　阿贝式自准直望远镜

望远镜可以绕分光计的中心轴转动，可以用制动螺钉固定在游标盘的某一位置上，此时它的角位置可由游标盘的读数装置读出。

2. 读数装置

读数装置由刻度盘和游标盘组成，读数方法与游标卡尺类似，如图 3.27 所示，刻度盘上每一小格的值为 0.5°(30′)，游标盘上每一小格的值为 1′。

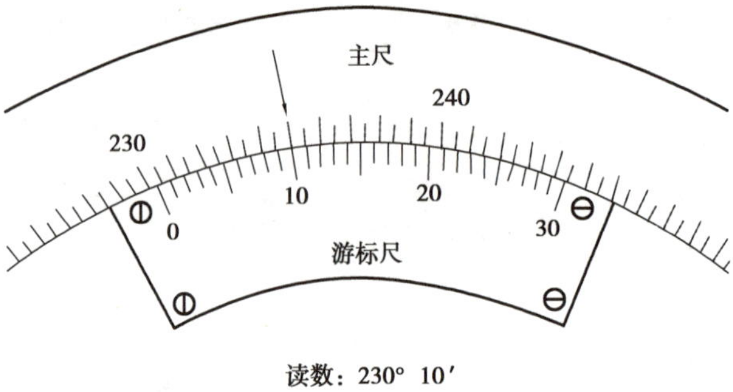

图 3.27　读数装置

为了消除刻度盘和游标盘与分光计中心轴的偏心差，在游标盘上有两个角游标，分别置于对称位置。测量一个角度时，两个角游标都要读数，算出各自的读数差，再取平均值。

3. 载物平台

载物平台用来放置光学元件，它可绕分光计的中心轴转动。松开平台固定螺旋，平台也可沿中心轴升降。平台下底面有 3 个调节螺旋，用来调节平台的水平。

4. 平行光管

平行光管将光源的光变成平行光束。狭缝调节螺旋可调节狭缝的宽度，松开固定螺旋可使狭缝前后移动到平行光管物镜的焦平面上，这样，光线通过狭缝后以平行光射出。

【实验内容及步骤】

1. 分光计的调整

基本要求有两点：望远镜聚焦于无穷远，其光轴与分光计中心轴垂直；平行光管射出平行光，其光轴与分光计中心轴垂直。

(1) 目测粗调

目测调整使载物平台平面、望远镜光轴、平行光管光轴大约与分光计中心轴垂直。

(2) 望远镜调焦

①目镜调焦：旋转目镜调焦手轮，使目镜视场中分划板上的叉丝与小绿“十”字变清晰，如图 3.28 所示。

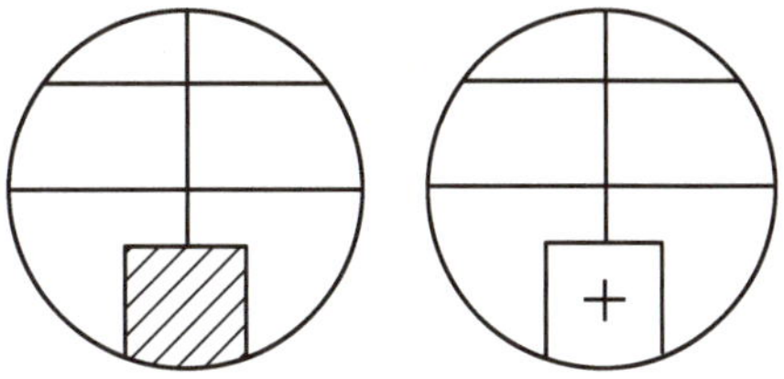

图 3.28　叉丝较模糊的像和叉丝清晰的像

②物镜调焦：载物平台紧贴台基面，平面镜置于台上，镜面与载物平台下螺旋 G2、G3 的连线垂直，如图 3.29 所示；镜面与望远镜光轴大约垂直，调望远镜下的螺旋改变俯仰角度，左右转动载物平台，使能看到绿“十”字反射像，如图 3.30 所示；调节目镜筒与物镜的相对位置，使绿“十”字及其反射像都十分清晰；眼睛左右移动，微调目镜调焦手轮使绿“十”字反射像与叉丝无相对位移从而消除视差。

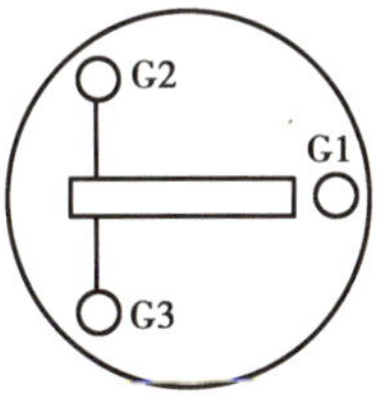

图 3.29　物镜调焦 1

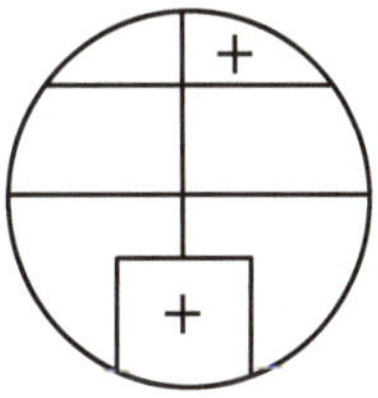

图 3.30　物镜调焦 2

(3) 调整望远镜光轴和载物平台平面与分光计中心轴垂直

①旋转载物平台并调节望远镜的俯仰角度，使平面镜前后两面反射的绿“十”字反射像都在目镜视场内，如图 3.31(a) 所示。

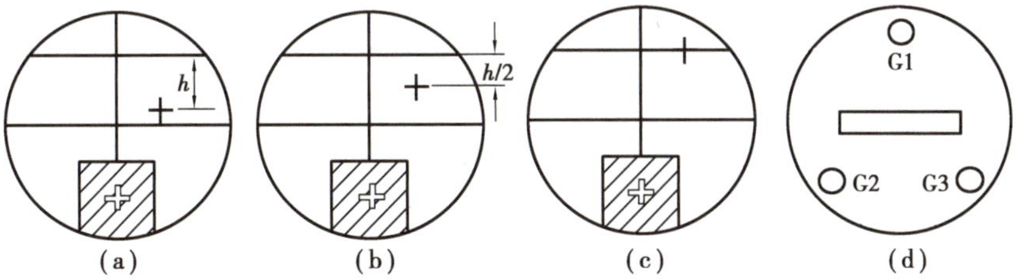

图 3.31　调整望远镜光轴和载物平台平面与分光计中心轴垂直

②用“各半”调节法使绿“十”字反射像位于上叉丝横线。设其中一个反射像与上叉丝横线距离为 h，调节载物平台下螺旋 G2 或 G3，使 h 减小为 $h/2$，如图 3.31(b) 所示，再调望远镜

的俯仰角度，使绿“十”字反射像位于上叉丝横线，如图3.31(c)所示。

③旋转载物平台，用上面的方法使相反镜面的绿“十”字反射像位于上叉丝横线。

④平面镜转动90°，旋转载物平台如图3.31(d)所示放置，调节载物平台下螺钉G1，使绿“十”字反射像与上叉丝十字线重合。

(4)调整平行光管与分光计中心轴垂直

①点燃钠灯，松开狭缝锁紧螺旋，调节狭缝与平行光管透镜的距离，使狭缝在望远镜视场中清晰成像，并与叉丝无视差，如图3.32(a)所示。

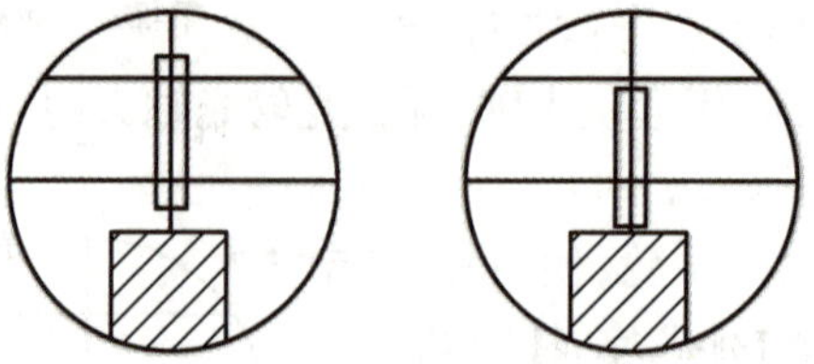

(a)　　(b)

图3.32　调整平行光管与分光计中心轴垂直

②调整狭缝宽度约为0.3 mm，调节平行光管下的水平调节螺旋，使狭缝像位于图3.32(b)所示位置。固定狭缝锁紧螺旋和目镜锁紧螺旋。

2. 测量三棱镜的顶角

(1)反射法测顶角

三棱镜放在载物平台上，平行光管射出的平行光经棱镜的AB、AC面反射后，分别射向位置Ⅰ和位置Ⅱ处的望远镜，如图3.33所示。

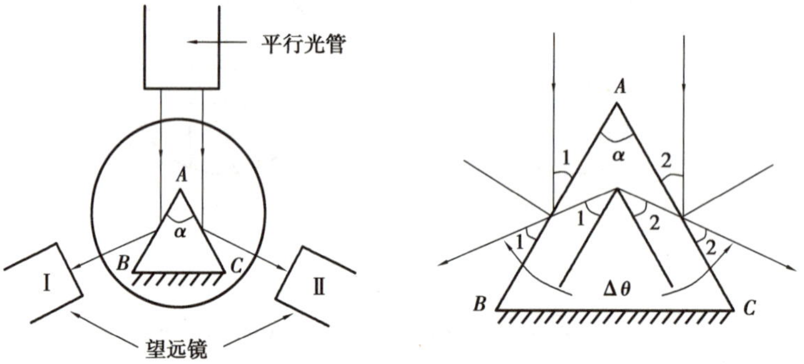

图3.33　反射法测顶角

由反射定律和三角关系可知，望远镜从位置Ⅰ转到位置Ⅱ所转过的角度$\Delta\theta$与三棱镜顶角α之间的关系为

$$\alpha = \frac{\Delta\theta}{2}$$

测定望远镜在位置Ⅰ的角坐标θ_1、θ'_1以及位置Ⅱ的角坐标θ_2、θ'_2，即可得到三棱镜的顶角α：

$$\alpha = \frac{\Delta\theta}{2} = \frac{1}{4}\left(|\theta_2 - \theta_1| + |\theta'_2 - \theta'_1|\right) \tag{3.49}$$

注意：望远镜从位置Ⅰ转到位置Ⅱ时，若某一游标跨过刻度盘的0°线，此游标的读数应+360°(或-360°)。

(2)自准法测顶角

如图 3.34 所示,使望远镜垂直于三棱镜的一个光学面,记录两个游标的读数 θ_1、θ_2;然后转动望远镜使之与另一个光学面垂直,再次记录两个游标的读数 θ'_1、θ'_2,望远镜光轴旋转的角度 $\Delta\theta=\frac{1}{2}\left(|\theta_2-\theta_1|+|\theta'_2-\theta'_1|\right)$。

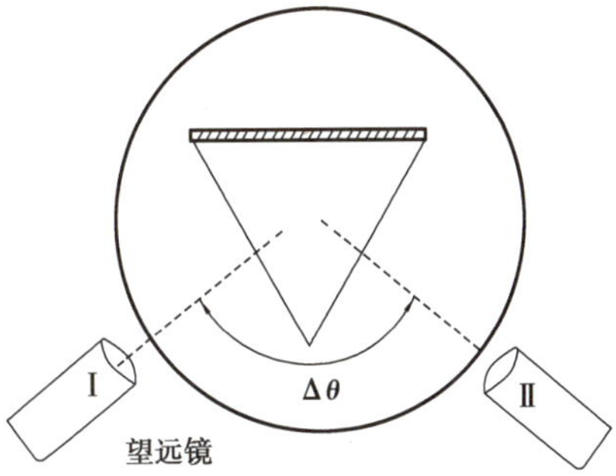

图 3.34　自准法测三棱镜的顶角

显然,Δθ 与三棱镜顶角有如下关系:

$$\alpha=180°-\Delta\theta=180°-\frac{1}{2}\left(|\theta_2-\theta_1|+|\theta'_2-\theta'_1|\right) \tag{3.50}$$

3. 最小偏向角的测量

①把棱镜底边靠近平台边缘,旋转平台,使棱镜的位置相对平行光管及望远镜大约对称(先令底边在观察者的左面,如图 3.35 所示),在望远镜中找到狭缝的像。将平台左右旋转,并使望远镜随像而转,同时注意像的移动方向,使平台往偏向角减少的方向转动,也就是使像向右移动。当平台继续向该方向旋转至一定位置后,再转动平台,则狭缝的像向反方向移动。此回转点就是最小偏向角的位置。试验几次,准确地测定这个位置,从游标上记下这时望远镜的读数 θ_1、θ'_1。

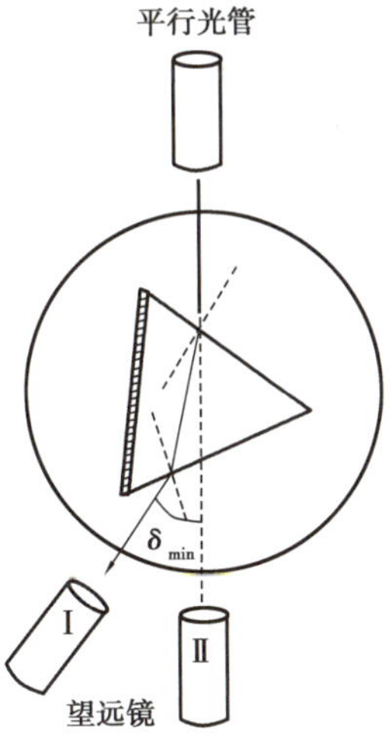

图 3.35　测量最小偏向角

②取下棱镜,转动望远镜使之正对平行光管,记录望远镜此时的位置 θ_2、θ'_2,最小偏向角由下式得出

$$\delta_{min}=\frac{1}{2}\left(|\theta_2-\theta_1|+|\theta'_2-\theta'_1|\right) \tag{3.51}$$

③旋转平台与望远镜,使棱镜的底边和望远镜都在观察者的右方。按照上述方法再次测量最小偏向角。

4. 注意事项

①手持棱镜的非抛光表面,严禁用手触摸棱镜折射面,也不可用一般布或纸擦拭。

②狭缝不能闭拢,否则会损坏狭缝。

③分光计是较精密的光学仪器,各部件和螺丝转动时要轻,不要用力过大,以免损坏零件。

【数据处理与分析】

1. 测量三棱镜的顶角 α

测量三棱镜顶角数据见表 3.12。

表 3.12 测量三棱镜顶角数据

次数	项目				顶角 $\alpha/(^\circ)$
	AB 面		AC 面		
	左游标 θ_1	右游标 θ'_1	左游标 θ_2	右游标 θ'_2	
1					
2					
3					
4					
5					
6					

注:分光计的($\Delta_{仪}=1'$)

$$u_A=\sqrt{\frac{\sum_{i=1}^{6}\left(\alpha_i-\bar{\alpha}\right)}{n(n-1)}}=\_\_\_\_\_\_\_\_;\quad u_B=\frac{1}{\sqrt{3}}\Delta_{仪}=\_\_\_\_\_\_\_\_;$$

$u_\alpha=\sqrt{u_A^2+u_B^2}=$ ________单位;$\alpha=\bar{\alpha}\pm u_\alpha=$ ________单位。

2. 测量钠谱线的最小偏向角 δ_{min}

测量最小偏向角数据见表 3.13。

表 3.13 测量最小偏向角数据($\Delta_{仪}=1'$)

次数	项目				最小偏向角 $\delta_{min}/(^\circ)$
	折射光束		入射光束		
	左游标 θ_1	右游标 θ'_1	左游标 θ_2	右游标 θ'_2	
1					
2					
3					
4					
5					
6					

$$u_A=\sqrt{\frac{\sum_{i=1}^{6}\left(\delta_{min\,i}-\bar{\delta}_{min}\right)}{n(n-1)}}=\_\_\_\_\_\_\_\_;\quad u_B=\frac{1}{\sqrt{3}}\Delta_{仪}=\_\_\_\_\_\_\_\_;$$

$u_{\delta_{min}}=\sqrt{u_A^2+u_B^2}=$ ________单位; $\delta_{min}=\bar{\delta}_{min}\pm u_{\delta_{min}}=$ ________单位。

3. 求折射率 n

$$①\ \bar{n}=\frac{\sin\dfrac{\bar{\alpha}+\overline{\delta_{\min}}}{2}}{\sin\dfrac{\bar{\alpha}}{2}}=$$

$$②由\ n=\frac{\sin\dfrac{\alpha+\delta_{\min}}{2}}{\sin\dfrac{\alpha}{2}},得\ \ln n=\ln\sin\frac{\alpha+\delta_{\min}}{2}-\ln\sin\frac{\alpha}{2}$$

$$\frac{\partial\ln n}{\partial\alpha}=\frac{\cos\dfrac{\alpha+\delta_{\min}}{2}}{2\sin\dfrac{\alpha+\delta_{\min}}{2}}-\frac{\cos\dfrac{\alpha}{2}}{2\sin\dfrac{\alpha}{2}}=\frac{1}{2\tan\dfrac{\alpha+\delta_{\min}}{2}}-\frac{1}{2\tan\dfrac{\alpha}{2}}$$

$$\frac{\partial\ln n}{\partial\delta_{\min}}=\frac{\cos\dfrac{\alpha+\delta_{\min}}{2}}{2\sin\dfrac{\alpha+\delta_{\min}}{2}}=\frac{1}{2\tan\dfrac{\alpha+\delta_{\min}}{2}}$$

$$E_n=\frac{u_n}{\bar{n}}=\sqrt{\left(\frac{\partial\ln n}{\partial\alpha}\right)^2u_\alpha^2+\left(\frac{\partial\ln n}{\partial\delta_{\min}}\right)^2u_{\delta_{\min}}^2}$$

$$=\sqrt{\left(\frac{1}{2\tan\dfrac{\alpha+\delta_{\min}}{2}}-\frac{1}{2\tan\dfrac{\alpha}{2}}\right)^2u_\alpha^2+\left(\frac{1}{2\tan\dfrac{\alpha+\delta_{\min}}{2}}\right)^2u_{\delta_{\min}}^2}=$$

$$u_n=E_n\cdot\bar{n}=$$

$$n=\bar{n}\pm u_n=$$

注意:本实验中所有的角度测量精确到分,平均值也取到分,n 的有效数字取 4 位。

【课后讨论】

①调整分光计应达到什么要求？主要分几步？
②用什么方法调节望远镜光轴与分光计中心转轴垂直？
③实验中如何确定最小偏向角的位置？

【附】

棱镜材料折射率与最小偏向角关系式证明

$$试证明:n=\frac{\sin\dfrac{\delta_{\min}+\alpha}{2}}{\sin\dfrac{\alpha}{2}}$$

根据图 3.36 中的几何关系可知:

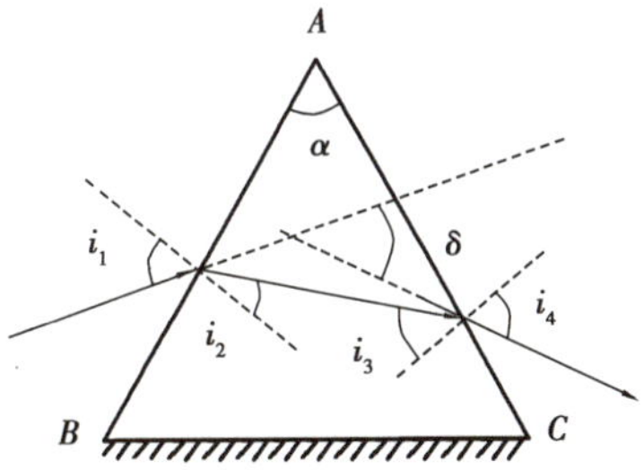

图 3.36　棱镜折射率的测量

$$\delta=(i_1-i_2)+(i_4-i_3)$$

$$\alpha=i_2+i_3 \tag{3.52}$$

$$\delta=(i_1+i_4)-\alpha \tag{3.53}$$

对于给定的棱镜，α 是固定的，δ 随 i_1 和 i_4 而变化。在实验中可以观察到，当 i_1 变化时，δ 有一极小值 δ_{min}，δ_{min} 称为最小偏向角。入射角满足什么条件时，δ 处于极值呢？令 $\frac{d\delta}{di_1}=0$，则由式(3.53)得

$$\frac{di_4}{di_1}=-1 \tag{3.54}$$

结合式(3.52)和两折射面处的折射条件

$$\sin i_1=n\sin i_2,\ \sin i_4=n\sin i_3 \tag{3.55}$$

得

$$\begin{aligned}\frac{di_4}{di_1}&=\frac{di_4}{di_3}\cdot\frac{di_3}{di_2}\cdot\frac{di_2}{di_1}\\&=\frac{n\cos i_3}{\cos i_4}\cdot(-1)\cdot\frac{\cos i_1}{n\cos i_2}\\&=-\frac{\cos i_3\sqrt{1-n^2\sin^2 i_2}}{\cos i_2\sqrt{1-n^2\sin^2 i_3}}\\&=-\frac{\sqrt{1+(1-n^2)\tan^2 i_2}}{\sqrt{1+(1-n^2)\tan^2 i_3}}\end{aligned} \tag{3.56}$$

比较式(3.54)、式(3.56)，有 $\tan i_2=\tan i_3$。在棱镜折射的情况下，i_2、i_3 均小于$\frac{\pi}{2}$，故有 $i_2=i_3$，代入式(3.55)，得到 $i_1=i_4$。

可见，δ 取极值得条件是

$$i_2=i_3 \text{ 或 } i_1=i_4 \tag{3.57}$$

当 $i_1=i_4$ 时 δ 取极小值 δ_{min}。将式(3.57)代入式(3.53)得

$$\delta_{min}=2i_1-\alpha$$

$$i_1=\frac{1}{2}(\delta_{min}+\alpha)$$

于是棱镜的折射率 n 为

$$n=\frac{\sin i_1}{\sin i_2}=\frac{\sin\frac{\delta_{min}+\alpha}{2}}{\sin\frac{\alpha}{2}} \tag{3.58}$$

第4章 电磁学实验

4.1 电位差计

用电位差计测量未知电动势(电压),就是将未知电压与电位差计上的已知电压相比较。这时被测量的未知电压回路无电流,测量结果仅仅依赖于准确度极高的标准电池、标准电阻以及高灵敏度的检流计。电位差计的测量准确度可达到0.01%,甚至更高。由于上述优点,电位差计是精密测量中应用最广的仪器之一,不但用来精确测量电动势、电压、电流和电阻等,还可以用来校准精密电表和直流电桥等直读式仪表,在非电参量(如温度、压力、位移和速度等)的电测法中也占有重要地位。

【实验目的】

①掌握电位差计的工作原理和结构特点。
②学习用箱式电位差计测量电动势。

【预习思考题】

①电位差计测电动势是应用什么原理和方法?
②箱式电位差计测量电动势有哪些主要环节?

【实验原理】

1. 补偿原理

若将电压表并联到电池两端,如图4.1所示,就有电流I通过电池的内部。由于电池内有电阻r,在电池内部不可避免地存在电压降I_r,因而电压表的指示值只是电池端电压的大小,即

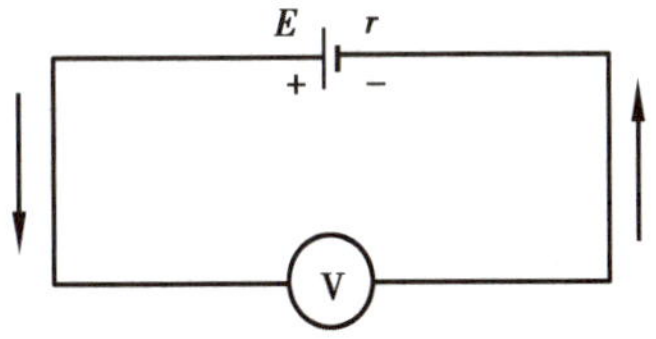

图4.1 电压表并联到电池两端

$$V = E_x - I_r$$

显然，只有当 $I=0$ 时，电压两端的电压 V 才等于电池电动势 E_x。

怎样才能使电池内部既没有电流通过而又能测定电池的电动势 E_x 呢？这就需要采用补偿法。

如图 4.2 所示，接通 K_1 后，有电流 I 通过电阻丝 AB，并在电阻丝上产生电压降落 IR。如果再接通 K_2，可能出现以下 3 种情形：

①当 $E_x>V_{CD}$ 时，G 中有自右向左流动的电流（指针偏向一侧）。

②当 $E_x>V_{CD}$ 时，G 中有自左向右流动的电流（指针偏向另一侧）。

③当 $E_x>V_{CD}$ 时，G 中无电流，指针不偏转。我们将这种情形称为电位差计处于补偿状态，或者说待测电路得到了补偿。

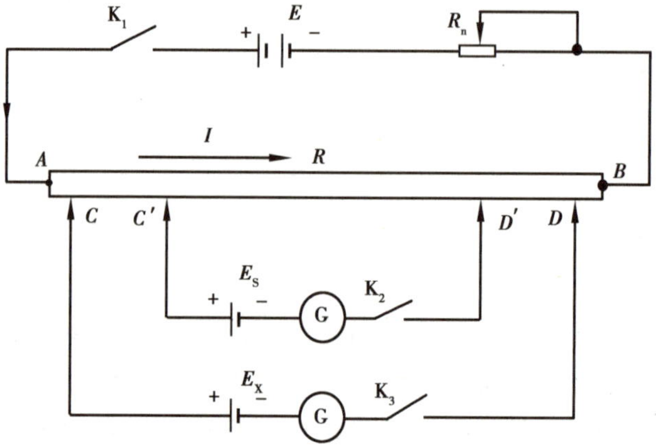

图 4.2　补偿原理

在补偿状态时 $E_x=IR_{CD}$，设每单位长度电阻丝的电阻为 r_0，CD 段电阻丝的长度为 L_x，于是

$$E_x = I \cdot r_0 \cdot L_x \tag{4.1}$$

将可变电阻 R_n 的滑动端固定，即保持工作电流 I 不变，再用一个电动势为 E_S 的标准电池替换图 4.2 中的 E_x，适当将 C、D 的位置调至 C'、D'，同样可使检流计 G 的指针不变，达到补偿状态。这时 $C'D'$ 段电阻丝的长度为 L_S，则

$$E_S = IR_{C'D'} = I \cdot r_0 \cdot L_S \tag{4.2}$$

将式(4.1)与式(4.2)相比得到

$$E_x = \frac{E_S}{L_S} \cdot L_x = A_0 \cdot L_x \tag{4.3}$$

式(4.3)表明，待测电阻的电动势 E_x 可用标准电池的电动势 E_S 和在同一工作电流下电位差计处于补偿状态时测得的 L_x 和 L_S 值来确定。式中 $A_0=\frac{E_S}{L_S}$，其物理意义是：电阻丝 AB 每单位长度上的电压降（V/m），称为校正系数。A_0 的值决定了电位差计的量程，不同的量程可选用不同的 A_0 值。在用电位差计进行测量之前，必须对给定的 A_0 值进行校准。其校准方法是：对一定温度下标准电池的电动势 E_S 的值和给定的 A_0 值，按下面的公式

$$L_S = \frac{E_S}{A_0} \tag{4.4}$$

计算出 L_S，并取 C、D 间电阻丝的长度为 L_S，调节可变电阻 R_n，使检流计指针不偏转，以达到补偿状态。这时电位差计被校准在 A_0 的给定值上，便可用它进行测量了。

2. 箱式电位差计的工作原理

箱式电位差计是利用补偿测量原理制成的一个精密并且使用方便的仪器，其工作原理如图4.3所示。

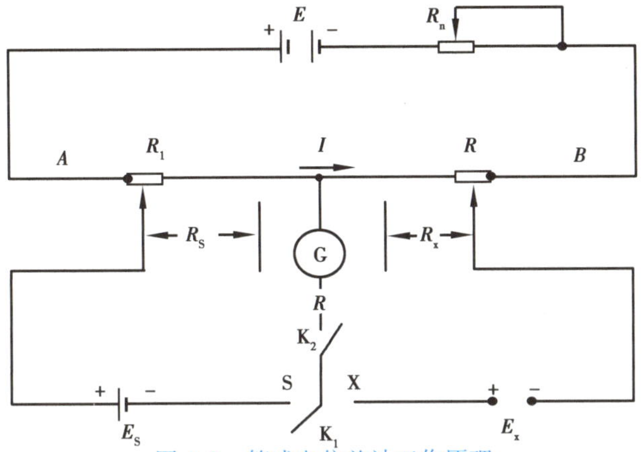

图4.3　箱式电位差计工作原理

E_S—标准电池，E_x—被测电动势；K_1—转换开关；G—检流计；
K_2—检流计开关；E—工作电源；R_x—被测电动势补偿电阻；
R_S—标准电池补偿电阻；R_n—工作电流调节变阻器

箱式电位差计有多种型号，但一般都包括以下3部分：

①工作电流调节回路：主要由 E、R_n、R_1、R 等组成。

②校正工作电流回路：主要由 E_S、R_S、G、K_2、K_1(S)等组成。

③待测回路：主要由 E_x、R_x、G、K_2、K_1(X)等组成。

电位差计在测量之前，首先应校正工作电流。根据图4.3，将 K_1 置于"S"挡调节 R_n 使检流计指零，则有

$$E_S = I \cdot R_S \tag{4.5}$$

由式(4.5)得

$$I = \frac{E_S}{R_S} \tag{4.6}$$

式中的 I 是流过 R_S 和 R_x 上的电流，即为电位差计的工作电流。

工作电流调好以后，将转换开关 K_1 置于"X"挡，调节 R_x 使检流计指零，得

$$E_x = I \cdot R_x \tag{4.7}$$

这里的工作电流 I 就是式(4.5)中的 I 数值，故可得

$$E_x = \frac{E_S}{R_S} R_x \tag{4.8}$$

【实验仪器】

UJ24型直流电位差计(图4.4)、检流计、标准电池、待测电池、导线(若干)等。

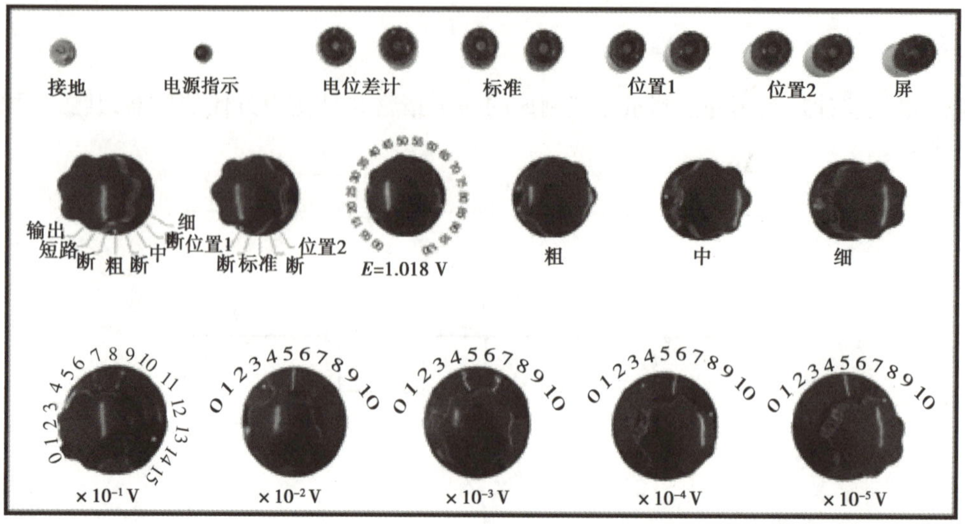

图 4.4　UJ24 型直流电位差计面板

【实验内容及步骤】

①电位差计上 K_1、K_2 置于"断"，R_{P1}、R_{P2}、R_{P3} 旋到中间位置，测量盘 I 旋到"15"挡位。

②根据室内温度 t，由公式 $E_t=E_{20}-0.000\ 040\ 6(t-20)-0.000\ 000\ 95(t-20)^2$，计算标准电池的温度补偿值，取到小数点后第 5 位（$E_{20}=1.018\ 60$），把 R_{np} 旋钮旋至与计算值后两位数字相同处（靠近原则）。

③把标准电池、待测电池、检流计与电位差计连接好，接好电源线。

④调整检流计。检流计接通电源，挡位置于"调零"挡，调节"调零"旋钮，使指针指零；再将挡位置于"补偿"挡，调节"补偿"旋钮，使指针指零；然后将挡位转到"非线性"挡。

⑤校正工作电流。打开电位差计电源，把 K_1 转到"标准"挡，K_2 转到"粗"挡，调节 R_{P1}、R_{P2}、R_{P3} 三个旋钮，使检流计指针指零，然后把检流计开关转到 100 μV 挡；把 K_2 旋到"中"挡，调节 R_{P1}、R_{P2}、R_{P3}，使检流计指零；再把 K_2 旋到"细"挡，调节 R_{P1}、R_{P2}、R_{P3}，使检流计指零，然后把 K_2 旋到"断"挡。

⑥测量待测电池电动势。把 K_1 旋到"未知 1"，K_2 依次转到"粗""中""细"挡，分别调节测量盘Ⅱ、Ⅲ、Ⅳ、Ⅴ，使检流计指零，此时，5 个测量盘示值之和就是待测电动势 E_x。

⑦重复步骤④、⑤、⑥，反复测量 6 次，并记录数据。

【数据处理与分析】

1. 计算 E_x 的平均值

2. 计算被测量电动势的标准偏差

UJ24 型直流电位差计仪误差：

$$\Delta_{仪} = \alpha\% \left(\frac{U_S}{10} + x\right)$$

式中 $\alpha=0.5$（准确度指标）；$U_S=1$ V（基准值）；x 为第V级测量盘示值。

对于单次测量

$$u_A = 0$$

$$u_B = \frac{\Delta_{仪}}{\sqrt{3}}$$

$$u_{E_x} = u_B = s_{仪} = \frac{\Delta_{仪}}{\sqrt{3}}$$

如果是多次测量

$$u_A = s_{E_x} = \sqrt{\frac{\sum_{i=1}^{n}(E_{xi} - \overline{E_x})^2}{n(n-1)}}$$

$$u_B = \frac{\Delta_{仪}}{\sqrt{3}}$$

$$u_{E_x} = \sqrt{u_A^2 + u_B^2}$$

3. 电动势的测量结果

$$\begin{cases} E_x = \overline{E_x} \pm u_{E_x} \\ E = \dfrac{u_{E_x}}{\overline{E_x}} \times 100\% \end{cases} \quad (P=0.683)$$

【课后讨论】

如果任你选择一个阻值已知的标准电阻，你能否用箱式电位差计测量一个未知电阻？试写出测量原理，绘出测量电路图。

4.2 单臂电桥

电桥是一种利用电位比较法进行测量的仪器，由于它的灵敏度和准确度都比较高，所以，它在电磁测量技术中应用极为广泛。电桥按其使用范围，可以分为交流电桥和直流电桥两大类，交流电桥主要用于测量电容、电感和频率等交流电量，直流电桥主要用于测量电阻或与电阻有函数关系的其他物理量。根据结构不同，又可将电桥分为单臂电桥和双臂电桥，本节讲述单臂电桥，4.3 节讲述双臂电桥。直流单臂电桥又称惠斯通电桥，主要用于精确测量 10 ~

$10^6\Omega$ 的中值电阻。

【实验目的】

①掌握直流单臂电桥测量中值电阻的原理和方法。
②掌握连接线路和排除故障的技能。
③掌握调节电桥平衡的操作方法。

【预习思考题】

①惠斯通电桥有由哪几部分组成?
②电桥平衡的条件是什么? 如何判断电桥平衡?

【实验原理】

用伏安法测量电阻时,除了因使用的电流表和电压表准确度不高带来的误差,还存在线路本身不可避免的系统误差。在伏安法线路上经过改进的电桥电路克服了这些缺点。它不用电流表和电压表(因而与电表的准确度无关),而是将待测电阻和标准电阻相比较以确定待测电阻是标准电阻的多少倍。由于标准电阻误差很小,电桥法测电阻可以达到很高的准确度。

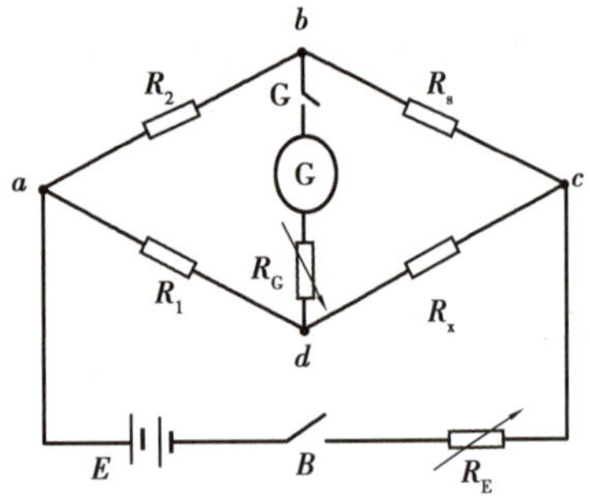

图 4.5　惠斯通电桥

如图 4.5 所示,其中 a-E-B-R_E-c 称为电桥的干路;a-R_1-d、a-R_2-b、b-R_s-c 和 d-R_x-c 称为电桥的 4 条臂路(通常桥臂 c-d 接待测电阻 R_x,其余各臂电阻都是可调节的标准电阻);b-G-R_G-d 称为电桥的桥路(该桥路起了沟通 a-b-c 和 a-d-c 两条支路的作用,由检流计可直接比较 b、d 两点的电势,电桥之名由此而来)。当 b、d 两点电位相等时,检流计的电流为零或桥路中无电流,这时称电桥达到了平衡。此时

$$U_{ab}=U_{ad},U_{bc}=U_{dc}$$

即

$$I_2R_2=I_1R_1,\ I_sR_s=I_xR_x$$

因为 G 中无电流,所以,$I_2=I_s$,$I_1=I_x$,上列两式相除,得

$$\frac{R_2}{R_s}=\frac{R_1}{R_x} \tag{4.9}$$

所以

$$R_x=\frac{R_1}{R_2}R_s \tag{4.10}$$

式(4.9)即为电桥的平衡条件。由式(4.10)可知,若 R_1、R_2 为已知,只要改变 R_s 值,使 G 中无电流,并记下此时的 R_s,即可算得 R_x。

【实验仪器】

QJ23 市电型电桥箱、待测电阻(若干)、导线(2 根)等。

【实验内容及步骤】

①接待测电阻(接在 R_x 接线柱 c、d 之间)。

②正确选择电源电压及比率臂旋钮挡位(根据待测电阻标称值,在表 4.1 中读取选定)。

表 4.1　QJ23a 型电桥技术参数表

量程倍率 k	有效量程	分辨力/Ω	准确度指标 α	电桥基本误差允许极限/Ω	电源/V
×0.001	1 ~ 11.11 Ω	0.001	0.5	$k(\alpha\% R_s+0.002)$	3
×0.01	10 ~ 111.1 Ω	0.01	0.2	$k(\alpha\% R_s+0.002)$	
×0.1	100 ~ 1 111 Ω	0.1	0.1	$k(\alpha\% R_s+0.02)$	
×1	1 ~ 11.11 kΩ	1	0.1	$k(\alpha\% R_s+0.2)$	
×10	10 ~ 111.1 kΩ	10	0.1	$k(\alpha\% R_s+5)$	9
×100	100 ~ 499.9 kΩ	100	0.2	$k(\alpha\% R_s+50)$	15
	500 ~ 1 111 kΩ				
×1 000	1 ~ 4.999 MΩ	1 000	1.0	$k(\alpha\% R_s+2\ 000)$	
	5 ~ 11.11 MΩ				

③对检流计调零(检流计电源杠杆开关接通,调节调零旋钮,使检流计指针指零)。

④测量(首先把灵敏度旋钮旋至最小,按下 B、G 两键,同时由大到小先后调节比较臂各旋钮,使检流计最终指零,此时电桥达到平衡,最后松开 G、B 两键。然后再把灵敏度旋钮旋至最大,继续调节至平衡)。

注意:箱式电桥使用时,电源接通的时间均应很短,即不能将 B、G 两按钮同时长时间按下,测量时,先按 B 再按 G,断开时,必须先断开 G 后断开 B。

⑤读数(先后读取比率臂 k 值、电压值和电桥箱的准确度指标 α 值,比较臂要记录灵敏度最大时电桥箱的读数)并记录于表 4.2。

【数据处理与分析】

原始数据记录见表 4.2。

表 4.2　惠斯通电桥测量中值电阻

待测电阻	比率臂 k	电源电压 U/V	准确度指标 α	比较臂 R_x/Ω					$\overline{R_s}$/Ω	$\overline{R_x}=k\overline{R_s}$ /Ω
				1	2	3	4	5		

(1) 计算$\overline{R_x}$

(2) 计算各待测电阻的标准不确定度

对于单次测量

$$u_A = 0$$

$$u_B = \frac{\Delta_{仪}}{\sqrt{3}} = \frac{1}{\sqrt{3}} k(\alpha\% R_s + x)$$

$$u_{R_x} = \sqrt{u_A^2 + u_B^2} = u_B =$$

如果是多次测量

$$u_A = s_{\bar{R}_x} = \sqrt{\frac{\sum_{i=1}^{n} (R_{xi} - \overline{R_x})^2}{n(n-1)}} =$$

$$u_B = \frac{\Delta_{仪}}{\sqrt{3}} = \frac{1}{\sqrt{3}} k(\alpha\% R_s + x)$$

$$u_{R_x} = \sqrt{u_A^2 + u_B^2} =$$

(3) 写出测量结果

$$\begin{cases} E = \dfrac{u_{R_x}}{\overline{R_x}} \times 100\% \\ R_x = \overline{R_x} \pm u_{R_x} \end{cases} \qquad (P=0.683)$$

【课后讨论】

当电桥达到平衡时,若互换电源和检流计的位置,电桥是否仍保持平衡? 试证明之。

4.3 双臂电桥

电阻按阻值大小大致可以分为三类:1 Ω 以下的为低电阻;1 Ω ~ 100 kΩ 的为中电阻;100 kΩ 以上的为高电阻。不同阻值的电阻,测量方法不尽相同,他们都有各自的特殊问题。例如:用惠斯通电桥测中值电阻时,可以忽略导线本身的电阻和接点处的接触电阻(总称为电路的附加电阻)的影响,但用它测低值电阻时,附加电阻就不能忽略了。一般说,附加电阻大约为 0.001 Ω。若所测低电阻为 0.01 Ω,则附加电阻的影响可达 10%。如所测低电阻为 0.001 Ω 以下,就无法得出测量结果了。在惠斯通电桥基础上加以改进而成的双臂电桥(又称开尔文电桥)消除了附加电阻的影响,适用于 $10^{-6} \sim 10^{2}$ Ω 的电阻的测量。

【实验目的】

①掌握用直流双臂电桥测量低值电阻的原理和方法。

②用双臂电桥测量导体的电阻率。

【预习思考题】

四端电阻的电流端和电压端的含义是什么？简述其在电路中避免附加电阻影响的原理。

【实验原理】

1. 双臂电桥的原理

由 4.2 节可知，单臂电桥电路有 12 根导线和 a、b、c、d 四个接点，如图 4.5 所示。

其中由 a、c 点到电源和由 b、d 点到检流计的导线电阻可并入电源和检流计的内阻里，对测量结果没有影响。但臂路中的 8 根导线和 4 个接点的电阻会对测量结果产生影响。由于比率臂 R_1 和 R_2 可用阻值较高的电阻，因此和这两个电阻相连的 4 根导线的电阻不会对测量结果带来多大影响，可以忽略不计。如果待测电阻 R_x 是一个低值电阻，那比较臂 R_s 也应该是低值电阻，因此和 R_x、R_s 相连的导线及接点电阻就会对测量结果产生影响。

为了消除上述电阻的影响，将对单臂电桥电路进行改造，进而成为如图 4.6 所示的电路，即双臂电桥电路。与图 4.5 的电路比较可以看出，为避免图 4.6 中由 a 到 R_x 和由 c 到 R_s 的导线电阻，可将其导线缩短，最好缩短到零，使 a 点直接与 R_x 相连，c 点直接与 R_s 相连。要消除 a、c 点的接触电阻，进一步将 a 点分成 a_1、a_2 两点，c 点分成 c_1、c_2 两点，使 a_1、c_1 点的接触电阻并入电源的内阻，a_2、c_2 点的接触电阻并入 R_1、R_2 的电阻中。但图 4.6 中 d 点的接触电阻和由 d 到 R_x 及 d 到 R_s 的导线电阻就不能并入 R_x、R_s 中，因而需在电路中增加 R_3、R_4 两个电阻，让 d 点移至跟 R_3、R_4 及检流计相连，这样就只剩下 R_x 和 R_s 相连的附加电阻了。同理，把 R_x 和 R_s 相连的两个接点各自分开，分成 d_1、d_3 和 d_2、d_4，这样 d_3、d_4 的接触电阻并入附加的两个阻值较高的电阻 R_3、R_4 中。将 d_1、d_2 用粗导线相连，并设 d_1、d_2 间导线电阻与接触电阻的总和为 r。下面将证明，适当调节 R_1、R_2、R_3、R_4 和 R_s 的阻值，就可以消除附加电阻 r 对测量结果的影响。

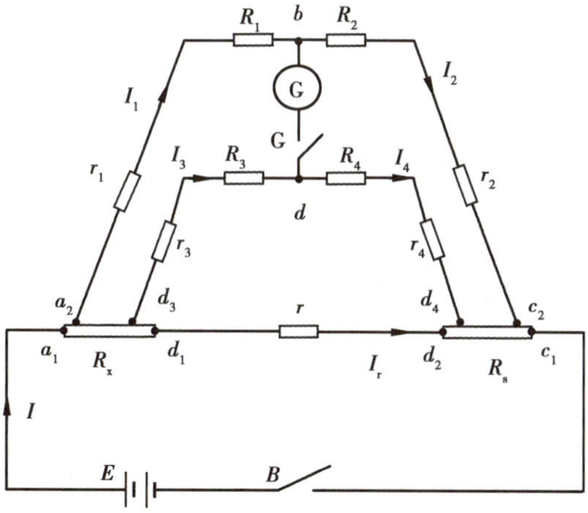

图 4.6　双臂电桥

在图 4.6 中，当 $I_G=0$ 时，b、d 两点的电势相等（即 $\varphi_b=\varphi_d$），此时电桥处于平衡状态，根据电压回路方程可知

$$U_{a_2d}=U_{a_2b},\ U_{dc_2}=U_{bc_2}$$

$$\left.\begin{aligned}I_xR_x+I_3(r_3+R_3)&=I_1(r_1+R_1)\\I_RR_s+I_4(r_4+R_4)&=I_2(r_2+R_2)\\I_3(r_3+R_3)+I_4(r_4+R_4)&=I_r\mathrm{r}\end{aligned}\right\}\tag{4.11}$$

由电路分析可知：$r_1<<R_1$；$r_2<<R_2$；$r_3<<R_3$；$r_4<<R_4$，当 $I_G=0$，则回路中电流 $I_1=I_2$，$I_3=I_4$，$I_x=I_r+I_3$，$I_R=I_r+I_4$，$I_R=I_x$，整理以上方程得

$$\left.\begin{aligned}I_xR_x+I_3R_3&=I_1R_1\\I_xR_s+I_3R_4&=I_1R_2\\I_3(R_3+R_4)&=(I_x-I_3)\,r\end{aligned}\right\}\tag{4.12}$$

联立求得

$$R_x=\frac{R_1}{R_2}R_s+\frac{R_4r}{R_3+R_4+r}\left(\frac{R_1}{R_2}-\frac{R_3}{R_4}\right)\tag{4.13}$$

从式(4.13)第二项中可以看出，只需满足$\frac{R_1}{R_2}=\frac{R_3}{R_4}$的条件，第二项将等于零。通常电路设计成双十进制电阻箱，两个相同的十进电阻的转臂连接在同一转轴上，使得在任何位置都满足上述条件，则式(4.13)可改为

$$R_x=\frac{R_1}{R_2}\cdot R_s\tag{4.14}$$

式$\frac{R_1}{R_2}=\frac{R_3}{R_4}$为双臂电桥的平衡条件，根据式(4.14)可以计算出低值电阻 R_x。

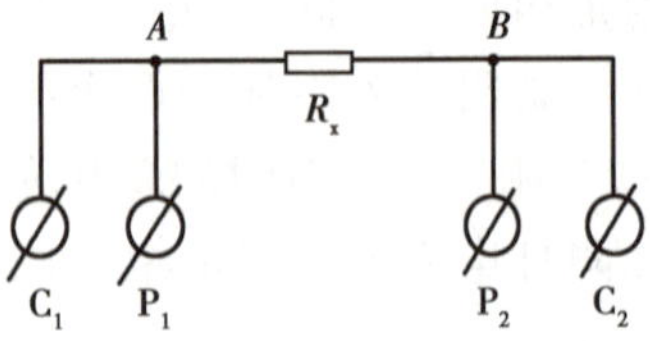

图 4.7　四端钮电阻

2. 四端电阻器

待测金属棒设计成四端钮式，其中 P_1P_2 为电压端，C_1C_2 为电流端，如图 4.7 所示。

3. 金属导体棒的电阻率

一段导体的电阻与该导体材料的物理性质和它的几何形状有关。实验指出，导体的电阻与其长度 l 成正比，与其横截面积 S 成反比，即

$$R=\rho\frac{l}{S}\tag{4.15}$$

式中的比例系数 ρ 称为导体的电阻率。它的大小表示导电材料的性质。

$$\rho=R\frac{S}{l}=R\frac{\pi d^2}{4l}\tag{4.16}$$

式中 d 为圆柱形导体的直径。

【实验仪器】

QJ44 型直流双臂电桥箱（如图 4.8 所示，C_1、C_2 是被测电阻电流端接线柱，P_1、P_2 是被测电阻电位端接线柱）；待测金属棒样品（做成四端电阻）；电源、导线；千分尺、直尺等。

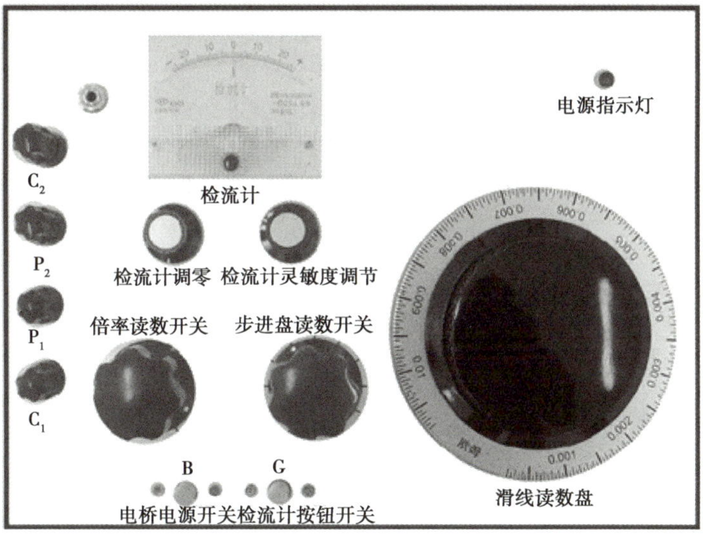

图 4.8　QJ44 型直流双臂电桥面板图

【实验内容及步骤】

1. 测量低值电阻 R_x

①接四端电阻。注意首先确定并记录电阻的长度。

②正确选择电源电压及比率臂旋钮挡位。

③对检流计调零。

④测量。首先把灵敏度旋钮旋至最小,步进盘和滑线盘调至最小位置,按下 B、G 两键,滑线盘由小增大,滑线盘示数超过 0.01,步进盘进一位,使检流计最终指零,此时电桥达到平衡,最后松开 G、B 两键。然后再把灵敏度旋钮旋至最大,继续调节至平衡。

注意:使用箱式电桥时,电源接通的时间均应很短,即不能将 B、G 两按钮同时长时间按下,测量时,先按 B 再按 G,断开时,必须先断开 G 后再断开 B。

⑤步进盘与滑线盘读数。

$$R_x = \text{倍率旋钮挡位 } k \times (\text{步进旋钮挡位读数} + \text{滑线盘读数}) \tag{4.17}$$

2. 测量导体的电阻率

①测量导体棒的长度(单次测量),并记录测量结果 $l = l_{测} \pm u_l$。

②测量导体棒的直径(测量 6 次),并记录测量结果 $d = \bar{d} \pm u_d$。

注意:直径测量点应均匀分布。

【数据处理与分析】

①计算 R_x 的平均值。

②计算各待测电阻的标准不确定度。

QJ44 型双臂电桥箱仪器误差限：

$$\Delta_{仪} = \alpha\% \left(\frac{R_N}{10} + x\right)$$

式中 α=0.5(准确度指标);R_N=0.01 Ω(基准值); x 为滑线标度盘示值。

对于单次测量

$$u_A = 0$$

$$u_B = \frac{\Delta_{仪}}{\sqrt{3}}$$

$$u_{R_x} = u_B = s_{仪} = \frac{\Delta_{R仪}}{\sqrt{3}}$$

如果是多次测量：$u_A = s_{\bar{R}_x} = \sqrt{\frac{\sum_{i=1}^{n}(R_{xi} - \overline{R_x})^2}{n(n-1)}} =$

$$u_B = \frac{\Delta_{仪}}{\sqrt{3}}$$

$$u_{R_x} = \sqrt{u_A^2 + u_B^2} =$$

③电阻的测量结果：

$$\begin{cases} R_x = \overline{R_x} \pm u_{R_x} \\ E = \dfrac{u_{R_x}}{\overline{R_x}} \times 100\% \end{cases} \qquad (P=0.683)$$

④计算材料的电阻率。

【课后讨论】

请从原理并结合实践讨论惠斯通电桥和双臂电桥有哪些异同。

【附】

QJ44 型直流双臂电桥箱

QJ44 型直流双臂电桥是测量 0.000 1～11 Ω 电阻的双臂电桥，全量程由 5 个量限和步进读数盘及滑线读数盘组成。电桥的标称使用温度为(20±15)℃，标称使用相对湿度为 25%～80%。直流双臂电桥基本参数见表 4.3。

表 4.3　直流双臂电桥基本参数

倍率挡位 k	被测电阻范围/Ω	准确度等级 α	基准值 R_N/Ω
×100	1～11	0.2	10
×10	0.1～1.1	0.2	1
×1	0.01～0.11	0.2	0.1

续表

倍率挡位 k	被测电阻范围/Ω	准确度等级 α	基准值 R_N/Ω
×0.1	0.001～0.011	0.5	0.01
×0.01	0.000 1～0.001 1	1	0.001

电桥平衡时，被测电阻阻值依据下式计算

$$R_x = \text{倍率旋钮挡位 } k \times (\text{步进旋钮挡位读数} + \text{滑线盘读数})$$

在参考温度和参考相对湿度的条件下，电桥各量限的允许误差极限为

$$\Delta_{R_x} = \alpha\% \left(\frac{R_N}{10} + x\right)$$

式中　Δ_{R_x}——允许误差极限，Ω；

α——准确度指标；

R_N——基准值，Ω；

x——滑线标度盘读数，Ω。

4.4　阴极射线示波器

示波器是一种显示各种电压波形的仪器，它利用被测电压信号产生的电场对示波管中电子运动的影响来反映被测信号电压的瞬变过程。由于电子质量小、惯性小、比荷大，因此它具有较宽的频率响应，可用以观察变化极快的电压瞬变过程。一切能转换为电压信号的电学量（如电流、电功率、阻抗等）和非电学量（如温度、位移、速度、压力、光强、磁场、频率等），其随时间的瞬变过程都可以用示波器进行观察、测量和分析。

【实验目的】

①了解示波器的基本结构，掌握示波器的调节和使用。

②学习用示波器观察电压波形和李萨如图形。

③学习用示波器测量电信号的方法。

【预习思考题】

①示波器为什么能把看不见的变化电压显示成看得见的图像？

②观察信号发生器输出的各种信号时，“Y 输入”接________，“X 输入”接________；观察李萨如图形时，“Y 输入”接______________，“X 输入”接______________。

【实验原理】

1. 示波器的基本结构及工作原理

示波器由示波管、扫描发生器、同步电路、水平轴和垂直轴放大器以及电源 5 部分组成，如

图 4.9 所示。

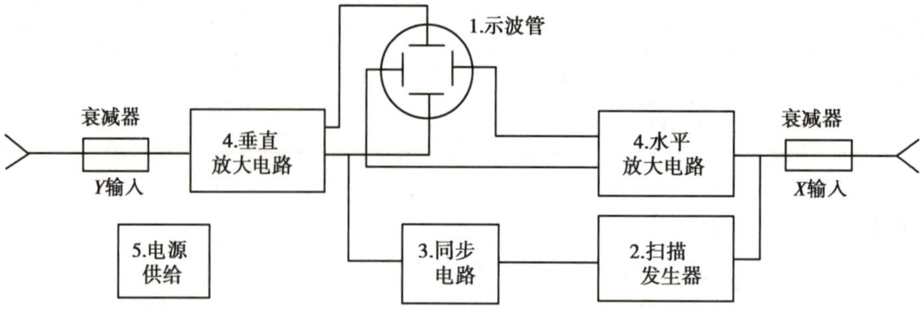

图 4.9　示波器的基本结构

1）示波管

示波管是示波器进行图形显示的核心部分，在一个抽成高真空的玻璃管中，装有各种电极，如图 4.10 所示，按其功能可分为 3 部分。

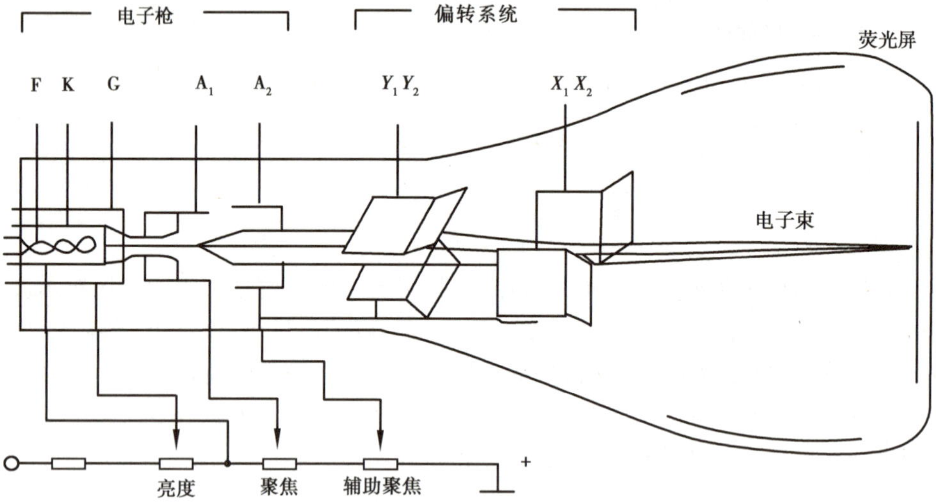

图 4.10　示波管结构

（1）电子枪

用以产生定向移动的高速电子，它包括以下 3 个电极。

①热阴极 K：一个罩在灯丝外面的小金属圆筒，其前端涂有氧化物，当灯丝 F 通入电流时，阴极板受热而发射电子，并形成电子流。

②控制栅极板 G（辉度调节）：一个前端开有小孔的金属圆筒，罩在阴极板的外侧，电子可从小孔中通过，在工作时栅极板电势低于阴极板电势，即调节栅极板电势的高低可以控制到达荧光屏的电子流强度，使屏上光点的亮度发生变化，也就是"辉度调节"。

③阳极板 A_1、A_2（聚焦调节）：也是一个前端开有小孔的金属圆筒，阳极板上加有高压（约 1 000 V），且其区域内的电场不均匀。一是使电子流获得高速，二是将由栅极板过来的已散开的电子流聚焦成一束很细窄的电子射线束。改变阳极板的电压可以调节电子束的聚焦程度，即荧光屏上光点的大小，称为"聚焦调节"。

（2）偏转系统

偏转系统由两对相互垂直的极板 X_1X_2（水平 X）和 Y_1Y_2（竖直 Y）构成，当两对偏转极板上均不加电压时，电子束穿过极板间时不发生偏转，光点在荧光屏的中央，如图4.11(a)所示；当在 X_1X_2 极板上加直流电压(设 $U_{X_1}>U_{X_2}$)时，电子束穿过 X_1、X_2 两极板时向左偏转，屏上光点向左移动，如图4.11(b)所示；当在 Y_1Y_2 极板上加直流电压(设 $U_{Y_1}>U_{Y_2}$)时，则电子束穿过 Y_1、Y_2 两板间时向上偏转，屏上光点向上移动，如图4.11(c)所示；当在 X_1X_2(或 Y_1Y_2)极板上加交变电压时，则电子束穿过偏转极板间时将水平(或上下)周期运动，即屏上光点水平(或上下)振动，如振动较快，即屏上出现一条水平(或竖直)亮度线，如图4.11(d)(e)所示。

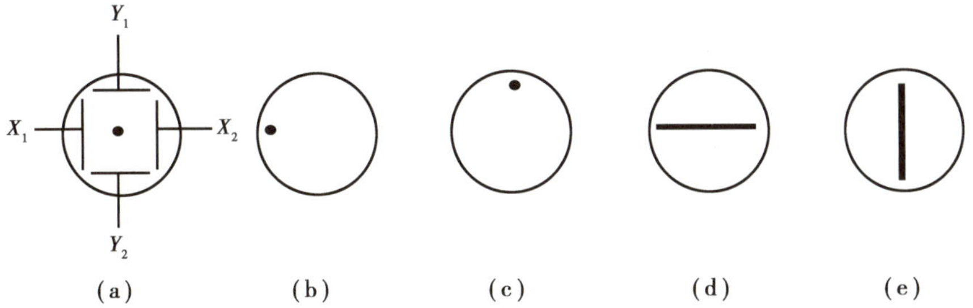

图4.11　电子束偏转示意图

(3)荧光屏

阴极射线管的前端，内表面涂有发光物质。高速运动的电子打在荧光屏上，动能被发光物质吸收而发光，在电子轰击停止后，发光仍持续一段时间，称为余辉，余辉时间的长短和发光物质的成分有关。荧光屏不仅能将电子的动能转换成光能，同时还转换成热能。因此荧光屏上的光点长时间停在固定位置，可能将该处的发光物质烧毁，形成一暗斑，所以在操作时注意不要使光点长时间停留在一处。

2)扫描发生器

若将随时间作正弦变化的电压信号 $u_y=U_y\sin\omega t$ 加在 Y 偏转板上，荧光屏上显示出一条垂直亮度线，看不到正弦曲线。在上述条件下，若同时再在 X 偏转板上加入一个与时间成正比的线性电压 $u_x=K\cdot t$，则电子束在竖直方向上作简谐振动的同时，还在水平方向上作自左向右的匀速运动，这样就能在荧光屏上显示出信号电压 u_y 和时间 t 的正弦变化曲线，其原理如图4.12所示。

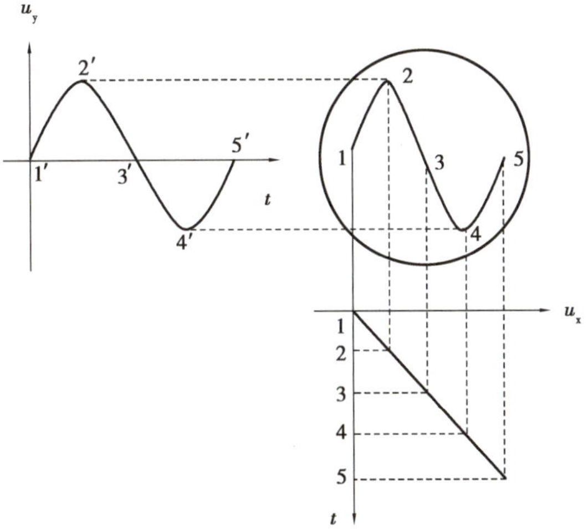

图4.12　示波器显示正弦波的原理

设开始时 X_1X_2 间的电压为零，显示屏上的光点在最左侧，之后 X_1X_2 间的电压匀速增加，显示屏上的光点在沿 Y 轴方向振动的同时，匀速向右移动，留下了亮的图线——亮点的径迹；当 X_1X_2 间的电压增加到最大值时，显示屏上的光点移到最右侧，与此同时 X_1X_2 间的电压降到零，显示屏上的光点又移到最左侧；随着时间的推移，依次不断重复上述过程，显示屏上便可显示出正弦波形来。所以在显示屏上看到的正弦曲线实际上是两个相互垂直的运动的合成轨迹。

将加到 Y 偏转板上的电压信号，在显示屏上展开成为函数曲线图形的过程称为扫描，获得扫描的方法是在 X_1X_2 偏转板上加的与时间成正比增加的周期性电压信号，这个周期性变化的锯齿形的电压称为扫描电压，如图 4.13 所示。扫描电压由扫描发生器提供。

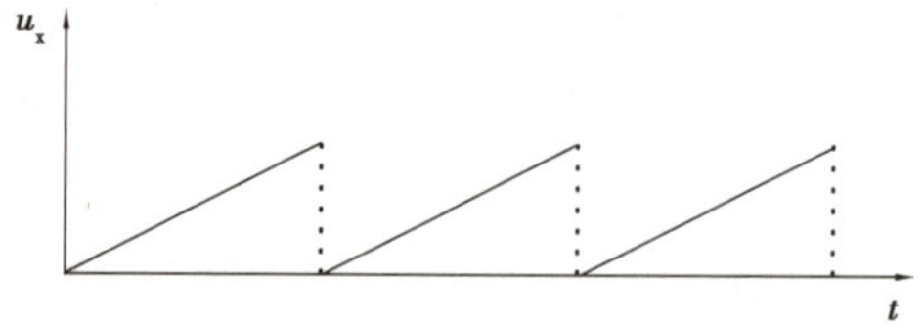

图 4.13　扫描电压

3）同步电路

由图 4.12 可知，如果 $T_x=2T_y$，在荧光屏上就显示出两个完整的正弦波；同理，如果 $T_x=3T_y$，则在荧光屏显示出 3 个完整的波形。以此类推，如果要示波器显示出完整而稳定的波形，扫描电压的周期 T_x 必须为 Y 偏转板电压周期 T_y 的整数倍数，即

$$T_x = nT_y \quad (\text{或} f_y = nf_x), \qquad n = 1,2,3,\cdots \tag{4.18}$$

式 4.18 中，n 为荧光屏上所显出的完整波形的数目，f_y 为加在 Y 偏转板上电压的频率，f_x 为扫描电压的频率。稍有差异，波形就不稳定，甚至更为复杂。为此，在示波器上专门设置一种电路，来控制扫描电压的频率 f_x，使 f_x 随着被观测信号的频率 f_y 变化，即用 Y 轴信号频率去控制扫描发生器的频率，使之始终满足整数倍的关系，此作用称为“同步”，该电路称为“同步电路”。使用示波器的关键，就是调节扫描电压的频率，使之与信号频率之间成整数倍关系，并加上“同步”作用，迫使这种关系保持稳定。

综上所述，示波管显示稳定波形的条件是：

①在 X 偏转板上加锯齿波形的扫描电压。

②在 Y 偏转板上加适当大小的待测电压信号。

③扫描电压周期为待测信号周期的整数倍。

4）水平轴及垂直轴放大器

加在水平与垂直偏转板上的信号电压必须足够大，才能使电子束偏转一定角度。因此，必须将输入的弱信号经放大器放大，并用水平及垂直增幅旋钮来调节放大量。如输入信号过强，则需要分压电路进行衰减。

5）电源

电源是用以供给示波管及各部分电路所需要的各种交直流电源。

2. 信号电压、频率的测量

把待测信号电压输入示波器的 Y 轴输入端。调节示波器面板上各开关旋钮到适当的位置，荧光屏上显示一稳定波形。根据荧光屏上的坐标格划线刻度，测出显示波形的电压值和周期值。

(1)测量电压

把待测信号输入示波器的 Y 轴输入端,将 Y 轴输入耦合方式选择键“AC”键按下,Y 轴垂直偏转因数旋钮“VOLTS/DIV”旋到适当位置,调节有关控制开关及旋钮使显示波形稳定,读取所显示波形波峰与波谷之间的垂直距离所占格数值 D_Y(DIV),读取信号输入通道垂直偏转因数旋钮的挡位数 α,如图 4.14 所示,则

峰-峰值电压

$$U_{p-p} = \alpha(\text{VOLTS/DIV}) \times D_Y(DIV)$$

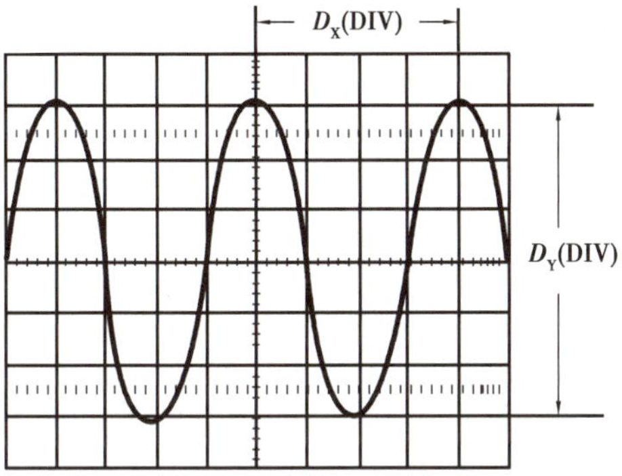

图 4.14　测量正弦信号的电压、频率

在测量被测信号的电压时,应通过调节 Y 轴垂直偏转因数旋钮“VOLTS/DIV”的挡位,使波形幅度尽量放大,但是不能超出显示屏幕。(为什么?)

(2)测量频率

把待测信号输入示波器的 Y 轴输入端,将扫描时间因数旋钮“SEC/DIV”旋到适当的位置,调节有关控制开关及旋钮使显示波形稳定,读取被测信号一个周期的波形所占格数 D_X(DIV),读取扫描时间因数旋钮“SEC/DIV”的挡位数 β,如图 4.14 所示,则

信号周期

$$T = \beta(\text{SEC/DIV}) \times D_X(\text{DIV})$$

信号频率

$$f = \frac{1}{T}$$

在测量被测信号的周期和频率时,应通过调节扫描时间因数旋钮“SEC/DIV”使被测信号相邻两个波峰的水平距离尽量拉大,但是不能超过屏幕。(为什么?)

3. 李萨如图形

在 X 轴输入端输入正弦信号,频率为 f_X,在 Y 轴输入端输入另一个正弦信号,频率为 f_Y,当两者的频率成简单整数倍关系时,荧光屏上就显示一稳定的图形,称为李萨如图形,如图 4.15 所示。

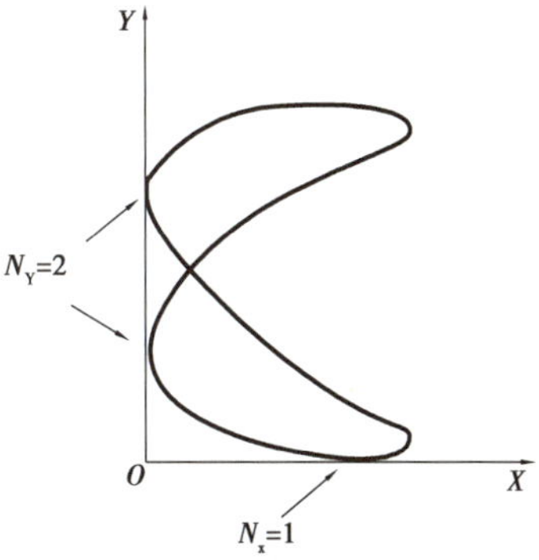

图 4.15　李萨如图形

若以 N_X 和 N_Y 分别表示水平切线和垂直切线对图形的切点数,则其切点数 N_X、N_Y 与 f_X、f_Y 的关系是

$$\frac{f_Y}{f_X}=\frac{N_X}{N_Y}, \text{或} f_X=\frac{N_Y}{N_X}\cdot f_Y \tag{4.19}$$

如果f_Y已知，从荧光屏上的图形找出N_X和N_Y，由式(4.19)可算出f_X。所以，观察李萨如图形同样可以测量待测信号的频率。

例如，Y偏转板上输入$f_Y=50$ Hz，改变f_X，使显示屏上显示比较稳定的李萨如图形，如图4.15所示，其中$N_X=1$，$N_Y=2$，则待测信号的频率为

$$f_X=\frac{N_Y}{N_X}\cdot f_Y=\frac{2}{1}\times 50=100\ (\text{Hz})。$$

【实验仪器】

双踪示波器、函数信号发生器、专用导线若干等。

【实验内容及步骤】

1. 示波器的基本操作

①熟悉示波器各旋钮的作用，按表4.4设置示波器的开关及控制旋钮或按键。

表4.4　示波器的基本操作方法

控制旋钮名称	作用位置	控制旋钮名称	作用位置
亮度	居中	输入耦合	DC
聚焦	居中	扫描方式	自动
位移(三只)	居中	极性	
垂直方式	CH1	扫描时间因数旋钮	0.5 SEC/DIV
垂直偏转因数旋钮	0.5 VOLTS/DIV	触发源	CH1
微调(三只)	顺时针方向旋足	耦合方式	AC 常态

②接通电源，电源指示灯量。稍等20 s后，示波器显示屏上显示光迹，如60 s后仍未显示光迹，应按表4.4检查开关及控制旋钮或按键的位置。

③通过连接电缆将示波器的探极校准信号输入至CH1通道，调节电平旋钮使波形稳定，分别调节Y轴、X轴的位移旋钮，使波形与图4.16相吻合。以同样方法检查CH2通道。

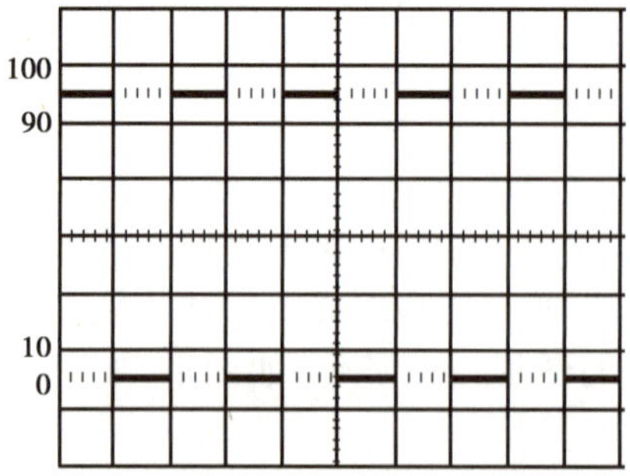

图4.16　补偿适中

上述为示波器的基本操作步骤。CH2 的单通道操作方法与 CH1 类似，进一步的操作方法在下面内容中逐一学习。

2. 示波器实现 *X*-*Y* 状态下的操作

在熟悉示波器、信号发生器各旋钮作用的基础上，先后调出“一个亮点”“一条水平亮线”“一条垂直亮线”“若干个李萨如图形”并分别加以解释。

示波器操作：按下 *X*-*Y* 控制键“30”，实现 *X*-*Y* 状态，即 CH1 通道“13”自动与 *X* 轴偏转板接通，CH2 通道“17”自动与 *Y* 轴偏转板接通。

(1)“一个亮点”的调节

X、*Y* 轴偏转板上不加电压信号。示波器操作：将触发方式选择“31”的自动键按下；CH1 通道与 CH2 通道各输入端不输入电压信号；先后适当调节辉度旋钮“2”、聚焦旋钮“4”、水平位移调节旋钮“35”、竖直位移旋钮“40”，观察示波器显示屏上所显示的亮度点情况，并将所显亮度点调节到示波器显示屏正中央处。

(2)“一条水平亮线”的调节

信号发生器操作：选择正弦波形——按下对应波形键“5”，选择适当频率——由频率范围选择键“7”、频率调节旋钮“3”调节，选择适当电压——由幅度调节旋钮“12”调节。

示波器操作：由信号发生器电压输出端“13”通过探头导线给示波器 CH1 通道“13”输入正弦波电压信号，适当调节 CH1 通道的衰减器旋钮“10”，在示波器显示屏上便可观察到合适的“一条水平亮度线”。

(3)“一条垂直亮线”的调节

在完成(1)的基础上，向 *Y* 轴偏转板加正弦波电压信号。

信号发生器操作同上；示波器操作：由信号发生器电压输出端“13”通过探头导线给示波器 CH2 通道“17”输入正弦波电压信号，适当调节 CH2 通道的衰减器旋钮“15”，在示波器显示屏上便可观察到合适的“一条垂直亮度线”。

(4)“李萨如图形”的调节

示波器操作：适当调节 CH1 通道和 CH2 通道的衰减器旋钮“10”“15”。

信号发生器操作：由信号发生器后面板正弦波(50 Hz、2 V)输出端口“20”和前面板电压输出端口“13”通过探头导线同时分别给示波器 CH1 通道“13”和 CH2 通道“17”输入正弦波电压信号，调节信号发生器所输出信号的频率，同时观察示波器显示屏上波形到基本稳定即可，并将有关图形及参数按表 4.5 填入。

3. 示波器实现非 *X*-*Y* 状态下的操作

示波器操作：再次将 *X*-*Y* 控制键“30”按下(即该键弹起)，便实现非 *X*-*Y* 状态(即由扫描发生器在 *X* 轴偏转板上自动加一扫描电压)。

1) 稳定正弦波形的调节

(1)“一条正弦波形线”的调节

①在 *X* 轴偏转板上加一扫描电压信号。示波器操作：将扫描速率旋钮“20”顺(或逆)时针方向旋转到适当位置，便由扫描发生器在 *X* 轴偏转板上自动加一扫描电压。

②在 *Y* 轴偏转板上加一待测正弦波电压信号。信号发生器操作：选择正弦波形——按下

对应波形键“5”，选择适当频率——由频率范围选择键“7”、频率调节旋钮“3”调节，选择适当电压——由幅度调节旋钮“12”调节。示波器操作：将垂直方式工作开关“42”打向 CH1 位置，由信号发生器给示波器 CH1 通道“13”输入正弦波电压信号（提示：或将垂直方式工作开关“42”打向 CH2 位置，由信号发生器给示波器 CH2 通道“17”输入也可实现）。

③实现同步（保持扫描电压信号周期 T_x 为待测正弦波电压信号周期 T_y 的整数倍，即 $T_x = nT_y$）。示波器操作：调节触发电平控制选钮“33”到适当位置，此时在示波器显示屏上便可观察到一条稳定的正弦波形线（当触发方式选择“31”的自动键和常态键均按下时，示波器工作在锁定状态下，此时无须调节触发电平即可自动实现同步）。

（2）测量待测信号的峰-峰值电压 U_{P-P} 及频率 f

①测量频率 f。

示波器操作：在已调出稳定、合适的正弦波形线的基础上，顺时针方向旋转扫描速率的微调旋钮“24”至满度（即校准）状态；适当调节水平位移旋钮“35”、竖直位移旋钮“40”或“43”到便于读取格数为止；读取示波器显示屏上所显波形一个周期的所占格数 D_X、扫描速率旋钮“20”的挡位数 β，并填入表 4.5 中。

②测量峰-峰值电压 U_{P-P}。

示波器操作：在已调出稳定、合适正弦波形线的基础上，顺时针方向旋转所显示波形信号对应的输入通道（CH1 或 CH2）的垂直灵敏度微调旋钮“14”或“19”至满度（即校准）状态；适当调节水平位移旋钮“35”、竖直位移旋钮“40”或“43”到便于读取格数为止；读取示波器显示屏上所显波形波峰与波谷之间的垂直距离所占格数 D_Y、信号输入通道灵敏度旋钮挡位数 α，并填入表 4.6 中。

2）“一条稳定方波波形线”的调节

信号发生器操作：选择方波波形——按下对应波形键“5”即可。测量信号的峰-峰值电压 U_{P-P} 及频率 f，填入表 4.6 中。

3）“一条稳定三角波形线”的调节

信号发生器操作：选择三角波波形——按下对应波形键“5”即可。测量信号的峰-峰值电压 U_{P-P} 及频率 f，填入表 4.6 中。

4. 注意事项

①必须先弄清你所使用的示波器、信号发生器的型号与面板上各旋钮的作用后再开始实验。

②荧光屏上的光点亮度不可调得太强（即“辉度”旋钮隐条的适中），切不可将光点固定在荧光屏上某一点的时间过长，以免损坏荧光屏。

③示波器上所有开关与旋钮都有一定的强度与调节角度，使用时应轻轻地缓慢旋转，不能用力过猛或随意乱旋动。

【数据处理与分析】

1. 观察李萨如图形并测量频率

表 4.5　各种李萨如图形及其相关参数对应表

$f_x : f_y$	1 : 1	1 : 2	2 : 1	2 : 3	3 : 2
李萨如图形					
f_y/Hz					
f_x/Hz					
$\overline{f_y}$/Hz					

2. 观察信号源的三种波形并测量 U_{P-P} 及 f

表 4.6　测量待测信号源三种信号的电压 U_{P-P}、周期 T 及频率 f

信号源	波形	示波器						
		D_Y/DIV	α/(V · DIV^{-1})	U_{P-P}/V	D_X/DIV	β/(ms · DIV^{-1})	T/ms	f/kHz
正弦波								
方波								
三角波								

$$U_{p-p}=\alpha(\text{VOLTS/DIV})\times D_Y(\text{DIV})$$
$$T=\beta(\text{SEC/DIV})\times D_X(\text{DIV})$$

【课后讨论】

①示波器打开电源后，荧光屏上既无光点又无扫描线，可能的原因是什么？应该怎样处理？

②若扫描信号周期远小于待测信号周期，荧光屏上将看到什么图形？反之又如何？

③若待测信号的电压较大（但不损坏示波器），荧光屏上将看到什么图形？如何处理？

④为什么增大 D_Y、多测量几个周期，可以减小电压和频率的测量误差？

【附】

YB4320G 型双踪示波器

YB4320G 型双踪示波器面板图如图 4.17 所示。

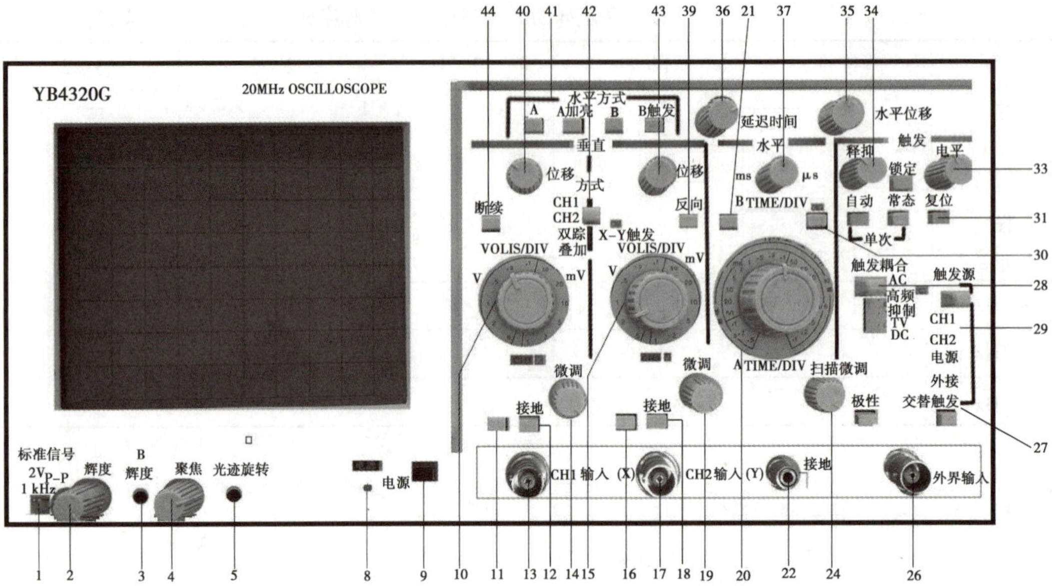

图 4.17　YB4320G 型双踪示波器

1. 主机电源

9-电源开关 POWER :将电源开关按键弹出即为“关”位置,将电源线接入,按电源开关键,接通电源。

8-电源指示灯:电源接通时,指示灯亮。

2-辉度旋钮 INTENSITY :控制光点和扫描线的亮度,顺时针方向旋转旋钮,亮度增加。

4-聚焦旋钮 FOCUS :用辉度控制钮将亮度调至合适的标准,然后调节聚焦控制钮直到光迹达到最清晰的程度。虽然调节亮度时,聚焦电路可以自动调节,但聚焦有时也会轻微变化,如果出现这种情况,需重新调节聚焦旋钮。

5-光迹旋转 TRACE POTATION :由于磁场的作用,当光迹在水平方向轻微倾斜时,该旋钮用于调节光迹与水平刻度线平行。

3-延迟扫描辉度控制钮 B INTEN :顺时针方向旋转此钮,增加延迟扫描 B 显示光迹亮度。

1-校准信号输出端子(CAL):提供 1 kHz±2% ,$2V_{p-p}$±2% 方波作本机 Y 轴、X 轴校准用。

2. 垂直方向部分(VERTICAL)

13-通道 1 输入端[CH1 INPUT(X)]:该输入端用于垂直方向的输入,在 X-Y 方式时,作为 X 轴输入端。

17-通道 2 输入端[CH2 INPUT(Y)],和通道 1 一样,但在 X-Y 方式时,作为 Y 轴输入端。

11-、12-、16-、18-交流-直流-接地(AC、DC、GND),输入信号与放大器连接方式选择开关:

交流(AC):放大器输入端与信号连接由电容器来耦合;

接地(GND):输入信号与放大器断开,放大器的输入端接地;

直流(DC):放大器输入与信号输入端直接耦合。

10-、15-衰减器开关 VOLTS/DIV :用于选择垂直偏转系数,共 12 挡。如果使用的是 10∶1 的探极,计算时将幅度×10。

14-、19-垂直微调旋钮 VARIBLE :垂直微调用于连续改变电压偏转系数。此旋钮在正常情况下应位于顺时针方向旋到底的位置。将旋钮逆时针旋到底,垂直方向的灵敏度下降到 2.5 倍以上。

44-断续工作方式开关:CH1、CH2 两个通道按断续方式工作,断续频率为 250 Hz,适用于低扫描。

43-、40-垂直移位 POSITION :调节光迹在屏幕中的垂直位置。

42-垂直方式工作开关 VERTICAL MODE ,选择垂直方向的工作方式。

CH1:通道 1 选择,屏幕上仅显示 CH1 信号;

CH2:通道 2 选择,屏幕上仅显示 CH2 信号;

双踪:双踪选择,屏幕上显示双踪,自动以交替或断续方式,同时显示 CH1 和 CH2 上的信号;

叠加:显示 CH1 和 CH2 输入信号的代数和。

39-CH2 极性开关 INVERT :按此开关时 CH2 显示反向信号。

3. 水平方向部分(HORIZONTAL)

20-主扫描时间系数选择开关 TIME/DIV :共 20 挡,在 0.1 ~0.5 μs/diV 内选择扫描频率。

30-X-Y 控制键:按入此键,垂直偏转信号接入 CH_2 输入端,水平偏转信号接入 CH_1 输入端。

21-扫描非校准状态开关键:按入此键,扫描时基进入非校准调节状态,此时调节扫描微调有效。

24-扫描微调控制键 VARIBLE :此旋钮以顺时针方向旋转到底时,处于校准位置,扫描由 Time/diV 开关指示。此旋钮以逆时针方向旋转到底时,扫描减慢 2.5 倍以上。当按键“21”未按入时,旋钮“24”调节无效,即为校准状态。

35-水平移位 POSITION :用于调节光迹在水平方向的移动。顺时针方向旋转该旋钮向右移动光迹,逆时针方向旋转向左移动光迹。

37-延迟扫描 B 时间系数选择开关(BTIME/DIV):分 12 挡,在 0.1 ~0.5 μs/DIV 内选择 B 扫描速率。

41-水平工作方向选择 HORIZ DISPLAY

主扫描[A]:按入此键主扫描 A 单独工作,用于一般波形观察;

A 加亮[A INT]:选择 A 扫描的某区段扩展为延迟扫描,可用此扫描方式。与 A 扫描相对应的 B 扫描区段(被延迟扫描)以高亮度显示;

被延迟扫描[B]:单独显示被延迟扫描 B;

B 触发[B TRIG'D]:选择连续延迟扫描和触发延迟扫描。

36-延迟时间调节旋钮[DELAY TIME]:调节延迟扫描对应于主扫描起始延迟多少时间启动延迟扫描,调节该旋钮,可使延迟扫描在主扫描全程任何时段启动延迟扫描。

22-接地端子:示波器外壳接地端。

4. 触发系统(TRIGGER)

29-触发源选择开关[SOURCE]

通道 1 触发(CH1,X-Y):CH1 通道信号为触发信号,当工作方式在 $X-Y$ 方向时,拨动开关应设置于此挡;

通道 2 触发(CH2):CH2 通道的输入信号是触发信号;

电源触发(电源):电源频率信号为触发信号;

外触发(外接):外触发输入信号是外部信号,用于特殊信号的触发。

27-交替触发(TRIG ALT):在双踪交替显示时,触发信号来自两个垂直通道,此方式可用于同时观察两路不相关信号。

26-外触发输入插座(EXT INPUT):用于外部触发信号的输入。

33-触发电平旋钮[TRIG LEVEL]:用于调节被测信号在某选定电平触发,当旋钮转向"+"时显示波形的触发电平在上升,反之触发电平下降。

32-电平锁定[LOCK]:无论信号如何变化,触发电平自动保持在最佳位置,不需人工调节电平。

34-释抑[HOLDOFF]:当信号波形复杂,用电平旋钮不能稳定触发时,可用"释抑"旋钮使波形稳定同步。

25-触发极性按钮[SLOPE]:触发极性选择。用于选择信号的上升沿和下降沿触发。

31-触发方式选择[TRIG MODE]

自动(AUTO):在"自动"扫描方式时,扫描电路自动进行扫描。在没有信号输入或输入信号没有被触发同步时,屏幕上仍然可以显示扫描基线;

常态(NORM):有触发信号才能扫描,否则屏幕上无扫描线显示。当输入信号的频率低于 50 Hz 时,用"常态"触发方式;

单次(SINGLE):当"自动"(AUTO)、"常态"(NORM)两键同时弹出被设置于单次触发工作状态,当触发信号来到时,准备(READY)指示灯亮,单次扫描结束后指示灯熄,复位键[RESET]按下后,电路又处于待触发状态。

数字示波器

数字示波器是集数据采集、A/D 转换、软件编程等一系列的技术制造出来的高性能示波器。数字示波器一般支持多级菜单，能提供给用户多种选择和多种分析功能。还有一些示波器可以提供存储，实现对波形的保存和处理。

DS1102E 型数字示波器面板如图 4.18 所示。

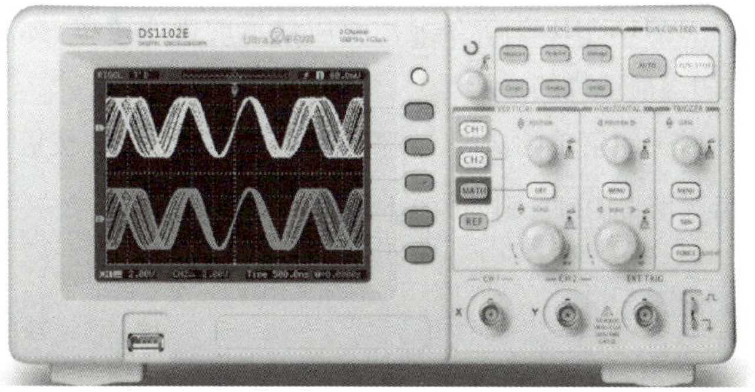

图 4.18　DS1102E 型数字示波器

1. 示波器自检和校准

①接通电源，仪器执行所有自检项目，并确认通过自检。

②按 STORAGE 按钮，用菜单操作键从顶部菜单框中选择“存储类型”，然后调出“出厂设置”菜单框。

③接入信号到“CH1”，将输入探头和接地夹接到探头补偿器的连接器上，按 AUTO（自动设置）按钮，几秒钟内，可见到方波显示（1 kHz，约 3 V，峰-峰值）。

④示波器设置探头衰减系数，此衰减系数改变仪器的垂直挡位比例，从而使得测量结果正确反映被测信号的电平（默认的探头菜单系数设定值为 10X），设置方法如下：按 CH1 功能键显示“CH1”的操作菜单，应用与“探头”项目平行的 3 号菜单操作键，选择与使用的探头同比例的衰减系数。

⑤以同样的方法检查“CH2”。按 OFF 功能按钮以关闭 CH1，按 CH2 功能按钮以打开“CH2”，重复步骤③和④。

提示：示波器一开机，调出出厂设置，可以恢复正常运行，实验室使用开路电缆，探头衰减系数应设为 1X。

2. 波形显示的自动设置

①将被测信号（自身校正信号）连接到信号输入通道。

②按下 AUTO 按钮。

③示波器将自动设置垂直、水平和触发控制。

3. 示波器垂直系统

①将“CH1”或“CH2”的输入连线接到探头补偿器的连接器上。

②按下 AUTO 按钮，波形清晰显示于屏幕上。

③转动垂直 POSITION 旋钮，只是通道的标志跟随波形而上下移动。

④转动垂直 SCALE 旋钮，改变"Volt/diV"垂直挡位，可以发现状态栏对应通道的挡位显示发生了相应的变化，按下垂直 SCALE 旋钮，可设置输入通道的粗调/细调状态。

⑤按 CH1 、 CH2 、 MATH 、 REF ，屏幕显示对应通道的操作菜单、标志、波形和挡位状态信息，按 OFF 按键，关闭当前选择的通道。

提示：OFF 按键具备关闭菜单的功能，当菜单未隐藏时，按 OFF 按键可快速关闭菜单，如果在按 CH1 或 CH2 后立即按 OFF ，则同时关闭菜单和相应的通道。

4. "CH1""CH2"通道设置

①在"CH1"接入一含有直流偏置的正弦信号，关闭"CH2"通道。

②按 CH1 功能键，系统显示"CH1"通道的操作菜单。

③按 耦合→交流 ，设置为交流耦合方式，被测信号含有的直流分量被阻隔，波形显示在屏幕中央，波形以零线标记上下对称，屏幕左下方出现"CH1 ~"交流耦合状态标志。

④按 耦合→直流 ，设置为直流耦合方式，被测信号含有的直流分量和交流分量都可以通过，波形显示偏离屏幕中央，波形不以零线为标记上下对称，屏幕左下方出现直流耦合状态标志"CH1—"。

⑤按 耦合→接地 ，设置为接地方式，被测信号都被阻隔，波形显示为一零直线，左下方出现接地耦合状态标志"CH1"。

提示：每次按 AUTO 按钮，系统默认交流耦合方式，"CH2"的设置同样如此。

5. 示波器水平系统

①在"CH1"接入校正信号。

②旋转水平 SCALE 旋钮，改变挡位设置，观察屏幕右下方"Time——"的信息变化。

③使用水平 POSITION 旋钮调整信号在波形窗口的水平位置。

④按 MENU 按钮，显示"TIME"菜单，在此菜单下，可以开启/关闭延迟扫描或切换 Y-T、X-T 显示模式，还可以设置水平 POSITION 旋钮的触发位移或触发释抑模式。

提示：转动水平 SCALE 旋钮，改变"s/diV"挡位，可以发现状态栏对应通道的挡位显示发生了相应的变化，水平扫描速度以 1-2-5 的形式步进；水平 POSITION 旋钮控制信号的触发位移，转动水平 POSITION 旋钮时，可以观察到波形随旋钮而水平移动，实际上水平移动了触发点。

MFG-8216A 函数信号发生器

1. MFG-8216A 函数信号发生器面板

MFG-8216A 函数信号发生器面板如图 4.19 所示。

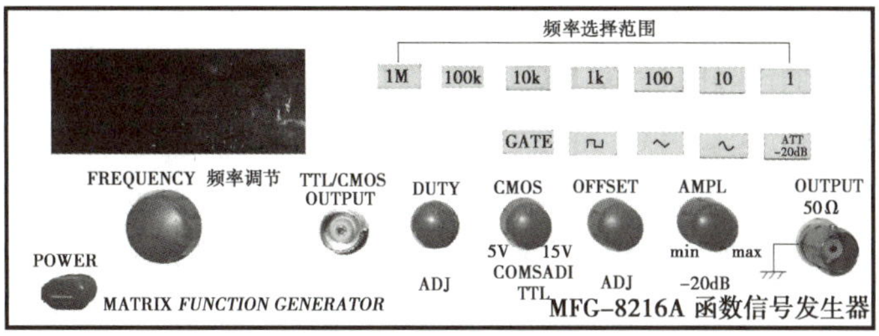

图 4.19　MFG-8216A 函数信号发生器面板

2. 基本技术参数

频率范围:0.3 Hz ~ 3 MHz/0.5 Hz ~ 5 MHz(7 段选择)。

输出波形:正弦波、三角波、方波、Ramp、TTL 和 CMOS 输出。

输出振幅:≥10 Vpp(50 Ω 负载时)。

输出阻抗:50 Ω±10%。

衰减量:(−20 ±1)dB。

显示器:6 位数 LED 显示。

4.5　霍尔效应及霍尔法测磁场

置于磁场中的导体,如果电流方向与磁场方向垂直,则在垂直于电流和磁场的方向会产生一附加的横向电场,这个现象是霍尔于 1879 年发现的。霍尔效应不但是测定半导体材料电学参数的主要手段,而且随着电子技术的发展,利用该效应制成的霍尔器件,由于结构简单、频率响应宽(高达 10 GHz)、寿命长、可靠性高等优点,已广泛应用于非电量测量、自动控制和信息处理等方面。

【实验目的】

①了解霍尔效应原理及霍尔元件的工作特性。

②掌握霍尔效应测量磁场的方法,测绘霍尔元件的 V_H-I_S 曲线。

③了解长直螺线管轴向磁场的分布规律,测绘 B-x 曲线。

④学习用“对称交换测量法”消除负效应产生的系统误差。

【预习思考题】

①何为霍尔效应和霍尔电压?

②已知霍尔样品的工作电流 I_S 及磁感应强度 B 的方向,如何判断样品的导电类型?

③采用霍尔效应测磁场时具体要测量哪些物理量?

【实验原理】

1. 霍尔效应原理

对于图4.20所示的半导体试样,若在 x 方向上通以电流 I_S,在 z 方向加磁场 B,试样中载流子(电子)将受洛仑兹力:

$$F_m = q\bar{v}B$$

其中 q 为载流子电量,$\bar{v}$ 为载流子在电流方向上的平均定向漂移速率,B 为磁感应强度。

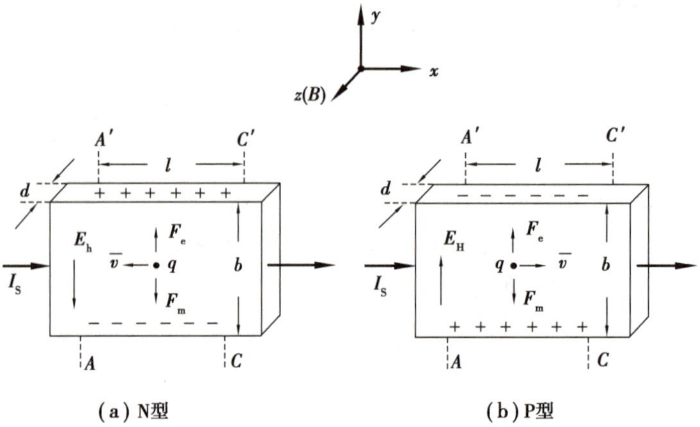

图4.20　霍尔效应原理

无论载流子是正电荷还是负电荷,F_m 的方向均沿 $-y$ 方向,在此力的作用下,载流子发生偏移,在 y 方向开始聚积异号电荷,从而在试样 A、A' 两侧产生一个电位差,形成相应的附加电场 E_H——霍尔电场。电场 E_H 的指向取决于试样的导电类型。对N型试样,霍尔电场 E_H 逆 y 方向,P型试样 E_H 则沿 y 方向,即

$$I_S(x)、B(z)\begin{cases} E_H(y) < 0 & (\text{N 型}) \\ E_H(y) > 0 & (\text{P 型}) \end{cases}$$

显然,该电场阻止载流子继续向侧面偏移,试样中载流子将受一个与 F_m 方向相反的电场力:

$$F_e = qE_H$$

F_e 随电荷积累增多而增大,直到载流子所受的电场力 qE_H 与洛仑兹力 $q\bar{v}B$ 相等,样品两侧电荷的积累就达到平衡,故有

$$qE_H = q\bar{v}B$$

设试样的宽度为 b,厚度为 d,载流子浓度为 n,则电流强度 I_S 与 $\bar{v}$ 的关系为

$$I_S = nq\bar{v}$$

A、A' 电极之间形成相对稳定的电压

$$V_H = E_H b = \frac{1}{nqd}\frac{I_S B}{d} = R_H \frac{I_S B}{d} \tag{4.20}$$

V_H 即为霍尔电压，与 I_S、B 成正比，与试样厚度 d 成反比。

$R_H=\dfrac{1}{nq}$称为霍尔系数，它是反映材料霍尔效应强弱的重要参数。霍尔元件就是利用上述霍尔效应制成的电磁转换元件，对于成品的霍尔元件，R_H 和 d 已知，因此在实际应用中式(4.20)常以如下形式出现

$$V_H = K_H I_S B \tag{4.21}$$

K_H 称为霍尔元件的灵敏度，它表示该器件在单位工作电流和单位磁感应强度下输出的霍尔电压。K_H 越大，霍尔电压 V_H 越大，霍尔效应越明显

$$K_H = \frac{R_H}{d} = \frac{1}{nqd} \tag{4.22}$$

K_H 与载流子浓度 n 成反比，半导体的载流子浓度远比金属的载流子浓度小，因此用半导体材料制成的霍尔元件灵敏度较高，另外，K_H 还与 d 成反比，因此霍尔元件一般都用半导体制成而且很薄。本实验采用的霍尔片的厚度 $d=0.2$ mm，宽度 $b=1.5$ mm，长度为 1.5 mm。

霍尔效应的建立所需时间很短($10^{-14}\sim10^{-12}$s)，因此使用霍尔元件时用直流电或交流电均可。只是使用交流电时，式(4.21) 中的 I_S 和 V_H 应理解为有效值。

应当注意：当磁感应强度 B 和元件平面的法线成一角度时，作用在元件上的有效磁场是其法线方向上的分量 $B\cos\theta$，此时

$$V_H = K_H I_S B \cdot \cos\theta$$

所以，一般在使用时应调整元件平面的方位，使 V_H 达到最大，即 $\theta=0$。

由式(4.21)可知，当工作电流 I_S 或磁感应强度 B 两者之一改变方向时，霍尔电势 V_H 方向随之改变；若两者方向同时改变，则霍尔电势 V_H 极性不变。

2. 霍尔元件测量磁场

(1)基本电路

如图 4.21 所示，将霍尔元件置于待测磁场的相应位置，并使元件平面与磁感应强度 B 垂直。

在其控制端输入恒定的工作电流 I_S，霍尔元件的霍尔电压输出端接毫伏表，测量霍尔电压 V_H 的值，由式(4.23)求出 B。

$$B = \frac{1}{K_H} \cdot \frac{V_H}{I_S} \tag{4.23}$$

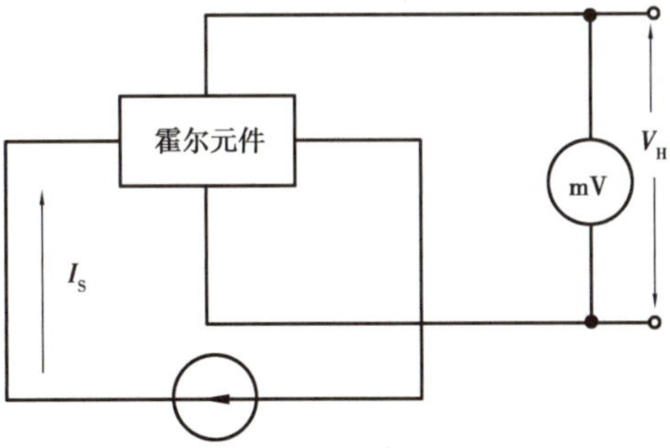

图 4.21　霍尔元件测量磁场的基本电路

(2)霍尔电压的测量

霍尔效应发生的同时还伴随着多种副效应,以致实验测得的电压 V 并不等于霍尔电压 V_H 值,而是包含着各种副效应引起的附加电压。根据副效应的产生机制,采用电流和磁场换向的对称测量法,基本上能够把副效应的影响从测量的结果中消除。具体的方法是 I_S 和 I_M(即 B)的大小不变,并在设定电流和磁场的正、反方向后,依次测量由下列 4 组不同方向的 I_S 和 I_M(B)组合的电压值 V_1、V_2、V_3、V_4,即

$+I_S$	$+I_M(B)$	V_1
$+I_S$	$-I_M(B)$	V_2
$-I_S$	$-I_M(B)$	V_3
$-I_S$	$+I_M(B)$	V_4

然后求上述 4 组数据 V_1、V_2、V_3、V_4 的代数平均值,可得

$$V_H = \frac{V_1 - V_2 + V_3 - V_4}{4} \tag{4.24}$$

对称测量法求得的 V_H,虽然还存在个别无法消除的副效应,但其导致的误差甚小,可以略而不计。

3. 测量通电螺线管中磁场的分布

根据毕奥-萨伐尔定律,对于长度为 $2L$,匝数为 N_1,半径为 R 的通电螺线管,其轴线上离中心点距离为 x 处的磁感应强度为

$$B = \frac{\mu_0 nI}{2}\left[\frac{x + L}{[R^2 + (x + L)^2]^{1/2}} - \frac{x - L}{[R^2 + (x - L)^2]^{1/2}}\right] \tag{4.25}$$

其中 $\mu_0 = 4\pi\times10^{-7}\text{N/A}^2$ 为真空磁导率;$n=\dfrac{N_1}{2L}$为单位长度的匝数,本实验所提供的螺线管的绕组 $N_1 = 1\ 800$ 匝。

理论可以证明,对于"无限长"螺线管, $L\gg R$,所以 $B=\mu_0 nI$;对于"半无限长"螺线管,在端点处有 $x=L$,且 $L\gg R$,所以 $B=\mu_0 nI/2$。

测量电路由工作电流回路(E_1、K_1、R_1、mA 表、K_I、霍尔元件)、励磁电流回路(E_2、K_2、R_2、A 表、K_M、螺线管绕线)和霍尔电压测量回路(霍尔元件、K_H、mV 表)3 部分构成,如图 4.22 所示。

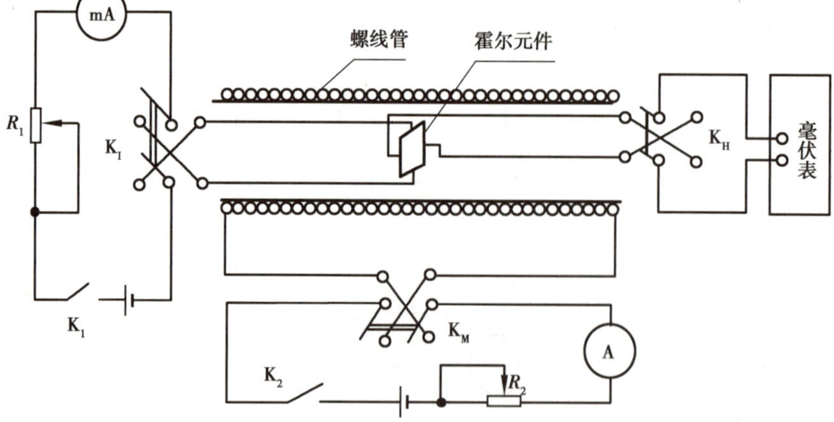

图 4.22　霍尔效应法测量磁场电路图

【实验仪器】

DH4512 型霍尔效应实验仪由实验架和测试仪两部分组成,用于研究霍尔效应产生的原理及其测量磁场的方法。通过施加已知磁场,可以测出霍尔电压并计算霍尔元件的灵敏度;通过测得的灵敏度可以测量螺线管内部轴线上各点的磁场。

1. DH4512 型霍尔效应螺线管实验架

DH4512 型霍尔效应螺线管实验架平面图如图 4.23 所示。

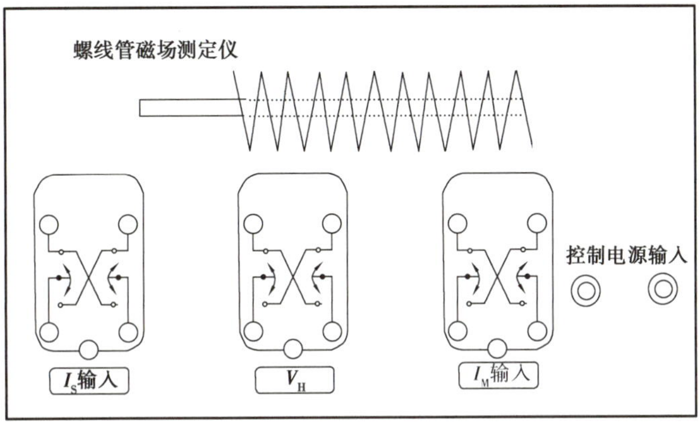

图 4.23　DH4512 型霍尔效应螺线管实验架平面图

(1)相关参数

霍尔元件类型:N 型砷化镓半导体。

线圈匝数 1 800 匝;有效长 181 mm;等效半径 21 mm。

横向移动距 235 mm;纵向移动距离 20 mm。

(2)继电器换向开关使用说明

单刀双向继电器的工作原理如图 4.24 所示。当继电器线包不加控制电压时,动触点与常闭端相连接;当继电器线包加上控制电压时,继电器吸合,动触点与常开端相连接。

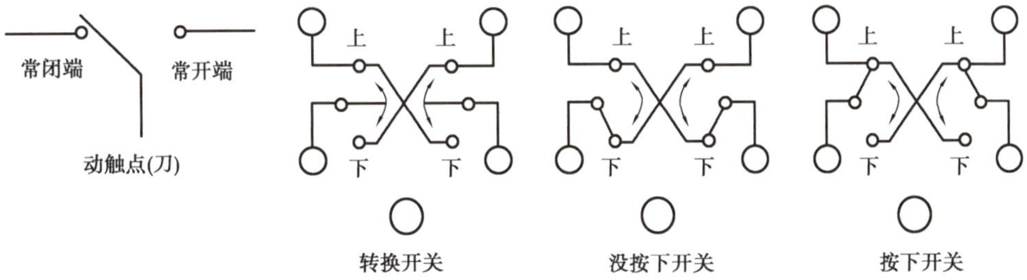

图 4.24　单刀双向继电器工作原理

实验架中,使用了 3 个双刀双向继电器组成 3 个换向电子闸刀,换向由接钮开关控制。

当未按下转换开关时,继电器线包不加电,常闭端与动触点相连接;当按下按钮开关时,继电器吸合,常开端与动触点相连接,实现连接线的转换。由此可知,通过按下、按上转换开关,可以实现与继电器相连的连接线的换向功能。

2. DH4512 型霍尔效应测试仪

DH4512 型霍尔效应测试仪主要由 0～0.5 A 恒流源、0～3 mA 恒流源、20 mV/2 000 mV 量程 3 位半电压表组成。

DH4512 型霍尔效应测试仪面板如图 4.25 所示。

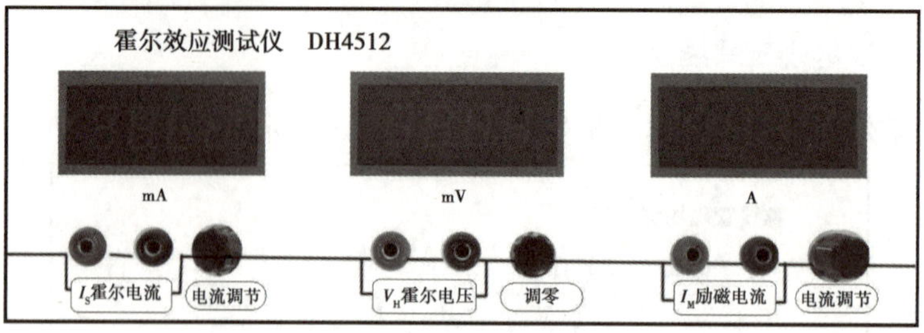

图 4.25 DH4512 型霍尔效应测试仪面板

(1)霍尔工作电流用恒流源 I_S

工作电压 8 V,最大输出电流 3 mA,3 位半数字显示,输出电流准确度为 0.5%。

(2)磁场励磁电流用恒流源 I_M

工作电压 24 V,最大输出电流 0.5 A,3 位半数字显示,输出电流准确度为 0.5%。

(3)霍尔电压测量用直流电压表

20 mV,量程 3 位半 LED 显示,分辨率 10 μV, 测量准确度为 0.5%。

(4)不等电位电势测量用直流电压表

2 000 mV 量程,3 位半 LED 显示,分辨率 1 mV, 测量准确度为 0.5%。

3. 电源

AC 220 V±10%,功耗 50 VA。

【实验内容及步骤】

1. 实验准备

按仪器面板上的文字和符号提示将霍尔效应测试仪与霍尔效应实验架正确连接。

①将霍尔效应测试仪面板右下方的励磁电流 I_M 的直流恒流源输出端(0～0.5 A),接霍尔效应实验架上的 I_M 磁场励磁电流的输入端(将红接线柱与红接线柱对应相连,黑接线柱与黑接线柱对应相连)。

②"测试仪"左下方供给霍尔元件工作电流 I_S 的直流恒流源(0～3 mA)输出端,接"实验架"上霍尔片工作电流输入端(将红接线柱与红接线柱对应相连,黑接线柱与黑接线柱对应相连)。

③"测试仪" V_H 测量端接"实验架"中部的 V_H 输出端。

④用一边是分开的接线插、一边是双芯插头的控制连接线与测试仪背部的插孔相连接(红色插头与红色插座相联, 黑色插头与黑色插座相联)。

2. 测量霍尔元件的不等位电势 V_0 和不等位电阻 R_0

①用连接线将中间的霍尔电压输入端短接，调节测试仪电压表的调零旋钮，使电压表显示 0.00 mV。

②调节测试仪上励磁电流 I_M 的调节旋钮，将励磁电流 I_M 调节到最小。

③调节测试仪上工作电流 I_S 的调节旋钮，将工作电流值调为 $I_S=3.00$ mA，利用 I_S 换向开关，改变工作电流输入方向，分别测出零位霍尔电压 V_{01}、V_{02}，并计算不等位电阻：

$$R_{01}=\frac{V_{01}}{I_S}, R_{02}=\frac{V_{02}}{I_S} \tag{4.26}$$

3. 测量通电螺线管中磁感应强度 B 及其分布

①将 I_M、I_S 调零，调节中间的霍尔电压表，使其显示为 0.00 mV。

②将霍尔元件置于螺线管轴线的中心位置处（旋动水平标尺旋钮，使固定霍尔元件水平标尺上的 110 mm 刻线与水平轨道的刻线对齐，并约定此时 $x=0.0$），调节 $I_M=500$ mA，调节 $I_S=3.00$ mA。I_S、I_M 的正负换向由"实验架"上的接钮控制开关切换，测量霍尔电压 V_1、V_2、V_3、V_4 值。

③将霍尔元件从轴线中心位置处向边缘方向移动，每间隔 1 cm 选一个测试点，分别测出相应的 V_1、V_2、V_3、V_4 值，将所采集的数据填入表 4.7 中。

4. 测量并研究霍尔电压 V_H 与工作电流 I_S 的关系

①将 I_M、I_S 调零，调节中间的霍尔电压表，使其显示为 0.00 mV。

②将霍尔元件置于螺线管轴线的中心位置处（旋动水平标尺旋钮，使固定霍尔元件水平标尺上的 110 mm 刻线与水平轨道的刻线对齐）。

③调节 $I_M=500$ mA，调节 $I_S=0.00$ mA。I_S、I_M 的正负换向由"实验架"上的接钮控制开关切换。从 $I_S=0.00$ mA 开始，逐次递增 0.50 mA，选一个测试点，分别测出相应的 V_1、V_2、V_3、V_4 值，将所采集的数据填入表 4.8 中。

5. 注意事项

①当霍尔元件未连接到实验架，并且实验架与测试仪未连接好时，严禁开机加电，否则，极易使霍尔元件遭受冲击电流而使霍尔元件片损坏。

②霍尔元件性脆易碎、电极易断，严禁用手去触摸，以免损坏。在需要调节霍尔片位置时，必须谨慎。

③加电前必须保证测试仪的"I_S 调节"和"I_M 调节"旋钮均置零位（即逆时针方向旋足），严禁 I_S、I_M 电流未调到零值就开机。

④测试仪的"I_S 输出"接实验架的"I_S 输入"，"I_M 输出"接"I_M 输入"。绝不允许将"I_M 输出"接到"I_S 输入"处，否则一旦通电，会损坏霍尔元件。

⑤由于移动尺的调节范围有限，在调节到两端后，不可继续调节，以免因错位而损坏移动标尺内部螺纹螺杆。

【数据处理与分析】

1. 通电螺线管中磁感应强度 B 及其分布

表 4.7　螺线管磁场分布测量数据

K_H =__________mV/(mA · T), I_S = 3.00 mA, I_M = 500 mA

x/cm	V_1/mV	V_2/mV	V_3/mV	V_4/mV	V_H/mV	B/T
	$+I_S$、$+I_M$	$+I_S$、$-I_M$	$-I_S$、$-I_M$	$-I_S$、$+I_M$		
0.0						
1.0						
2.0						
3.0						
4.0						
5.0						
6.0						
7.0						
8.0						
9.0						
10.0						

$$V_H = \frac{1}{4}(V_1 - V_2 + V_3 - V_4);B = \frac{V_H}{K_H I_S}$$

绘制通电螺线管内部磁场的 B-x 关系曲线。

2. 霍尔电压 V_H 与工作电流 I_S 的关系

表 4.8　霍尔电压 V_H 与工作电流 I_S 的关系测量数据

K_H =__________mV/(mA · T), I_M = 500 mA

I_S/mA	V_1/mV	V_2/mV	V_3/mV	V_4/mV	V_H/mV
	$+I_S$、$+I_M$	$+I_S$、$-I_M$	$-I_S$、$-I_M$	$-I_S$、$+I_M$	
0.00					
0.50					
1.00					
1.50					
2.00					
2.50					
3.00					

$$V_H = \frac{1}{4}(V_1 - V_2 + V_3 - V_4)$$

绘制 V_H-I_S 关系曲线图，并验证其线性关系。

【课后讨论】

①在什么样的条件下会产生霍尔电压？它的方向与哪些因素有关？

②在产生霍尔效应的同时，还会产生哪些副效应？它们与磁感应强度 B 和电流 I_S 有什么关系？如何消除副效应的影响？

③选择半导体材料做霍尔器件时，主要考虑哪些参数？

【附】

实验系统误差及其消除

测量霍尔压 V_H 时，不可避免地会伴随一些副效应，由此而产生的附加电势叠加在 V_H 上，形成测量的系统误差，主要的副效应有下列 4 种。

1. 不等位电势 V_0

由于制造工艺的原因，测量霍尔电压的引线很难焊接在霍尔元件两侧的同一个等势面上，另外霍尔片电阻率不均匀、控制电流极的端面接触不良等都可能造成毫伏表两极不处在同一等位面上，此时虽未加磁场，但存在电势差 V_0，称为不等位电势差。$V_0 = I_S R_0$，R_0 是两等势面间的电阻。可见，在 R_0 确定的情况下，V_0 与 I_S 的大小成正比，且其正负随 I_S 的方向而改变。

2. 爱廷豪森效应

当元件 x 方向通以工作电流 I_S，z 方向加磁场 B 时，由于霍尔片内的载流子的速度有快有慢，服从统计分布。在达到动态平衡的过程中，由于磁场的作用，慢速、快速的载流子将在洛仑兹力和霍耳电场的共同作用下沿 y 轴分别向相反的两侧偏转，这些载流子的动能将转化为热能，使两侧升温，并且造成 y 方向上两侧的温差。霍尔元件和霍尔电极两者的材料不同，电极和元件之间形成温差电偶，这一温差将产生温差电动势 V_E，$V_E \propto I_S B$。这一效应称爱廷豪森效应，V_E 的大小和正负符号与 I_S、B 的大小和方向有关，跟 V_H 与 I_S、B 的关系相同，所以不能在测量中消除。

3. 伦斯脱效应

由于控制电流的两个电极与霍尔元件的接触电阻不同，控制电流在两电极处将产生不同的焦耳热，引起两电极间的温差电动势，此电动势又产生温差电流（称为热电流）Q，热电流在磁场作用下将发生偏转，结果在 y 方向上产生附加的电势差 V_P，且 $V_P \propto B$。这一效应称为伦斯脱效应，V_P 的符号只与 B 的方向有关。

4. 里纪-杜勒克效应

如伦斯脱效应所述，霍尔元件在 x 方向有温度梯度 $\mathrm{d}T/\mathrm{d}x$，引起载流子沿梯度方向扩散而有热电流通过元件,在此过程中载流子受 z 方向的磁场 B 作用,在 y 方向引起类似爱廷豪森效应的温差,由此产生的电势差 $V_S \propto B$,其符号与 B 的方向有关,与 I_S 的方向无关。

所以实际测量的电压为霍尔电压 V_H 与各种附加电压的代数和:

$$V=V_H+V_0+V_E+V_P+V_S$$

为了减少和消除以上效应所产生的附加电势差,利用这些附加电势差与霍尔元件工作电流 I_S,磁场 B(即相应的励磁电流 I_M)的关系,采用对称(交换)测量法进行测量。

当 $+I_S,+I_M$ 时　　$V_1=V_H+V_0+V_E+V_P+V_S$

当 $+I_S,-I_M$ 时　　$V_2=-V_H+V_0-V_E-V_P-V_S$

当 $-I_S,-I_M$ 时　　$V_3=V_H-V_0+V_E-V_P-V_S$

当 $-I_S,+I_M$ 时　　$V_4=-V_H-V_0-V_E+V_P+V_S$

对以上四式作如下运算得:

$$\frac{1}{4}(V_1-V_2+V_3-V_4)=V_H+V_E$$

可见,除爱廷豪森效应以外的其他副效应产生的电势差会全部消除。在非大电流、非强磁场下,$V_H \gg V_E$,因而 V_E 可以忽略不计,由此可得

$$V_H \approx \frac{1}{4}(V_1-V_2+V_3-V_4)$$

4.6　铁磁性材料基本特性的研究

磁性材料的应用非常广泛,从常用的永久磁铁、变压器铁芯到录音、录像、计算机存储用的磁带和磁盘等都采用了磁性材料。磁滞回线和基本磁化曲线反映了磁性材料的主要特征。本实验通过对铁磁材料动态磁滞回线的测绘,以及对 H_c、B_r、B_m 和 H_m 等参数的测量,研究铁磁性材料的磁化特性。

【实验目的】

①了解铁磁性材料磁滞回线和磁化曲线的概念,加深对矫顽力、剩磁和磁导率的理解,认识铁磁物质的磁化规律。

②利用示波器观察并测绘样品的磁滞回线。

③测定样品的基本磁化曲线

④测量样品的 H_c、B_r、H_m、B_m 等参数。

【预习思考题】

①什么叫基本磁化曲线? 它和起始磁化曲线有何区别?

②如果测量前没有退磁,会出现什么情况?

③测量时 H 是正弦变化的,B 是否按正弦规律变化? 反之,B 按正弦规律变化时,H 是否也按相同规律变化?

【实验原理】

1. 磁化性质

一切可被磁化的物质称为磁介质,磁介质的磁化规律可用磁感应强度 $\vec{B}$、磁化强度 $\vec{M}$、磁场强度 $\vec{H}$ 来描述,它们满足以下关系

$$\vec{B}=\mu_0(\vec{H}+\vec{M})=(\chi_m+1)\mu_0\vec{H}=\mu_r\mu_0\vec{H}=\mu\vec{H} \tag{4.27}$$

式中,$\mu_0=4\pi\times10^{-7}$ H/m,为真空磁导率;χ_m 为磁化率;$\mu_r=\chi_m+1=\dfrac{B}{\mu_0 H}$为相对磁导率,是一个无量纲的系数;$\mu=\mu_r\mu_0$ 为绝对磁导率。对于顺磁性介质,磁化率$\chi_m>0$,μ_r 略大于1;对于抗磁性介质,$\chi_m<0$,一般$|\chi_m|$为 $10^{-5}\sim10^{-4}$,μ_r 略小于1;而铁磁性介质的 μ_r 一般可达 $10^2\sim10^4$ 的数量级,甚至高达 10^6。

非铁磁性的各向同性的磁介质,H 和 B 之间满足线性关系,如图4.26所示。铁磁性介质的 μ、B、H 之间有着复杂的非线性关系,如图4.27所示。

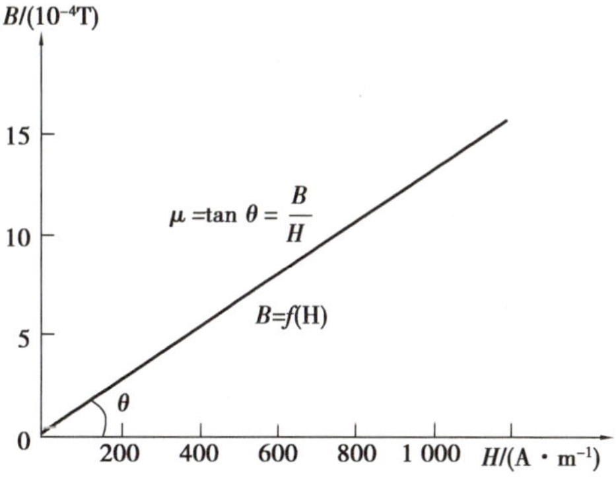

图4.26 顺磁质材料的 B-H 曲线

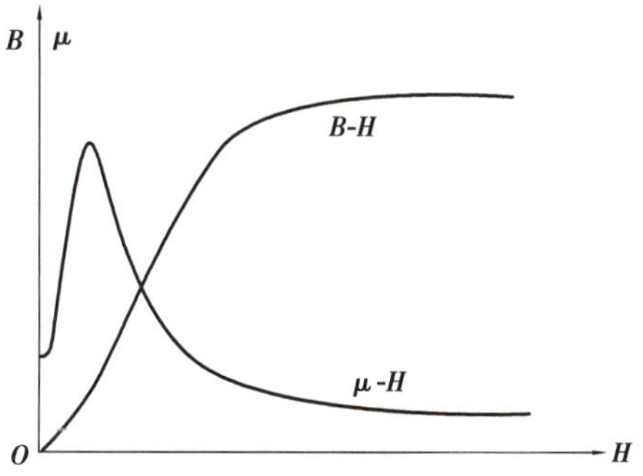

图4.27 铁磁质材料的 B-H 和 μ-H 并系曲线

铁磁质的 B-H 曲线反映了铁磁质共同的磁化特点:随着 H 的增加,开始时 B 缓慢增加,此时 μ 较小;而后随 H 的增加 B 急剧增大,μ 也迅速增加;最后随 H 增加,B 趋于饱和,而此时的 μ 值在到达最大值后又急剧减小。图4.27中的 μ-H 曲线表明了磁导率 μ 是磁场 H 的函数。

2. 磁滞性质

铁磁材料除了具有高的磁导率,另一重要的特性是磁滞现象。当铁磁材料磁化时,磁感应强度 B 不仅与当时的磁场强度 H 有关,而且与磁化的历史有关,如图4.28所示。

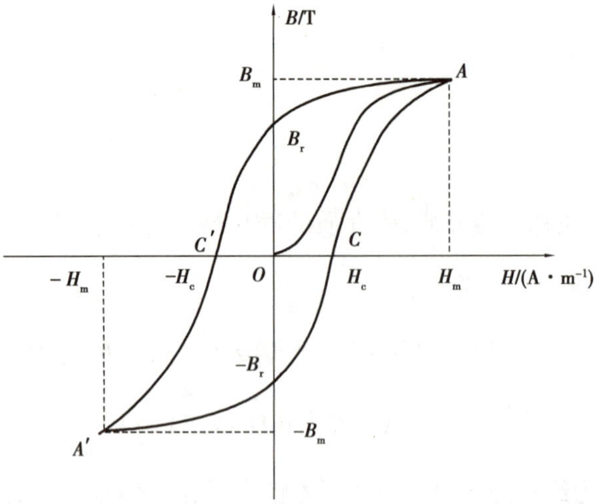

图 4.28　磁化曲线和磁滞回线

曲线 OA 表示铁磁材料从没有磁性开始磁化，B 随 H 的增加而增加，称为（初始）磁化曲线。当 H 值到达某一个值 H_m 时，B 值几乎不再增加，磁化趋于饱和，这时铁磁质的磁化状态称为磁饱和状态；如果使 H 减少，B 不会沿着原路返回，而是沿另一条曲线 $AC'A'$ 下降，即铁磁质的磁化过程不可逆；当 H 从 $-H_m$ 增加时，B 将沿着 $A'CA$ 曲线到达 A 形成一闭合曲线，即磁滞回线。其中当 H 由 H_m 减小到 0 时，B 由 B_m 减小到 B_r，B_r 称为剩磁。要使得 B 为零，就必须加一反向磁场，当反向磁场强度增加到 $H=-H_c$ 时，磁感应强度 B 由 B_r 减小为零，这个过程称为退磁，H_c 称为矫顽力。各种铁磁材料有不同的磁滞回线，主要区别在于矫顽力的大小，矫顽力大的称为硬磁材料，矫顽力小的称为软磁材料。

3. 用示波器测量动态磁滞回线和基本磁化曲线

测量动态磁滞回线电路如图 4.29 所示，研究试样是闭合状的铁磁圆环，铁磁圆环的平均磁路为 L，励磁线圈的匝数为 N_1。若励磁电流为 i_1，在试样内根据安培环路定律，有

$$HL = N_1 i_1 \tag{4.28}$$

示波器 X 轴偏转板输入电压 U_H（即 U_{R_1}）

$$U_H = R_1 i_1 = \frac{R_1 L}{N_1} \cdot H \tag{4.29}$$

式中的 R_1、L、N_1 均为常数，这表明示波器 X 轴输入电压的大小 U_H（即 U_{R_1}）与磁场强度 H 成正比，所以由 U_H 可确定 H 的瞬时值，即

$$H = \frac{N_1}{LR_1} \cdot U_H \tag{4.30}$$

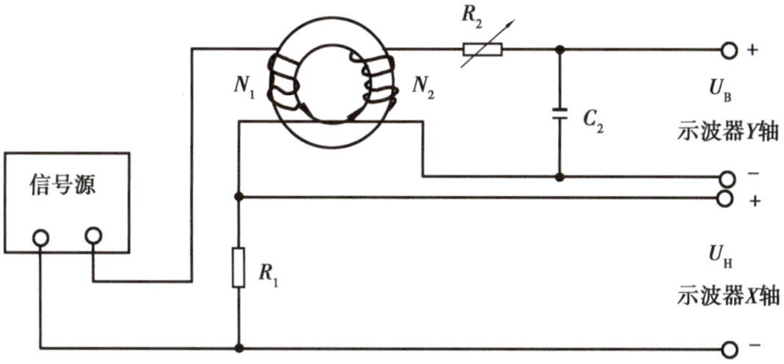

图 4.29 用示波器测量动态磁滞回线电路

设样品的截面积为 S,根据法拉第电磁感应定律,在匝数为 N_2 的次级线圈中,感应电动势为

$$\varepsilon = -N_2 S \frac{\mathrm{d}B}{\mathrm{d}t} \tag{4.31}$$

次级线圈的电压正比于 $\frac{\mathrm{d}B}{\mathrm{d}t}$,必须积分后才能得到 B。在 R_2、C_2 所构成的积分电路中忽略次级线圈内阻后

$$\varepsilon = R_2 i_2 + U_C \tag{4.32}$$

设电源频率为 f,适当地选取 R_2、C_2 值,使条件 $R_2 >> \frac{1}{2\pi f C_2}$ 得到满足,则有

$$\varepsilon = R_2 i_2 = R_2 \frac{\mathrm{d}q}{\mathrm{d}t} \tag{4.33}$$

q 是通过回路的电荷量,也是 C_2 上的电荷量。由于 $q=C_2U_C$,得

$$\varepsilon = R_2 C_2 \frac{\mathrm{d}U_C}{\mathrm{d}t} \tag{4.34}$$

将式(4.34)代入式(4.31),只考虑数值不考虑符号,得

$$R_2 C_2 \,\mathrm{d}U_C = N_2 S \,\mathrm{d}B$$

对上式积分,并考虑到 $t=0$ 时 $U_C=0$, $B=0$,得

$$U_C = -\frac{N_2 S}{R_2 C_2} \cdot B \tag{4.35}$$

上式中 R_2、C_2、N_2 和 S 均为已知常数,所以 Y 轴输入的电压 U_B(即 U_C)与磁感应强度 B 成正比。由 U_B 可确定瞬时 B 值,即

$$B = \frac{R_2 C_2}{N_2 S} \cdot U_B \tag{4.36}$$

综上所述,U_B 正比于 B,U_H 正比于 H,只要将图 4.29 中的 U_H 和 U_B 分别加到示波器的"X 输入"和"Y 输入",便可通过示波器观察样品的 B-H 曲线;测出 U_B 和 U_H 值,进而可测定样品的饱和磁感应强度 B_m、剩磁 B_r、矫顽力 H_c 等参数;也可将 U_H 和 U_B 分别加到测试仪的"X"和"Y"信号输入端,同样可测定并直接读取上述各参数值。

【实验仪器】

DH5416 型磁滞回线实验仪、DH5416 型磁滞回线测试仪、双踪示波器、专用连接线若干等。

1. 磁滞回线实验仪

DH5416 型磁滞回线实验仪由励磁电源、试样样品、实验面板(附实验接线图)和其他器件组成。

(1)励磁电源

由变压器对 220 V、50 Hz 市电进行隔离、降压后,提供样品的磁化电压,共分 11 挡,即 0、0.5、0.9、1.2、1.5、1.8、2.1、2.4、2.7、3.0 和 3.5 V,通过波段开关可选择不同的磁化电压。

(2)试样样品

样品Ⅰ和样品Ⅱ均采用 EI 形(指变压器铁芯形状一片是 E 形、一片是 I 形)铁芯,其尺寸(平均磁路 L 和截面积 S)相同,但磁导率不同。两者的励磁绕组匝数 N_1 和测量绕组的匝数 N_2 也相等。参数值详见表 4.9。

表 4.9　DH5416 型磁滞回线实验仪相关参数

待测样品Ⅰ、Ⅱ	平均磁路长度	$L=75$ mm	横截面积	$S=120\ \text{mm}^2$
	励磁绕组匝数	$N_1=150$	次级线圈匝数	$N_2=n=150$
	励磁电流取样电阻	$R_1=0.5\sim5\ \Omega$	积分电阻	$R_2=10\ \text{k}\Omega$
	积分电容	$C_2=20\ \mu\text{F}$		

(3)实验面板及其他元件

面板上装有样品Ⅰ和样品Ⅱ,励磁电源“U 选择”和励磁电流的取样电阻“R_1 选择”,以及为测量磁感应强度 B 所设定的积分电路元件 R_2、C_2 等,以上元件用专用导线连接即可。面板左边有 U_B、U_H 输出端,用来连接示波器或测试仪。

2. 磁滞回线测试仪

详见本节后附录。

3. 双踪示波器

X-Y 状态下使用。

【实验内容及步骤】

1. 电路连接

选样品Ⅰ按实验电路图 4.30 连接线路,并选 $R_1=2.5\ \Omega$,“U 选择”置于 0 位。U_H、U_B 分别接示波器的“X 输入”和“Y 输入”,插孔为公共端。

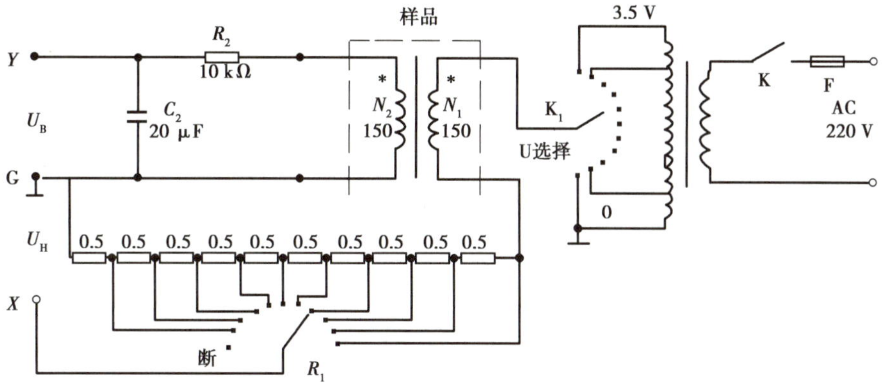

图 4.30　实验电路图

2. 样品退磁

开启实验仪电源，对试样进行退磁，即顺时针方向转动“U 选择”旋钮，令 U 从 0 增至 3.5 V，然后逆时针方向转动旋钮，将 U 从最大值降为 0，其目的是消除剩磁，确保样品处于磁中性状态，即 $H=0$、$B=0$。

3. 观察磁滞回线

开启示波器电源，令光点位于坐标网格中心，选 $U=3.0$ V，并分别调节示波器 X 和 Y 轴的灵敏度旋钮，使显示屏上出现图形大小合适的磁滞回线。若图形顶部出现编织状的小环，如图 4.31 所示，这时应检查示波器的通道输入方式，其中 X 通道打到交流输入，Y 通道打到直流输入，同时适当降低励磁电压予以消除。

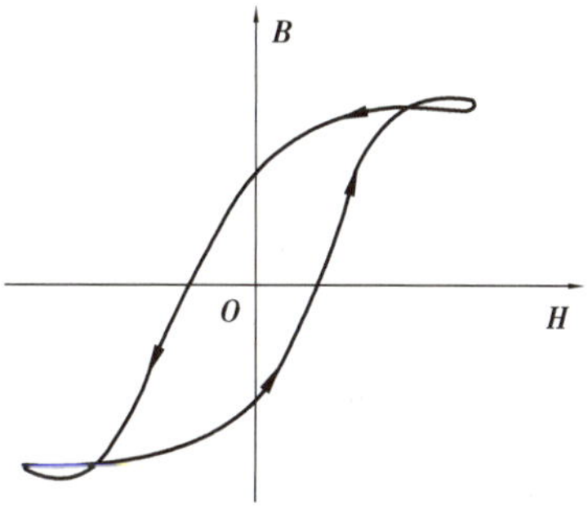

图 4.31　调节不当引起的畸变

4. 测绘基本磁化曲线及 μ-H 曲线

对样品进行退磁后，从 $U=0$ 开始，随着逐挡提高励磁电压，将在显示屏上看到面积由小到大一个套一个的一簇磁滞回线，这些磁滞回线顶点的连线就是样品的基本磁化曲线。依次测定 $U=0,0.5,0.9,\cdots,3.0$ 时 10 组磁滞回线的 H_m 和 B_m 值，绘制基本磁化曲线。根据关系式 $\mu=\dfrac{B}{H}$，计算不同 H 对应的 μ 值，绘制 μ-H 曲线。

5. 测绘动态磁滞回线

调节 $U=3.0$ V，$R_1=2.5$ Ω，测定样品 Ⅰ 的一组 B 和 H 值，测量 B_r、H_c，绘制 B-H 曲线。

6. 改变 R_1 观测不同的磁化曲线

7. 观测和比较样品 Ⅰ 及样品 Ⅱ 的磁化特性

【数据处理与分析】

1. 测绘基本磁化曲线及 μ-H 曲线

测绘基本磁化曲线及 μ-H 曲线记录表见表 4.10。

表 4.10　测绘基本磁化曲线及 μ-H 曲线（R_1 = 2.5 Ω）

U/V	H_m/(A·m^{-1})	B_m/T	μ/(H·m^{-1})
0			
0.5			
0.9			
1.2			
1.5			
1.8			
2.1			
2.4			
2.7			
3.0			

2. 测绘动态磁滞回线

测绘动态 B-H 曲线记录表见表 4.11。

表 4.11　测绘动态 B-H 曲线（R_1 = 2.5 Ω，U = 3.0 V）

序号	H/(A·m^{-1})	B/T	序号	H/(A·m^{-1})	B/T	序号	H/(A·m^{-1})	B/T
000								
001								
002						…		
003								
…								

注：数据点尽可能均匀地分布在 4 个象限。

【课后讨论】

①测量铁磁物质的基本磁化曲线和磁滞回线各有什么意义？

②怎样使样品完全退磁，从而使初始状态在 $H=0$、$B=0$ 的点上？

③通过实验后，能否说明在测量基本磁化曲线和磁滞回线前必须先退磁的原因？

【附】

DH4516(智能型)磁滞回线测试仪使用说明

测试仪与实验仪配合使用，通过定量测量铁磁材料在磁化过程中的 H 和 B 值，计算其剩磁、矫顽力、磁滞损耗等参数。

1. 测试仪基本组成

测试仪由两路输入信号(U_B、U_H)放大、两路信号数据采集、同步信号采样、数据存储、单片微机控制器(AT89C51 或 89C52)及数据采集处理软件、控制键盘、输出液晶显示器、串行通信接口等组成，其结构框图如图 4.32 所示。测试仪面板如图 4.33 所示，显示输出选用点阵式液晶显示器。

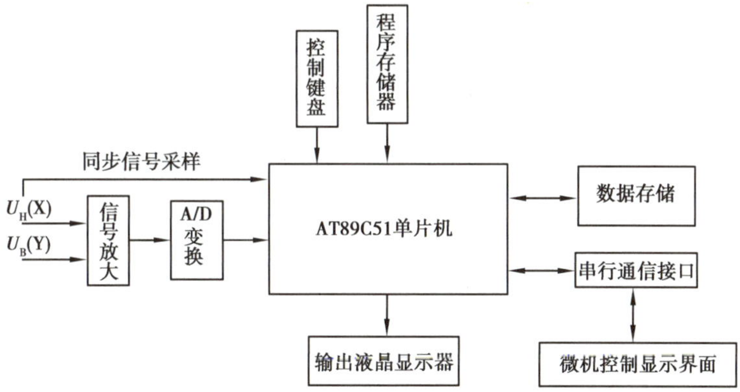

图 4.32　智能型磁滞回线测试仪结构框图

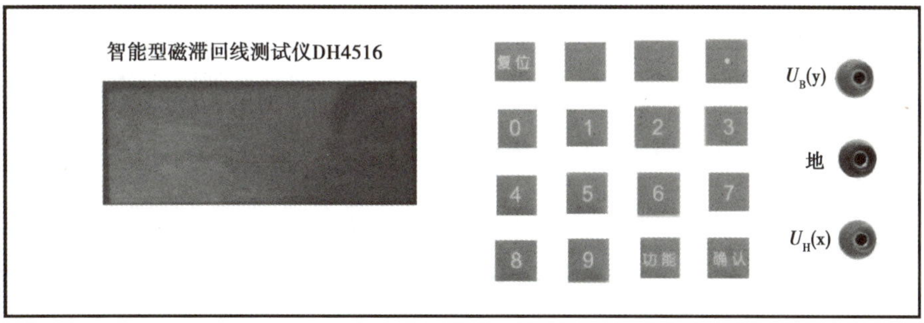

图 4.33　DH4516(智能型)磁滞回线测试仪面板

2. 使用说明

先用示波器观察磁滞回线图，正常后，将实验仪与测试仪连接，然后分别打开测试仪、实验仪电源。测试仪液晶显示器显示“欢迎使用磁滞回线测试仪”。

1)测试仪面板按键

①功能键:用于选取操作功能,每按一次键,将在液晶显示器上显示相应的功能;如需重复测量,则可以按功能键循环。

②确认键:当选定某一功能后,按下此键,即可执行功能。

③数字键(0—9):可用于修改参数,当修改完参数后按确认键,修改即有效,否则修改无效。

④复位键:开机后,输出液晶显示器显示“欢迎使用磁滞回线测试仪”。当测试过程中由于某种干扰,出现工作不正常时,应按此键,使测试仪恢复正常工作,这时设定的参数恢复为出厂默认值。

2)测试仪操作步骤

(1)给定参数的输入

开机或复位后,输出液晶显示器窗口显示“欢迎使用磁滞回线测试仪”,之后依次按功能键,显示器窗口显示被测样品有关给定的实验参数值,详见表4.12。

表4.12 铁磁材料被测样品给定参数的输入及显示

按功能键的先后顺序	显示器窗口显示被测样品有关给定的实验参数值
第1次	N_1 与 L 值:“N_1=001 50 匝”“L=075.0 mm”
第2次	$n(N_2)$与 S 值:“n=015 0 匝”“S=120.0 mm^2”
第3次	励磁电流取样电阻值:“R_1=2.5 Ω”
第4次	积分电阻值:“R_2=10.0 kΩ”和积分电容值:“C_2=20.0 μF”

注:上述给定参数如要改写,须在显示此参数时来回操作数字键,将改后的参数输入显示器的相应位置,按确认键后,即认可修改参数。

(2)实验数据的采集和显示

铁磁材料被测样品有关实验数据的采集和显示见表4.13。

表4.13 铁磁材料被测样品有关实验数据的采集和显示

按功能键的先后顺序	显示器窗口显示被测样品的有关实验参数值
第5次	采集数=1
第6次	采集完成
第7次	采样的总点数 n 和测试信号的频率:“n=×××;f=××.×”
第8次	磁滞回线的“矫顽力=××××;剩磁=××.×”
第9次	磁滞回线的“磁场强度 H_m=××××;磁感应强 B_m=××.××”
第10次	样品的“磁滞损耗=××××;H-B 的相位差=×××.×”

注:按复位键,输出液晶显示器窗口显示恢复到“欢迎使用磁滞回线测试仪”。

第 5 章 综合设计性实验

5.1 多用电表的设计与校准

电表在电测量中有着广泛的应用,因此了解电表和使用电表就显得十分重要。电流计(表头)由于构造的原因,一般只能测量较小的电流和电压,如果要用它来测量较大的电流或电压,就必须进行改装,以扩大其量程。万用表就是对微安表头进行多量程改装而来的,在电路的测量和故障检测中广泛应用。

【实验目的】

①用实验方法测定电流表表头内阻及满度电流。

②掌握扩大电表量程的原理和方法。

③学会校准电流表和电压表,理解电表准确度等级的含义。

【预习思考题】

①什么是电流计的量程?

②电流计的工作原理是什么?

③如何用中值法和替代法测内阻,哪种方法更准确?

④电表扩大量程的方法和条件是什么?

⑤电表的每伏欧姆数有什么意义,它有何用处?现有某电表,其 $I_g = 100\ \mu A$,$R_g = 1\ k\Omega$,欲将它改装成量程为 100 V 的电压表,计算 R_M。

⑥为何要校正电表?方法特点是什么?

⑦各电路中 R_1 起什么作用?开始时活动端应放在什么位置?R_2 起什么作用?应如何正确调节?

【供选择的器材】

DH4508 型电表改装与校准实验仪、ZX21 电阻箱、导线等。

【供选择的研究课题】

①将小量程电流表改装为大量程电流表；
②将小量程电流表改装为大量程电压表；
③改装毫安表为欧姆表。

【设计要求】

①依据实验报告要求写明实验目的、实验原理，根据电学原理设计所需电路图。
②确定测量表头内阻及满程电流的方法，确定各元件参数。
③根据电表扩大量程的方法和条件，画出电路图。
④连接电路，测量实验数据；进行数据处理，画出校正曲线图。
⑤提交规范的设计实验报告。

【设计原理及方法】

1. 电流计的工作原理

常见的磁电式电流计主要由放在永久磁场中的（由细漆包线绕制的可以转动）线圈、用来产生机械反力矩的游丝、指示用的指针和永久磁铁组成。当电流通过线圈时，载流线圈在磁场中就产生一磁力矩 M 磁，使线圈转动，从而带动指针偏转。线圈偏转角度的大小与通过的电流大小成正比，所以可由指针的偏转直接指示出电流值。

2. 电流计的重要参数

电流计允许通过的最大电流称为电流计的量程，用 I_g 表示，电流计的线圈有一定内阻，用 R_g 表示，I_g 与 R_g 是两个表示电流计特性的重要参数。

3. 测量内阻 R_g 常用方法

（1）半电流法

半电流法也称中值法，测量原理如图 5.1 所示，当被测电流计接在电路中时，使电流计满偏，再用十进位电阻箱与电流计并联作为分流电阻，改变电阻值即改变分流程度，当电流计指针指示到中间值，且标准表读数总电流强度仍保持不变，可通过调电源电压和 R_w 来实现，显然这时分流电阻值就等于电流计的内阻。

（2）替代法

测量原理如图 5.2 所示，当被测电流计接在电路中时，用十进位电阻箱替代它，且改变电阻值，当电路中的电压不变，且电路中的电流（标准表读数）也保持不变时，电阻箱的电阻值即为被测电流计内阻。

替代法是一种运用很广的测量方法，具有较高的测量准确度。

（3）测量表头的内阻

用中值法或替代法测出表头的内阻，按图 5.1 或图 5.2 接线，并测量，R_g = ____ Ω。

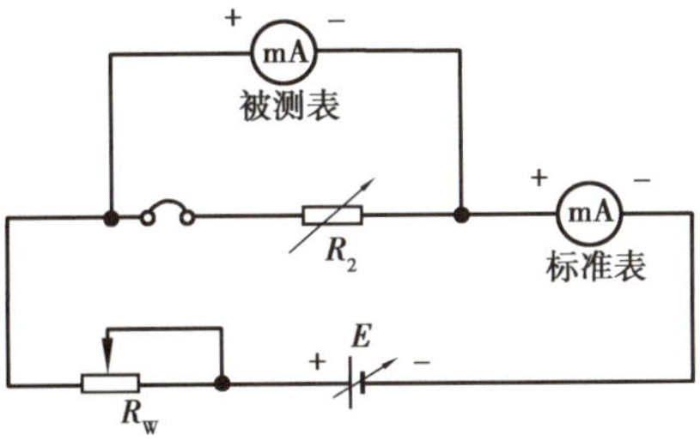

图 5.1　半电流法测量电表内阻

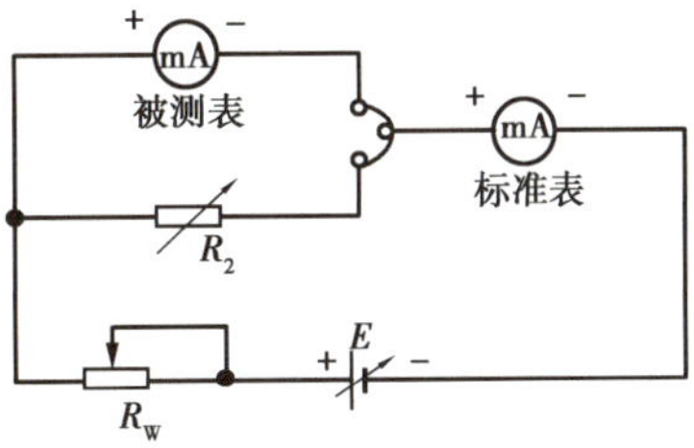

图 5.2　替代法测量电表内阻

4. 改装为大量程电流表

(1) 将表头改装为大量程电流表的原理

根据电阻并联规律可知，如果在表头上并联一个阻值适当的电阻 R_2，如图 5.3 所示，可使表头不能承受的那部分电流从 R_2 上分流通过。这种由表头和并联电阻 R_2 组成的整体（图 5.3 中虚线框住的部分）就是改装后的电流表。如需将量程扩大 n 倍 $\left(n=\dfrac{I}{I_g}\right)$，则不难得出

$$R_2 = \frac{R_g}{n-1} \tag{5.1}$$

用电流表测量电流时，电流表应串联在被测电路中，所以要求电流表应有较小的内阻。另外，在表头上并联阻值不同的分流电阻，便可制成多量程的电流表。

(2) 将量程为 1 mA 的表头改装成 5 mA 量程的电流表

①根据式(5.1)计算出分流电阻值，先将电源调到最小，R_w 调到中间位置，再按图 5.3 接线。

②慢慢调节电源，升高电压，使改装表指到满量程（可配合调节 R_w 变阻器），这时记录标准表读数。注意：R_w 作为限流电阻，阻值不要调至最小值。然后调小电源电压，使改装表每隔 1 mA（满量程的 1/5）逐步减小读数直至零点；（将标准电流表选择开关打在 20 mA 挡量程）再调节电源电压按原间隔逐步增大改装表读数到满量程，每次记下标准表相应的读数于表 5.1 中。

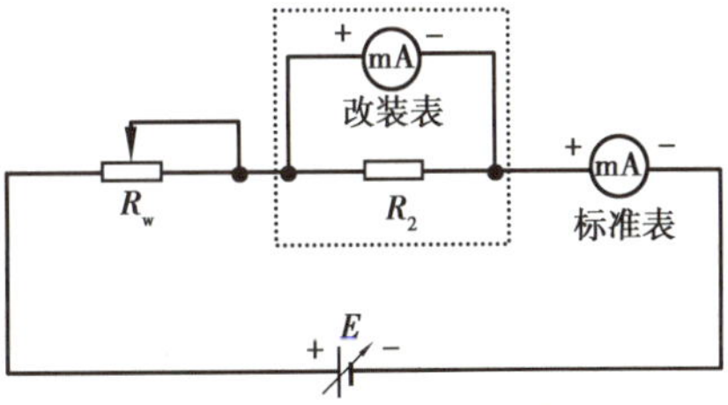

图 5.3　电流表的改装与校准电路图

表 5.1　将量程为 1 mA 的表头改装成 5 mA 量程的电流表实验数据

改装表读数/mA	标准表读数/mA			示值误差 ΔI/mA
	减小时	增大时	平均值	
1				
2				
3				
4				
5				
…				

③以改装表读数为横坐标，以标准表由大到小及由小到大调节时两次读数的平均值为纵坐标，在坐标纸上作出电流表的校正曲线，并根据两表最大误差的数值定出改装表的准确度级别。

5. 将表头改装为电压表

(1)将表头改装为大量程电压表的原理

一般表头能承受的电压很小，不能用来测量较大的电压。为了测量较大的电压，可以给表头串联一个阻值适当的电阻 R_M，如图5.4所示，使表头上不能承受的那部分电压降落在电阻 R_M 上。这种由表头和串联电阻 R_M 组成的整体就是电压表，串联的电阻 R_M 称为扩程电阻。选取不同大小的 R_M，就可以得到不同量程的电压表。由图5.4可求得扩程电阻值为

$$R_M = \frac{U}{I_g} - R_g \tag{5.2}$$

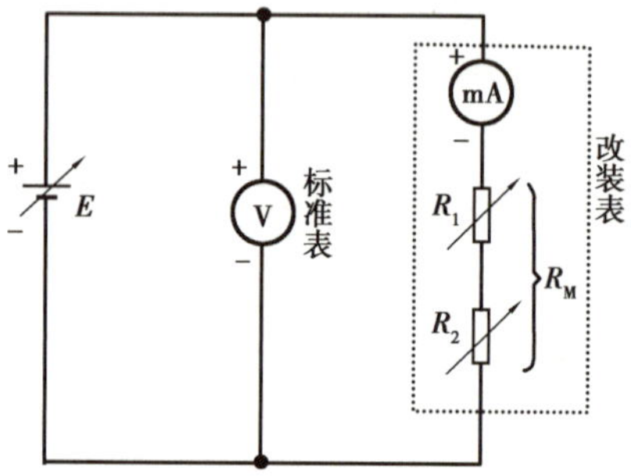

图5.4　电压表的改装与校准电路图

实际的扩展量程后的电压表原理如图5.4所示。

用电压表测电压时，电压表总是并联在被测电路上，为了不因并联电压表而改变电路中的工作状态，要求电压表应有较高的内阻。

(2)将1 mA的表头改装成1.5 V量程的电压表

①根据式(5.2)计算扩程电阻 R_M 的阻值，可用 R_1、R_2 进行实验。

②按图5.4连接校准电路。用量程为2 V的数显电压表作为标准表来校准改装的电压表。

③调节电源电压，使改装表指针指到满量程(1.5 V)，记下标准表读数。然后每隔0.3 V逐步减小改装读数直至零点，再按原间隔逐步增大到满量程，每次记下标准表相应的读数于表5.2中。

④以改装表读数为横坐标，以标准表由大到小及由小到大调节时两次读数的平均值为纵坐标，在坐标纸上作出电压表的校正曲线，并根据两表最大误差的数值定出改装表的准确度级别。

表5.2　将量程为1 mA的表头改装成1.5 V量程的电压表实验数据

改装表读数/V	标准表读数/V			示值误差 ΔU/V
	减小时	增大时	平均值	
0.3				
0.6				
0.9				
1.2				
1.5				
…				

6. 改装毫安表为欧姆表(选作)

用来测量电阻大小的电表称为欧姆表。根据调零方式的不同,可分为串联分压式和并联分流式两种。其原理电路如图 5.5 所示。

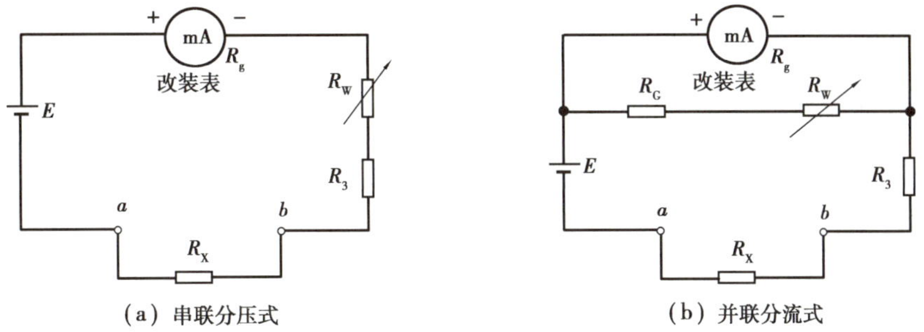

图 5.5　欧姆表原理图

图中 E 为电源,R_3 为限流电阻,R_W 为调"零"电位器,R_X 为被测电阻,R_g 为等效表头内阻。图 5.5(b)中,R_G 与 R_W 一起组成分流电阻。

欧姆表使用前先要调"零"点,即 a、b 两点短路,(相当于 $R_X=0$),调节 R_W 的阻值,使表头指针正好偏转到满度。可见,欧姆表的零点是就在表头标度尺的满刻度(量限)处,与电流表和电压表的零点正好相反。

在图 5.5(a)中,当 a、b 端接入被测电阻 R_X 后,电路中的电流为

$$I=\frac{E}{R_G+R_W+R_3+R_X} \tag{5.3}$$

对于给定的表头和线路来说,R_g、R_W、R_3 都是常量。由此可见,当电源端电压 E 保持不变时,被测电阻和电流值有一一对应的关系,即接入不同的电阻,表头就会有不同的偏转读数,R_X 越大,电流 I 越小。短路 a、b 两端,即 $R_X=0$ 时

$$I=\frac{E}{R_g+R_W+R_3} \tag{5.4}$$

这时指针满偏。

当 $R_X=R_g+R_W+R_3$ 时

$$I=\frac{E}{R_g+R_W+R_3+R_X}=\frac{1}{2}I_g \tag{5.5}$$

这时指针在表头的中间位置,对应的阻值为中值电阻,显然 $R_{中}=R_g+R_W+R_3$。

当 $R_X=\infty$(相当于 a、b 开路)时,$I=0$,即指针在表头的机械零位。

所以欧姆表的标度尺为反向刻度,且刻度是不均匀的,电阻 R 越大,刻度间隔越密。如果表头的标度尺预先按已知电阻值刻度,就可以用电流表来直接测量电阻了。

并联分流式欧姆表是利用对表头分流来进行调零的,具体参数可自行设计。

欧姆表在使用过程中电池的端电压会有所改变,而表头的内阻 R_g 及限流电阻 R_3 为常量,故要求 R_W 要跟着 E 的变化而改变,以满足调"零"的要求,设计时用可调电源模拟电池电压的变化,范围取 1.3 ~1.6 V 即可。

【附】

DH4508 型电表改装与校准实验仪使用说明

1. 概述

指针式电流表、电压表、多用表广泛应用于各种电测场合，它们的指示都是用电流计来实现的。单纯的电流计一般只能用来测量较小的电流和电压，所以必须对电流计进行改装，才能运用于各种测量领域。本仪器通过连线能完成改装电流表、电压表、欧姆表实验，通过实验能提高使用者运用电表的能力。

2. 主要技术参数

指针式被改装表：量程 1 mA，内阻约 155 Ω，精度 1.5 级；

电阻箱：调节范围 0 ~ 11 111.0 Ω，精度 0.1 级；

标准电流表：0 ~ 2 mA，0 ~ 20 mA 两量程，三位半数显，精度±0.5%；

标准电压表：0 ~ 2 V，0 ~ 20 V 两量程，三位半数显，精度±0.5%；

可调稳压源：输出范围 0 ~ 2 V，0 ~ 10 V 两量程，稳定度 0.1%/min，负载调整率 0.1%。

3. 实验仪器使用说明

DH4508 型电表改装与校准实验仪面板面板各部件如图 5.6 所示。

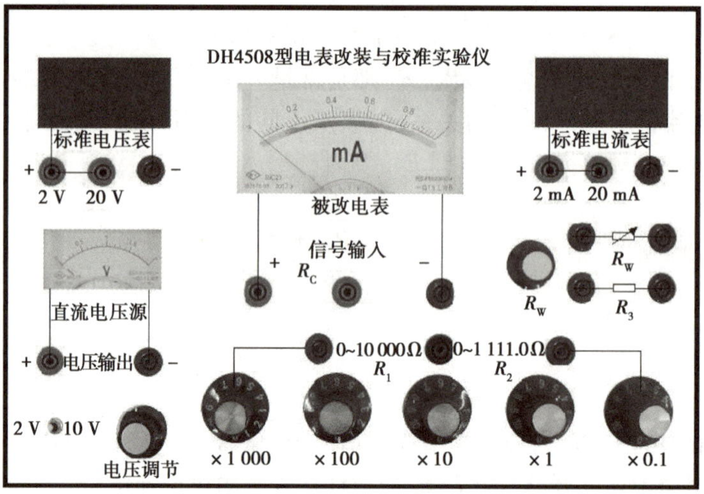

图 5.6　DH4508 型电表改装与校准实验仪面板

仪器内有指针式电流计、标准电压表、标准电流表、可调直流稳压电源、十进式电阻箱、专用导线及其他部件，无需其他配件便可完成多种电表改装实验。

可调直流稳压源分为 2 V、10 V 两个量程，通过“电压选择开关”选择所需的电压输出，调节“电压调节”电位器调节需要的电压。指针式电压表的指示也分为 2 V、10 V 两个量程。

标准数显电压表有 2 V、20 V 两个量程，通过“电压量程选择开关”选择不同的电压量程，需连接到对应的测量端方可测量。

标准数显电流表有 2 mA、20 mA 两个量程，通过“电流量程选择开关”选择不同的电流量程,需连接到对应的测量端方可测量。

4. 使用步骤

①打开仪器后部电源开关,接通交流电源。

②检查标准电压表、标准电流表,应正常显示。标准电压表在空载时因内阻较高会出现跳字现象,属正常现象。

③调节稳压电源,应正常输出。

④按实验内容进行电流表改装,并用改装成的电流表测未知电流。

⑤按实验内容进行电压表改装,并用改装成的电压表测未知电压。

⑥按实验内容进行串联式和并联式欧姆表改装,并用改装成的欧姆表测未知电阻。

5.2　传感器及应用

传感器是一种检测装置,能感受到被测量的信息,并能将感受到的信息按一定规律变换成为电信号或其他所需形式的信息输出,以满足信息的传输、处理、存储、显示、记录和控制等要求。传感器技术是现代科技的前沿技术,发展迅猛,同计算机技术与通信技术一起被称为信息技术的三大支柱,许多国家已将传感器技术列为与通信技术和计算机技术同等重要的位置。现代传感器技术具有巨大的应用潜力,拥有广泛的开发空间,发展前景十分广阔。

本次实验将对光纤传感器、电阻应变片传感器、霍尔传感器进行了解及应用。

【实验目的】

①了解反射式光纤位移传感器的结构与工作原理。

②了解电阻应变片工作原理。

③了解霍尔式传感器的原理与特性。

【预习思考题】

①光纤位移传感器的工作原理是什么?

②电阻应变片传感器的电桥原理是什么?

③霍尔式传感器工作原理是什么? 有哪些特性?

【供选择的器材】

DH-CG2000 型传感器实验台:霍尔片、磁路系统、电桥、差动放大器、F/V 表、双平行梁测微头、一片应变片、光纤、直流稳压电源、测微头、振动平台、主(副)电源。

【供选择的研究课题】

①利用电桥研究电阻应变片的特性。

②利用电阻应变片的电桥原理设计电阻应变片测试电路图。

③设计电路研究霍尔传感器直流励磁特性。

④设计用霍尔式传感器在静态测量中的应用。

⑤绘制反射式光纤传感器的输出特性曲线。

【设计要求】

①预习实验报告要求写明实验目的、实验原理，根据霍尔式传感器的原理绘出设计电路图。

②根据电阻应变片传感器的电桥原理设计出电路测试图。

③根据光纤位移传感器的原理设计出测试电路图。

④连接电路，调试仪器，记录数据。

⑤提交规范的实验报告。

【设计原理及方法】

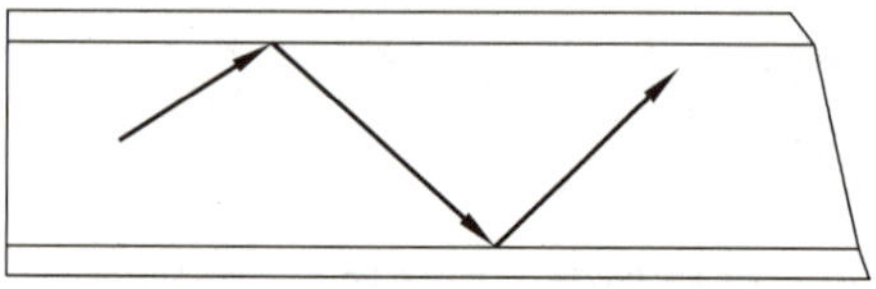

图 5.7　光纤的基本结构

1. 反射式光纤位移传感器的结构原理

光导纤维是利用光的完全内反射原理传输光波的一种介质。如图 5.7 所示，它是由高折射率的纤芯和包层组成。包层的折射率小于纤芯的折射率，直径为 0.1 ~ 0.2 mm。当光线通过端面透入纤芯，在到达与包层的交界面时，由于光线的完全内反射，光线反射回纤芯层。这样经过不断地反射，光线就能沿着纤芯向前传播。

由于外界因素（如温度、压力、电场、磁场、振动等）对光纤的作用，引起光波特性参量（如振幅、相位、偏振态等）发生变化。因此，人们只要测出这些参量随外界因素的变化关系，就可以通过光特性参量的变化来检测外界因素的变化，这就是光纤传感器的基本工作原理。

反射式光纤位移传感器是一种传输型光纤传感器，其原理如图 5.8 所示。

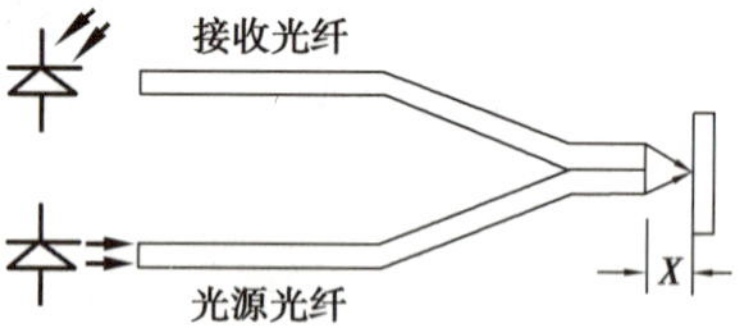

图 5.8　反射式位移传感器原理图

光纤采用 Y 形结构，两束光纤一端合并在一起组成光纤探头，另一端分为两支，一支前端装有光源，称为光源光纤；另一支前端装有光电转换器，称为接收光纤。光从光源耦合到光源光纤，通过光纤传输，射向反射片，再被反射到接收光纤，最后由光电转换器接收，转换器接受到的光源与反射体表面性质、反射体到光纤探头距离有关。当反射表面性质确定后，接收到的反射光光强随光纤探头到反射体的距离的变化而变化。显然，当光纤探头紧贴反射片时，接收器接收到的光强为零。随着光纤探头离反射面距离的增加，接收到的光强逐渐增加，到达最大值点后又随两者的距离增加而减小。

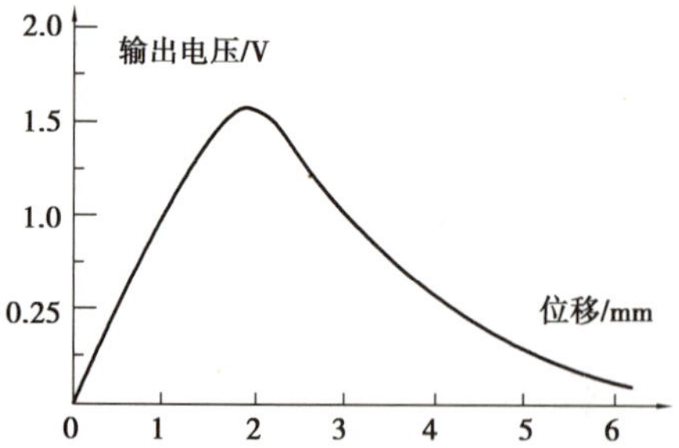

图 5.9　反射式光纤位移传感器的输出特性

图 5.9 是反射式光纤位移传感器的输出特性曲线，利用这条特性曲线可以通过对光强的检测得到位移量。反射式光纤位移传感器是一种非接触式测量，具有探头小，响应速度快，测量线性化（在小位移范围内）等优点，可在小位移范围内进行高速位移检测。

2. 电阻应变片工作原理

电阻应变片也称电阻应变计或应变计或应变片，是一种能将机械构件上应变的变化转换为电阻变化的传感元件。以电阻应变片为核心元件可以制成应变式传感器。应变式传感器是利用电阻应变效应制成的传感器，是常用的传感器之一。电阻应变效应，是指金属导体的电阻值随其机械变形而发生变化的现象。

金属电阻应变片的工作原理是吸附在基体材料上应变电阻随机械形变而产生阻值变化的现象，称为电阻应变效应。金属导体的电阻值可用式(5.6)表示

$$R = \rho \frac{L}{S} \tag{5.6}$$

式中 ρ——金属导体的电阻率，$\Omega \cdot cm^2/m$；

S——导体的截面积，cm^2；

L——导体的长度，m。

当金属丝受外力作用时，其长度和截面积都会发生变化，从式(5.6)中可很容易看出，其电阻值会发生改变，假如金属丝受外力作用而伸长时，其长度增加而截面积减少，电阻值便会增大。当金属丝受外力作用而压缩时，其长度减小而截面增加，电阻值则会减小。只要测出加载电阻的变化(通常是测量电阻两端的电压)，即可获得应变金属丝的应变情况。描述电阻应变效应关系式为

$$\frac{\Delta R}{R} = K\varepsilon \tag{5.7}$$

$\frac{\Delta R}{R}$ 为电阻丝电阻相对变化率；K 为应变灵敏系数；$\varepsilon = \frac{\Delta L}{L}$ 为电阻丝长度相对变化率。

金属箔式应变片就是通过光刻、腐蚀等工艺制成的应变敏感元件，通过它转换被测部位受力状态变化。电桥的作用是完成电阻到电压的比例变化，电桥的输出电压反映了相应的受力状态。对于单臂电桥，输出电压为

$$U_0 = E \cdot \frac{K\varepsilon}{4} \tag{5.8}$$

3. 霍尔式传感器原理

霍尔式传感器是基于霍尔效应的一种传感器，它广泛用于电磁测量、压力、加速度、振动等方面的测量。

将霍尔元件(半导体材料)置于磁场中，两端通一电流，当电流方向与磁场方向不一致时，电荷在运动过程中受磁力的影响积聚于两端，因而在平行于电流和磁场方向的两个端面间产生电动势，这一现象称为霍尔效应，该电势称为霍尔电势，此电势正比于磁场强度 B。

本实验所用霍尔式传感器是由两个环形磁钢形成梯度磁场和位于梯度磁场中的霍尔元件组成。当霍尔元件通以恒定电流时，霍尔元件就有电势输出。霍尔元件在梯度磁场中上下移动时，输出的霍尔电势取决于其在磁场中的位移量，所以测得霍尔电势的大小便可获知霍尔元件的静位移。根据法拉第电磁感应定律，当传感器线圈通以正弦交变电流时，线圈周围空间必然产生正弦交变磁场，它使置于此磁场中的金属导体表面感应出电涡流，又产生新的交变磁

场，与方向相反，并力图削弱，从而导致线圈的电感量和阻抗相应地发生变化。其变化程度取决于被测金属导体的电阻率 ρ、磁导率 μ、厚度 t、线圈与金属导体的距离 x，以及线圈激励电流的角频率 ω 等参数，若固定其中若干参数，就可按电涡流大小测量其他参数。

【实验仪器】

DH-CG2000 型传感器实验台等。

【实验内容及步骤】

1. 反射式光纤位移传感器

(1) 安装调节实验装置

①观察光纤位移传感器结构，它由两束光纤混合后，组成 Y 形光纤，探头固定在 Z 形安装架上，外表为螺丝的端面为半圆分布。

②按照图 5.10 连接装置，光/电转换器内部已安装好，可将电信号直接经差动放大器放大。

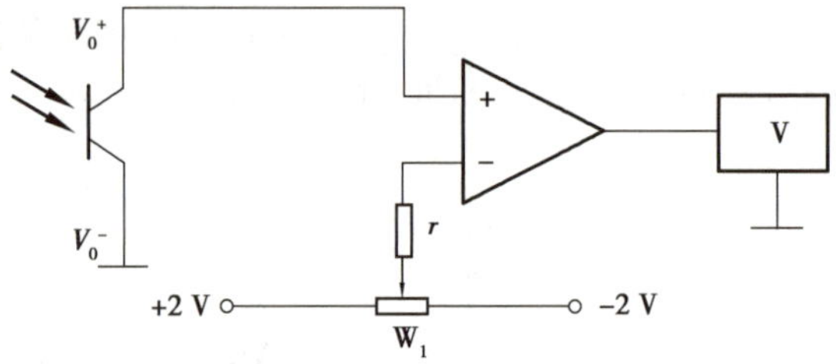

图 5.10　反射式光纤位移传感器电路图

③在仪器支架上安装光纤探头，探头对准镀铬反射板，调节光纤探头端面与反射板平行，距离适中；F/V 显示表的切换开关置 2 V(或 20 V)挡，开启主、副电源。

(2) 旋转测微头观察电压读数的变化

旋动测微器，使反射板与光纤探头端面紧密接触，调节差动放大器增益适中，此时调 W_1 光纤变换器输出电压尽可能接近零。然后用调零旋钮将输出电压调零。旋转测微头使贴有反射纸的被测体慢慢离开探头，观察电压读数由小→大→小的变化。

(3) 测量输出特性曲线

旋转测微头使 F/V 表电压指示重新回零；旋转测微头，增大反射板到光纤探头之间的距离，每隔 0.05 mm(或 0.1 mm)读出电压表的读数，记录于表 5.3 中。

2. 电阻应变片

(1) 观察了解实验仪器

了解所需单元、部件在实验仪上的所在位置，观察梁上的应变片，应变片为棕色衬底箔式结构小方薄片。上下两片梁的外表面各贴两片受力应变片和一片补偿应变片，测微头在双平行梁前面的支座上，可以上、下、前、后、左、右调节。

(2) 调零

用连线将差动放大器的正(+)、负(−)、地短接。将差动放大器的输出端与 F/V 表的输入

插口 V_i 相连；开启主、副电源；调节差动放大器的增益到最大位置，然后调整差动放大器的调零旋钮使 F/V 表显示为零，关闭主、副电源。

(3)连接线路

按图 5.11 接线 R_1、R_2、R_3 为电桥单元的固定电阻。R_4 为应变片；将稳压电源的切换开关置±4 V 挡，F/V 表置 20 V 挡。调节测微头脱离双平行梁，开启主、副电源，调节电桥平衡网络中的 W_1，使 F/V 表显示为零，然后将 F/V 表置 2 V 挡，再调电桥 W_1（慢慢地调），使 F/V 表显示为零。

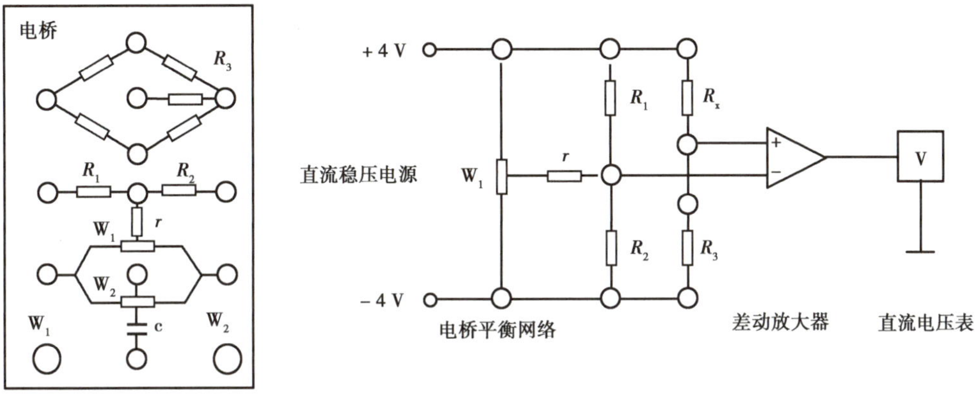

图 5.11　电阻应变片测试电路

(4)安装调试

将测微头转动到 10 mm 刻度附近，安装到双平等梁的自由端（与自由端磁钢吸合），调节测微头支柱的高度（梁的自由端跟随变化）使 F/V 表显示最小，再旋动测微头，使 F/V 表显示为零（细调零），这时的测微头刻度为零位的相应刻度。

(5)测量随梁的自由端产生位移而电压相应变化

往下或往上旋动测微头，使梁的自由端产生位移记下 F/V 表显示的值。建议每旋动测微头一周即 $\Delta x=0.5$ mm 记一个数值填入表 5.4 中。

3. 霍尔式传感器

①了解霍尔式传感器的结构及实验仪上的安装位置，熟悉实验面板上霍尔片的符号。霍尔片安装在实验仪的振动圆盘上，两个半圆永久磁钢固定在实验仪的顶板上，两者组合成霍尔传感器。

②开启主、副电源将差动放大器调零后，增益置最小，关闭主电源，根据图 5.12 接线，W_1、r 为电桥单元的直流电桥平衡网络。

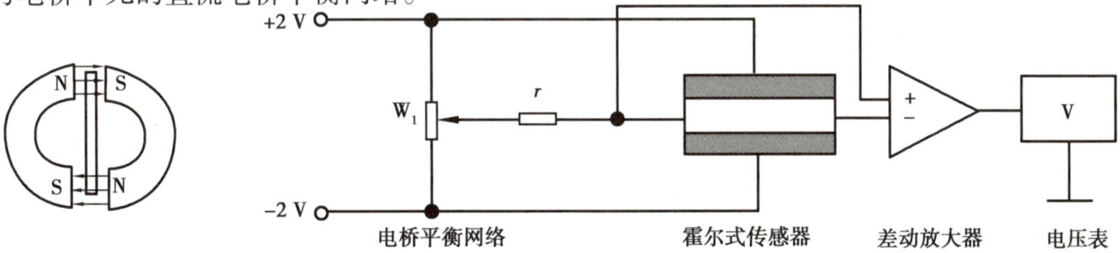

图 5.12　霍尔式传感器接线图

③装好测微头，调节测微头与振动台吸合并使霍尔片置于半圆磁钢上下正中位置。

④开启主、副电源，调整 W_1 使电压表指示为零。

⑤上下旋动测微头，记下电压表的读数，建议每 0.1 mm 读一个数，将读数填入表 5.5 中。

【数据处理与分析】

1. 反射式光纤位移传感器

表 5.3　反射式光纤传感器的输出特性曲线数据记录表

x/mm										
U/V										
x/mm										
U/V										

①利用表 5.3 中的数据绘制 U-x 曲线。

②确定 U-x 曲线的线性范围，求出位移传感器的测量灵敏度。

2. 电阻应变片(表 5.4)

表 5.4　电阻应变片数据记录表

x/mm										
U/V										
x/mm										
U/V										

依据表 5.4 中数据在同一坐标图中画出 U-x 曲线，根据 U-x 数据计算灵敏度 S 值 $\left(S=\dfrac{\Delta U}{\Delta x}\right)$。

3. 霍尔式传感器

做出 U-x 曲线指出线性范围。

表 5.5　霍尔传感器 U-x 数据记录表

x/mm										
U/V										
x/mm										
U/V										

【注意事项】

①实验结束，要关闭主、副电源，把所有旋钮复原到初始位置。

②数据测量过程中沿顺时针一个方向旋转测微头，避免引入回程误差。

【课后讨论】

根据光纤位移传感器的输出特性，可以看出其有何缺点？

5.3　PN结正向压降与温度关系的研究和应用

根据半导体理论，PN结的正向压降与其正向电流以及温度有关，当正向电流保持不变时，PN结的正向压降随着温度近似线性变化。现代的PN结温度传感器无例外地都利用正向压降来测量温度。PN结温度传感器有灵敏度高、线性较好、热响应快和体积轻小易集成化等优点，其应用日益广泛。本实验是在恒定的正向电流条件下，测量PN结正向压降与温度的关系，从而验证这一原理。

【实验目的】

①了解PN结正向压降随温度变化的基本关系。

②在恒定正向电流条件下，测绘PN结正向压降随温度变化曲线，并由此确定其灵敏度及被测PN结材料的禁带宽度。

③学习用PN结测量温度的方法。

【预习思考题】

①理想PN结的正向压降随温度如何变化？

②测 $V_{F(0)}$ $V_{F(0)}$ 或 $V_{F(TR)}$ 的目的何在？为什么实验要求测 ΔV-T 曲线而不是 V_F-T 曲线？

③使用PN结正向压降温度特性实验仪时应注意哪些问题？

【供选择的器材】

结正向压降温度特性实验测试仪DH-PN-1、加热测试装置。

【供选择的研究课题】

①测量结正向压降随温度变化的灵敏度。

②确定结材料的禁带宽度。

【设计要求】

①预习实验报告要求写明实验目的、实验原理。

②绘制出系统工作电路图。

③测绘出结正向压降随温度变化曲线。

④提交规范的实验报告。

【设计原理及方法】

1. 理想 PN 结的 V_F-T 关系

理想 PN 结的正向电流 I_F 和正向压降 V_F 存在如下近似关系

$$I_F = I_s \exp\left(\frac{eV_F}{kT}\right) \tag{5.9}$$

其中 e 为电子电荷;k 为玻尔兹曼常数;T 为绝对温度;I_s 为反向饱和电流,它是一个与 PN 结材料的禁带宽度 $E_{g(0)}$ 以及温度 T 有关的系数,可以证明

$$I_s = CT^r \exp\left(-\frac{eV_{g(0)}}{kT}\right) \tag{5.10}$$

其中 C 是与结面积、掺质浓度等有关的常数;r 也是常数,通常取 3.4;$V_{g(0)}$ 为绝对零度时 PN 结材料的导带底和价带顶的电势差。

将式(5.10)代入式(5.9),两边取对数可得

$$V_F = V_{g(0)} - \left(\frac{k}{e}\ln\frac{C}{I_F}\right)T - \frac{kT}{e}\ln T^r \tag{5.11}$$

式(5.11)就是理想 PN 结正向压降与电流、温度的函数表达式。

2. PN 结测温原理

令 I_F = 常数(利用恒流源提供正向电流),则理想 PN 结的正向压降 V_F 只随温度变化。V_F 与 T 的关系除线性项 $-\left(\frac{k}{e}\ln\frac{C}{I_F}\right)T$ 以外,还包含非线性项 $-\frac{kT}{e}\ln T^r$。

实验和理论证明,在恒流源供电条件下,如果温度变化范围不大(-50 ~ 150 °C),V_F 温度响应的非线性误差可以忽略不计;V_F 对 T 的依赖关系取决于线性项,即正向压降几乎随温度升高而线性下降

$$V_F = V_{g(0)} - \left(\frac{k}{e}\ln\frac{C}{I_F}\right)T \tag{5.12}$$

式(5.12)是 PN 结温度传感器的理论依据。

当温度由 T_1 增加 T 时,正向压降由 $V_F(T_1)$ 变化到 $V_F(T)$,可得

$$\Delta V = V_F(T) - V_F(T_1) = -\left(\frac{k}{e}\ln\frac{C}{I_F}\right)(T - T_1) = \left(\frac{k}{e}\ln\frac{C}{I_F}\right)\Delta T$$

定义 $S = -\frac{k}{e}\ln\frac{C}{I_F}$ 为 PN 结温度传感器的灵敏度,则有

$$\Delta V = S\Delta T \tag{5.13}$$

这就是 PN 结测温的基本方程。

3. PN 结材料的禁带宽度

PN 结材料的禁带宽度 $E_{g(0)}$ 定义为电子的电荷量 e 与为绝对零度时 PN 结材料的导带底和价带顶的电势差 $V_{g(0)}$ 的乘积,即

$$E_{g(0)} = eV_{g(0)}$$

由式(5.12)

$$V_{g(0)} = V_F + \left(\frac{k}{e}\ln\frac{C}{I_F}\right)T = V_F + ST$$

所以

$$E_{g(0)} = eV_{g(0)} = e(V_F + ST) \tag{5.14}$$

【实验仪器】

PN 结正向压降温度特性实验仪包括加热测试装置和测试仪两大部分。

1. PN 结正向压降温度特性实验加热测试装置

如图 5.13 所示，A 为可拆卸的隔离圆筒；B 为测试圆铜块，被测 PN 结和温度传感器 AD590 均置于其上；加热器 E 装于铜块中心柱体内，通过热隔离后与外壳固定；测量引线通过高温导线连至顶部插座 H，再由顶部插座用专用导线连至测试仪；G 为加热器电源插座，接至测试仪的“12”端子。

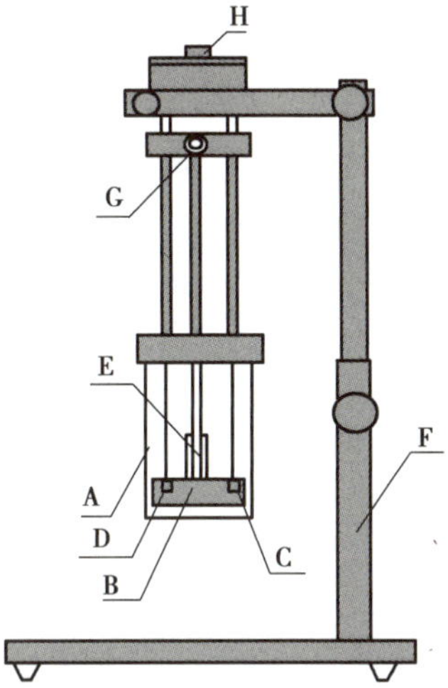

图 5.13　PN 结正向压降温度特性实验加热测试装置

2. PN 结正向压降温度特性实验测试仪

PN 结正向压降温度特性实验测试仪如图 5.14 所示。

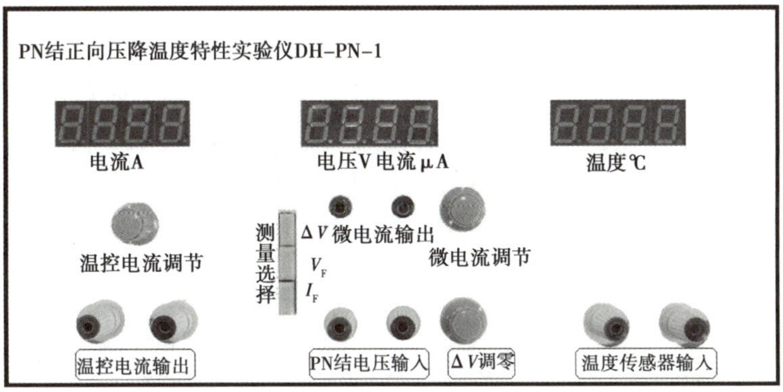

图 5.14　PN 结正向压降温度特性实验测试仪

3. PN 结正向压降温度特性实验装置系统工作电路

实验装置提供的温度环境是由温度控制器来进行控制的，温度控制器通过给加热器加热来对测试圆铜块进行热传导，测试圆铜块的温度也将随着加热器温度的变化而变化，测试圆铜块的温度由 AD590 温度传感器进行测量，通过变换器来实现温度指示；待测试的 PN 结元件放置在测试圆铜块中，实验的温度条件即为温度传感器的测量温度（仪器面板显示的温度值）。测试圆铜块的温度可以通过调节加热电流来进行控制。注意：温度不要长期超过 120 °C。

图 5.15 中 I_F 为通过 PN 结的恒流源，V_F 即为 PN 结的正向导通压降，R_F 用来测量 I_F 电流值并进行显示；V_F 电压经变换电路中补偿电压 V 基作相减运算，通过调节 V 基，使其运算值

ΔV 在测量 V_F 起始点设置成 0(即 ΔV 调零)，随着 PN 结温度变化表示为 V_F 电压相对于起始电压的变化量。当温度上升时，V_F 下降，则 $\Delta V<0$，当温度下降时，V_F 上升，则 $\Delta V>0$。

例如，我们在室温时开始实验，记下此时的 V_F，然后切换到显示 ΔV，并调节 ΔV 调零电位器使之为零；通过调节加热电流使 PN 结的温度上升到 t_2，记下此时的 V_F 以及 ΔV，ΔV 即为从 $t_1 \to t_2$ 时 PN 结的正向压降变化值。

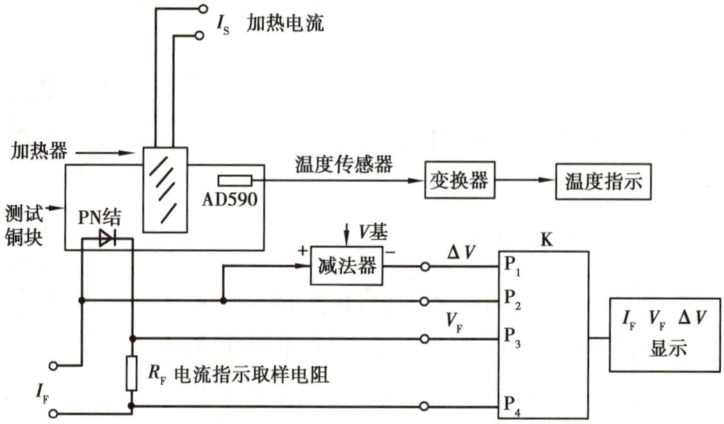

图 5.15　实验装置系统工作电路

【实验内容及步骤】

1. 实验系统检查与连接

①取下隔离圆筒的筒套(左手扶筒盖，右手扶筒套逆时针旋转)，将待测 PN 结管和测温元件分别放在铜座的左右两侧圆孔内，其管脚不与容器接触，然后装上筒套。

②加热装置上共有两组连接线。侧向引出的一组线，共有两根芯线，与测试仪面板上通“3”两端子相连(可不计极性)。另一组从顶部引出，共有 6 根芯线，其中两根自成一组，是测温信号线，其黄线接“5”端子“+”端，黑线接“5”端子“-”端。另 4 根芯线，红棕两线接“8”“9”端子的“+”端，蓝绿两线接“8”“9”端子的“-”端，如图 5.16 所示。

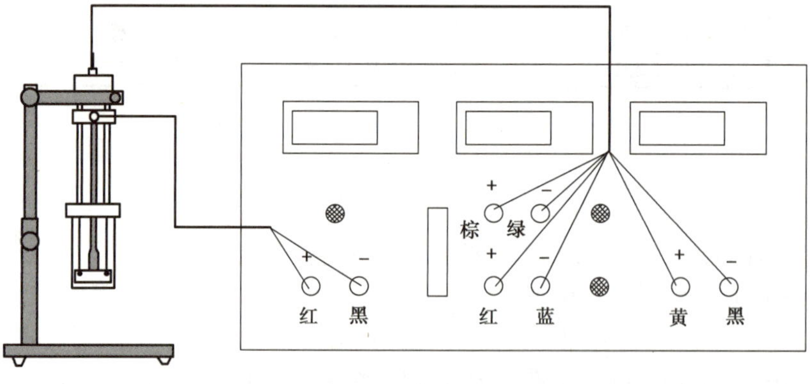

图 5.16　加热测试装置与测试仪连接图

③控温电流开关置“关”位置，接上加热电源线和信号传输线，两者连接均为直插式。在连接和拆除信号线时，动作要轻，否则可能拉断引线影响实验。

④打开电流开关，预热几分钟，此时测试仪上将显示出室温 T_R，记录实验起始温度。

2. $V_{F(T_R)}$ 的测量和调零

将“测量选择开关”K 拨到 I_F，由“I_F 调节”使 $I_F = 50\ \mu A$，将 K 拨到 V_F，记录 $V_{F(T_R)}$ 值，再将 K 置于 ΔV，由“ΔV 调零”使 $\Delta V = 0$。

本实验的起始温度如需从 0 ℃开始，则需将加热铜块置于冰水混合物中，并注意不要让待测 PN 结管和测温元件接触到水。待显示温度至 0 ℃时，再进行上述测量。

3. 测定 ΔV-T 特性曲线

开启加热电流（指示灯即亮），逐步提高加热电流使 $I_{加} = 0.6$ A 进行实验，并记录对应的 ΔV 和 T。ΔV、T 的数据测量，可按 ΔV 每改变 10 mV 或 15 mV 读取一组 ΔV、T 值（这样可以减小测量误差），记录于表 5.6 中。

应该注意：在整个实验过程中，升温速率要慢，且温度不宜过高，最好控制在 120 ℃以内。

4. 改变加热电流重复上述步骤进行测量（选做）

5. 改变工作电流重复上述步骤进行测量（选做）

工作电流 $I_F = 100\ \mu A$，重复上述（1 ~ 4）步骤进行测量，并比较两组的测量结果。

6. 注意事项

①仪器的连接线较多，芯线也较细，所以要注意使用，不可用力过猛。

②除加热线没有极性区别，其余连接线都有极性区别，连接时注意不要接反。

③加热装置温度不应超过 120 °C，长期过热使用，将造成接线老化，甚至脱焊、仪器故障等。

④使用完毕后，一定要切断电源，避免长时间加温（过热）造成安全事故。长期不用时，仪器应存放在干燥、无灰尘、无腐蚀性气体的室内。

【数据处理与分析】

1. 测量 PN 结正向压降随温度变化的灵敏度 S

表 5.6　PN 结正向压降温度特性实验数据

（T_R = ________ °C　I_F = ________ μA　$V_{F(T_R)}$ = ________ mV　$I_{加}$ = ______ A）

ΔV/mV	0.00	10.00	20.00	30.00	40.00	50.00	60.00	70.00	80.00	90.00
T/°C										
T/K										
ΔV/mV	100.00	110.00	120.00	130.00	140.00	150.00	160.00	170.00	180.00	190.00
T/°C										

续表

T/K										
ΔV/mV										
T/°C										
T/K										

以 T 为横坐标，ΔV 为纵坐标，作 ΔV-T 曲线，其斜率就是灵敏度 $S/(\mathrm{mV}\cdot{}^{\circ}\mathrm{C}^{-1})$。

2. 确定 PN 结材料的禁带宽度

由式(5.14)，已知PN结温度传感器的灵敏度 S 和任意温度下PN结的结电压 V_F，PN结材料的禁带宽度

$$E_{g(0)} = e(V_F + ST) = \_\_\_\_\_\_\_\_。$$

【课后讨论】

①测 ΔV-T 为何按 ΔV 的变化读取 T，而不是按自变量 T 读取 ΔV？

②在测量PN结正向压降与温度变化的关系时，温度高时 ΔV-T 线性好，还是温度低时 ΔV-T 线性好？

③测量时，为什么温度必须为-50～150 °C？

【附】

DH-PN-1 型 PN 结正向压降温度特性实验仪主要技术指标

1. 测试恒流源 I_F

输出电流：0～1 000 μA 连续可调，细度≤1 μA。

2. 加热电流

0～1 A，调节细度<0.001 A，最大负载电压不小于 15 V。

3. 温度传感器 AD590

①温度范围：218.2～423.2 K（即-55～150 ℃）。

②输出电流：218.2～423.2 μA（以 1 μA/K 正比于绝对温度）。

③测温精度：0.5 ℃。

4. LED 显示

①正向电流、正向压降及 ΔV 值通过开关选择由三位半 LED 显示，误差<±1%。

②PN 结温度值由三位半 LED 显示摄氏温度。

③加热电流值用三位半 LED 显示，误差<±1%。

5.4　密立根油滴实验

密立根在 1907—1917 年致力于测量微小油滴上所带电荷的工作，这就是著名的密立根油滴实验，它是近代物理学发展过程中具有重要意义的实验。密立根经过长期的实验研究获得了两项重要的成果：一是证明了电荷的不连续性，即电荷具有量子性，所有电荷都是基本电荷 e 的整数倍；二是测出了电子的电荷值，即基本电荷的电荷值 $e=(1.602\pm0.002)\times10^{-19}$ C。

密立根油滴实验的实验设备简单而有效，构思和方法巧妙而简洁。他采用宏观的力学模式研究微观世界的量子特性，所得数据精确而且结果稳定，无论在实验的构思还是在实验的技巧上都堪称一流，被誉为实验物理学的典范。用这种比较简单的方法来测定电子的电荷值 e，由于实验中产生的油滴非常微小(半径约为 10^{-9} m，质量约为 10^{-15} kg)，进行本实验特别需要严谨的科学态度、严格的实验操作、准确的数据处理，才能得到较好的实验结果。

【实验目的】

①验证电荷的不连续性，测定基本电荷的大小。

②学会对实验仪器的调整、油滴的选定、跟踪、测量以及数据的处理。

【预习思考题】

①静态平衡法中，油滴电荷量的测量转化为哪些量的测量？测量时平行板上是否加电压？平行板上何时加电压？

②如何选合适的油滴进行测量？

③实验时怎样才能保证油滴做匀速运动？

【供选择的器材】

MOD-5 型油滴仪。

【供选择的研究课题】

①测量油滴所带电量。

②测量单位电荷的电量。

【设计要求】

①预习实验报告要求写明实验目的、实验原理。

②测出油滴质量。

③提交规范的实验报告。

【设计原理及方法】

1. 静态平衡法测油滴电量

用喷雾器将油滴喷入两块相距为 d 的水平放置的平行极板之间，如图 5.17 所示。

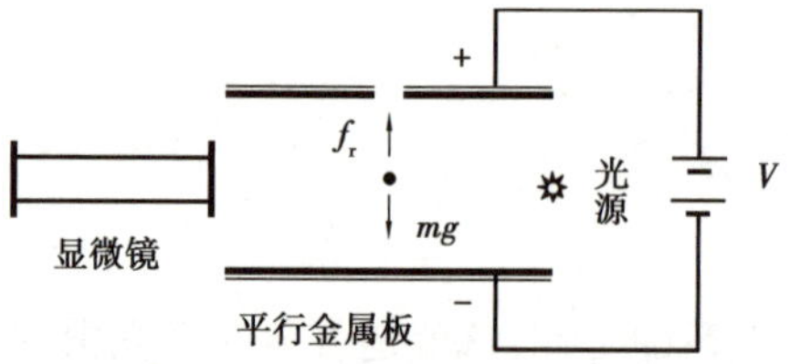

图 5.17　静态平衡法测油滴电量示意图

油滴在喷射时由于摩擦，一般都会带电。设油滴的质量为 m，所带电量为 q，加在两平行极板之间的电压为 V，油滴在两平行极板之间将受到两个力的作用，一个是重力 mg，一个是电场力 $qE = q\dfrac{V}{d}$。通过调节加在两极板之间的电压 V，可以使这两个力大小相等、方向相反，从而使油滴达到平衡，悬浮在两极板之间。此时有

$$mg = q\frac{V}{d} \tag{5.15}$$

为了测定油滴所带的电量 q，除了测定 V 和 d，还需要测定油滴的质量 m。但是，由于 m 很小，需要用特殊方法进行测定。

2. 测定油滴的质量 m

在平行极板间未加电压时，油滴受重力作用将加速下降，但是由于空气的黏滞性会对油滴产生一个与其速度大小成正比的阻力 f_r，油滴下降一小段距离而达到某一速度 v 后，阻力与重力达到平衡（忽略空气的浮力），油滴将以此速度匀速下降示。此时

$$mg = f_r$$

由斯托克斯定律可得

$$f_r = 6\pi r\eta v \tag{5.16}$$

其中，η 是空气的黏滞系数，r 是油滴的半径（由于表面张力的作用，小油滴总是呈球状）。

设油滴的密度为 ρ，则

$$mg = \frac{4}{3}\pi r^3 \rho g \tag{5.17}$$

将式(5.16)和式(5.17)合并，可得油滴的半径为

$$r = \sqrt{\frac{9\eta v}{2\rho g}} \tag{5.18}$$

由于斯托克斯定律对均匀介质才是正确的，对于半径小到 10^{-6} m 的油滴小球，其接近空气空隙的大小，空气介质对油滴小球不能再认为是均匀的了，因而斯托克斯定律应该修正为

$$f_r = \frac{6\pi r\eta v}{1 + \dfrac{b}{rP}}$$

式中，b 为修正常数，取 $b = 6.17\times10^{-6}$ m · cmHg；P 为大气压强，单位是 cmHg。利用平衡条件和式(5.17)可得

$$r = \sqrt{\frac{9\eta v}{2\rho g} \cdot \frac{1}{1 + \dfrac{b}{rP}}} \tag{5.19}$$

式(5.19)根号下虽然还包含油滴的半径 r，因为它是处于修正项中，不需要十分精确，仍可用式(5.18)来表示。将式(5.19)代入式(5.17)得

$$m=\frac{4}{3}\pi\left[\frac{9\eta v}{2\rho g}\cdot\frac{1}{1+\frac{b}{rP}}\right]^{\frac{3}{2}}\cdot\rho \tag{5.20}$$

当平行极板间的电压为 0 时，设油滴匀速下降的距离为 l，时间为 t，则油滴匀速下降的速度为

$$v=\frac{l}{t} \tag{5.21}$$

所以

$$m=\frac{4}{3}\pi\left[\frac{9\eta}{2\rho g}\cdot\frac{l}{t}\cdot\frac{1}{1+\frac{b}{rP}}\right]^{\frac{3}{2}}\cdot\rho \tag{5.22}$$

3. 油滴所带的电量

将式(5.22)代入式(5.15)得

$$q=\frac{18\pi}{\sqrt{2\rho g}}\left[\frac{l}{t}\cdot\frac{\eta}{1+\frac{b}{rP}}\right]^{\frac{3}{2}}\cdot\frac{d}{V} \tag{5.23}$$

实验发现，对于同一个油滴，如果改变它所带的电量，则能够使油滴达到平衡的电压必须是某些特定的值 V_n。研究这些电压变化的规律可以发现，它们都满足下面的方程

$$q=ne=mg\frac{d}{V_n}$$

式中，$n=\pm1,\pm2,\pm3\cdots$，而 e 则是一个不变的值。

对于不同的油滴，可以证明有相同的规律，而且 e 值是相同的常数，这即是说电荷是不连续的，电荷存在着最小的电荷单位，也即是电子的电荷值 e。于是，式(5.23)可化为

$$ne=\frac{18\pi}{\sqrt{2\rho g}}\left[\frac{\eta l}{t}\cdot\frac{1}{1+\frac{b}{rP}}\right]^{\frac{3}{2}}\cdot\frac{d}{V} \tag{5.24}$$

根据式(5.24)即可测出电子的电荷值 e，验证电子电荷的不连续性。

【实验仪器】

密立根油滴实验仪包括油滴盒、油滴照明装置、调平系统、测量显微镜、供电电源以及电子停表、喷雾器等部分组成。

MOD-5 型油滴实验仪的外形如图 5.18 所示，其改进为用 CCD 摄像头代替人眼观察，实验时可以通过黑白电视机来测量。

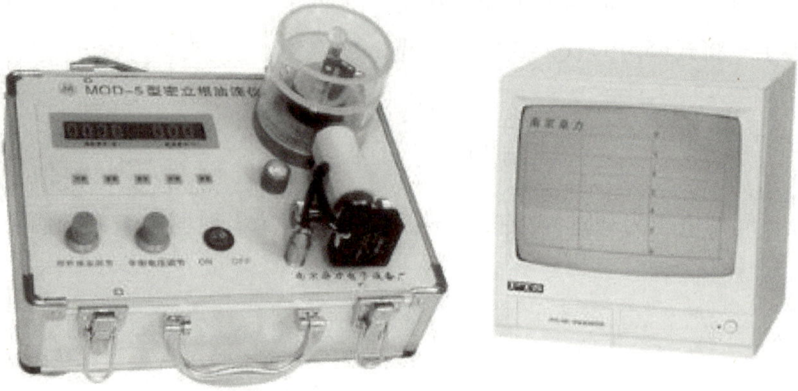

图 5.18　MOD-5 型油滴实验仪

油滴盒是由两块经过精磨的平行极板(上、下电极板)中间垫以胶木圆环组成。平行极板间的距离为 d。胶木圆环上有进光孔、观察孔和石英窗口。油滴盒放在有机玻璃防风罩中。上电极板中央有一个 $\phi0.4$ mm 的小孔,油滴从油雾室经过雾孔和小孔落入上下电极板之间,如图 5.19 所示。油滴盒可用调平螺丝调节,并由水准泡检查其水平。

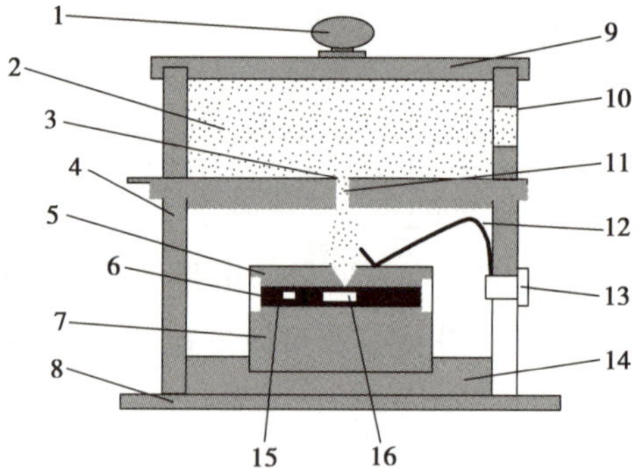

图 5.19　油雾室剖面图

1—油雾室提把;2—油雾室;3—油雾孔开关;4—油滴盒防风罩;5—铝质上电极;6—上下电极绝缘电圈;7—铝质下电极;8—油滴仪托板;9—油雾室上盖;10—油滴喷雾口;11—油雾孔;12—上电极压簧;13—上电极电源的插孔;14—滴盒室绝缘座;15—照明孔;16—漫反射屏

电源部分提供 4 种电压:

①2.2 V 油滴照明电压。

②500 V 直流平衡电压。该电压可以连续调节,并从电压表上直接读出,还可由平衡电压换向开关换向,以改变上、下电极板的极性。换向开关倒向"+"侧时,能达到平衡的油滴带正电,反之带负电。换向开关放在"0"位置时,上、下电极板短路,不带电。

③300 V 直流升降电压。该电压可以连续调节,但不稳压。它可通过升降电压换向开关叠加(加或减)在平衡电压上,以便把油滴移到合适的位置。升降电压高,油滴移动速度快,反之则慢。该电压在电表上无指示。

④12 V 的 CCD 电源电压。

【实验内容及步骤】

1. 仪器调节

①将油滴照明灯接 2.2 V 电源，平行极板接 500 V 直流电源，电源插孔都在电源后盖上。

②调节调平螺丝，使水准仪的气泡移到中央，这时平行极板处于水平位置，电场方向和重力平行。

③将“均衡电压”开关置于“0”位置，“升降电压”开关也置于“0”位置。将油滴从喷雾室的喷口喷入，视场中将出现大量油滴，犹如夜空繁星。如果油滴太暗，可转动小照明灯，使油滴更明亮，微调显微镜，使油滴更清楚。

2. 测量练习

(1) 练习控制油滴

当油滴喷入油雾室并观察到大量油滴时，在平行极板上加上平衡电压（约 300 V，“+”或“-”均可），驱走不需要的油滴，等待 1 ~ 2 min 后，只剩下几颗油滴在慢慢移到，注意其中的一颗，微调显微镜，使油滴很清楚，仔细调节电压使这颗油滴平衡；然后去掉平衡电压，让它达到匀速下降（显微镜中看上去是在上升）时，再加上平衡电压使油滴停止运动；之后，再调节升降电压使油滴上升（显微镜中看上去是在下降）到原来的位置。如此反复练习，以熟练掌握控制油滴的方法。

(2) 练习选择油滴

要做好本实验，很重要的一点就是选择好被测量的油滴。油滴的体积既不能太大，也不能太小（太大时必须带的电荷很多才能达到平衡；太小时由于热扰动和布朗运动的影响，很难稳定），否则，难于准确测量。对于所选油滴，当取平衡电压为 320 V，匀速下降距离 $l=0.200$ cm 所用时间约为 20 s 时，油滴大小和所带电量较适中，测量也较为准确。因此，需要反复试测练习，才能选择好待测油滴。

(3) 速度测试练习

任意选择几个下降速度不同的油滴，用秒表测出它们下降一段距离所需要的时间，掌握测量油滴速度的方法。

3. 正式测量

由式(5.24)可知，进行本实验真正需要测量的量只有两个，一个是油滴的平衡电压 V_n；另一个是油滴匀速下降的速度——油滴匀速下降距离 l 所需的时间 t。

①测量平衡电压必须经过仔细调节，应该将油滴悬于分化板上某条横线附近，以便准确地判断出这颗油滴是否平衡，仔细观察 1 min 左右，如果油滴在此时间内在平衡位置附近漂移不大，才能认为油滴是真正平衡了。记下此时的平衡电压 V_n。

②在测量油滴匀速下降一段距离 l 所需的时间 t 时，为保证油滴下降的速度均匀，应先让它下降一段距离后再测量时间。选定测量的一段距离应该在平行极板之间的中间部分，占分划板中间 4 个分格为宜，此时的距离为 $l=0.200$ cm，若太靠近上电极板，小孔附近有气流，电场也不均匀，会影响测量结果。太靠近下极板，测量完时间后，油滴容易丢失，不能反复测量。

③由于有涨落,对于同一颗油滴,必须重复测量 10 次。同时,还应该选择不少于 5 颗不同的油滴进行测量。

④通过计算求出基本电荷的值,验证电荷的不连续性。

4. 注意事项

①喷油时,只需喷一两下即可,不要喷得太多,不然会堵塞小孔。

②对选定油滴进行跟踪测量的过程中,如果油滴变得模糊了,应随时调节显微镜镜筒的位置,对油滴聚焦;对任何一个油滴进行的任何一次测量都应随时调节显微镜,以保证油滴处于清晰状态。

③平衡电压取 300 ~350 V 为最好,应该尽量在这个平衡电压范围内去选择油滴。例如,开始时平衡电压可定在 320 V,如果在 320 V 的平衡电压情况下已经基本平衡时,只需稍微调节平衡电压就可使油滴平衡,这时油滴的平衡电压就在 320 ~350 V 内。

④在监视器上要保证油滴竖直下落。

【数据处理与分析】

1. 数据处理方法

根据式(5.24)和式(5.18)可得

$$ne = \frac{k}{\left[t\left(1 + k'\sqrt{t}\right)\right]^{\frac{3}{2}}} \cdot \frac{1}{V_n} \tag{5.25}$$

式中,$k = \frac{18\pi}{\sqrt{2\rho g}}(\eta l)^{\frac{3}{2}} \cdot d$,$k' = \frac{b}{P}\sqrt{\frac{2\rho g}{9\eta l}}$。其中油的密度 $\rho = 981\ \text{kg/m}^3$;重力加速度$g=9.80\ \text{m/s}^2$;空气的黏滞系数 $\eta=1.83\times10^{-5}\ \text{kg/(m}\cdot\text{s)}$;油滴下降距离 $l=2.00\times10^{-3}\,\text{m}$;常数 $b=6.17\times10^{-6}\,\text{m}\cdot\text{cmHg}$;大气压 $P=76.0\ \text{cmHg}$;平行极板距离 $d=5.00\times10^{-3}\,\text{m}$。

将上述数据代入式(5.25)可得,$k=1.43\times10^{-14}\,\text{kg}\cdot\text{m}^2\cdot\text{s}^{-\frac{1}{2}}$,$k'=0.019\,6\ \text{s}^{\frac{1}{2}}$。

$$ne = \frac{1.43\times10^{-14}}{\left[t\left(1 + 0.02\sqrt{t}\right)\right]^{\frac{3}{2}}} \cdot \frac{1}{V_n} \tag{5.26}$$

显然,上面的计算是近似的。但是,一般情况下误差仅在 1% 左右。

将式(5.26)所得数据除以电子电荷的公认值 $e=1.602\times10^{-19}\,\text{C}$,所得整数就是油滴所带的电荷数 n,再用 n 去除实验测得的电荷值,就可得到电子电荷的测量值。对不同油滴测得的电子电荷值不能再求平均值。

2. 数据表格

将实验数据填入表 5.7 中。

表 5.7　密立根油滴实验数据

油滴编号	V_n/V	t/s	$\overline{V_n}$/V	$\bar{t}$/s	$q/(\times10^{-19}\mathrm{C})$	n	$e/(\times10^{-19}\mathrm{C})$
1							
2							
3							
4							
5							
6							

【课后讨论】

①为什么对选定油滴进行跟踪时,油滴有时会变得模糊起来?

②通过实验数据进行分析,指出作好本实验关键要抓住哪几步?造成实验数据测量不准的原因是什么?

③为什么对不同油滴测得的电子电荷最后不能再求平均值来得到电子电荷的测量值?

5.5 非平衡电桥与电阻温度计

电桥可分为平衡电桥和非平衡电桥,非平衡电桥也称不平衡电桥或微差电桥。近年来,非平衡电桥在教学中受到了较多的重视,因为通过它可以测量一些变化的非电量,这就把电桥的应用范围扩展到很多领域,所以在工程测量中非平衡电桥也得到了广泛的应用。

【实验目的】

①掌握非平衡电桥的工作原理及其与平衡电桥的异同。

②掌握利用非平衡电桥的输出电压来测量变化电阻的原理和方法。

③掌握非平衡电桥测量温度的方法,并类推至测其他非电量。

【预习思考题】

①非平衡电桥与平衡电桥有何异同?

②热敏电阻具有什么样的温度特性?

③用非平衡电桥设计热敏电阻温度计有什么特点?所测温度的范围受哪些因素限制?

【供选择的器材】

①DHQJ-1 市电型非平衡电桥。

②DHW-1 型温度传感实验装置或 DHT-2 型热学实验仪(含 2.7 kΩ 热敏电阻)。

【供选择的研究课题】

①用非平衡电桥测量铜电阻。

②用铜电阻测量温度。

③用非平衡电桥测量热敏电阻的温度特性。

④以热敏电阻为传感器结合非平衡电桥设计测量范围为 30~50 ℃的数显温度计。

【设计要求】

①依据选定的设计课题,确定实验方案,并描述相应的实验原理。

②根据实验原理绘出设计电路图。

③拟定实验步骤和注意事项。

④确定电路元件的参数。

⑤给出实验结果，并对结果作出评价。

⑥提交规范的设计论文。

【设计原理及方法】

1. 非平衡电桥原理

非平衡电桥在构成形式上与平衡电桥相似，但在测量方法上有很大差别。如图 5.20 所示，非平衡电桥是使 R_1、R_2、R_3 保持不变，R_x 变化时则 U_0 变化，再根据 U_0 与 R_x 的函数关系，通过检测 U_0 的变化从而测得 R_x。由于可以检测连续变化的 U_0，所以可以检测连续变化的 R_x，进而检测连续变化的非电量。

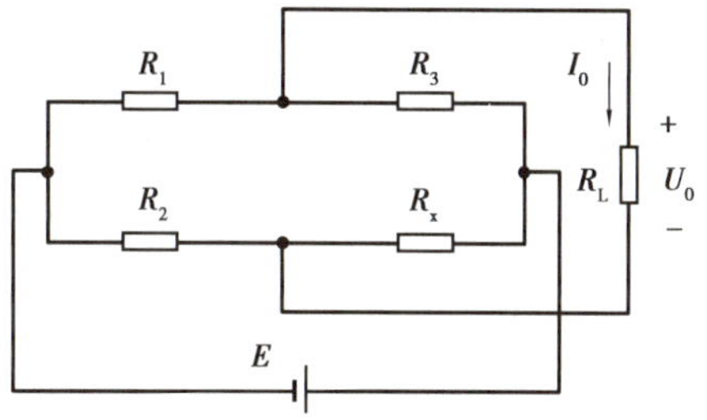

图 5.20　非平衡电桥

1）非平衡电桥的桥路形式

①等臂电桥：电桥的 4 个桥臂阻值相等，即 $R_1=R_2=R_3=R_{x0}$；其中 R_{x0} 是 R_x 的初始值，这时电桥处于平衡状态，$U_0=0$。

②卧式电桥：也称输出对称电桥，电桥的桥臂电阻对称于输出端，即 $R_1=R_3$，$R_2=R_{x0}$，但 $R_1\neq R_2$。

③立式电桥：也称电源对称电桥，从电桥的电源端看桥臂电阻对称相等，即 $R_1=R_2$，$R_3=R_{x0}$，但 $R_1\neq R_3$。

④比例电桥：桥臂电阻成一定的比例关系，即 $R_1=KR_2$，$R_3=KR_{x0}$ 或 $R_1=KR_3$，$R_2=KR_{x0}$，K 为比例系数。实际上这是一般形式的非平衡电桥。

2）非平衡电桥的输出

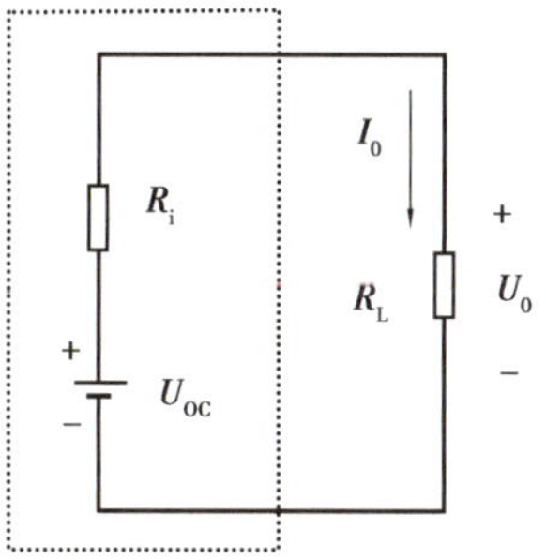

图 5.21　等效电路

非平衡电桥的输出按负载大小可分为以下两种。

①负载阻抗相对于桥臂电阻很大，如输入阻抗很高的数字电压表或输入阻抗很大的运算放大电路。

②负载阻抗较小，和桥臂电阻相比拟。后一种由于非平衡电桥需输出一定的功率，故又称为功率电桥。

根据戴维南定理，图 5.20 所示的桥路可等效为图 5.21 所示的二端口网络。其中 U_{oc} 为等效电源，R_i 为等效内阻。

由图 5.20 可知，在 $R_L\to\infty$时，等效电源电压值为

$$U_{oc}=E\left(\frac{R_x}{R_2+R_x}-\frac{R_3}{R_1+R_3}\right)$$

根据戴维南定理，将电源 E 短路，得到如图 5.22 所示的电路，据此可求出电桥等效内阻：

$$R_i=\frac{R_2R_x}{R_2+R_x}+\frac{R_3R_1}{R_1+R_3}$$

根据图 5.21 所示的电路，得到电桥接有负载 R_L 时输出电压：

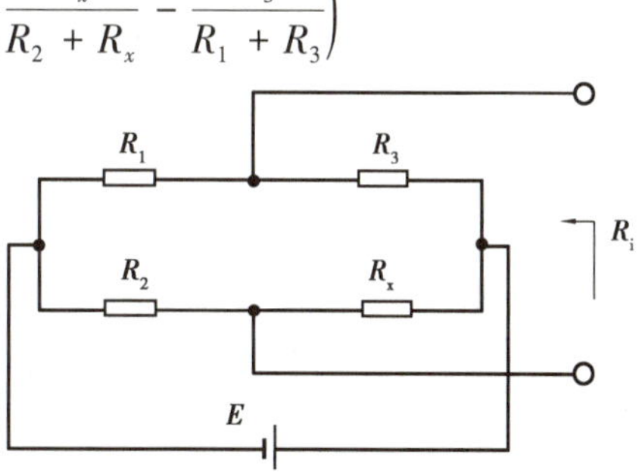

图 5.22　戴维南等效电阻

$$U_0=\frac{R_L}{R_i+R_L}\left(\frac{R_x}{R_2+R_x}-\frac{R_3}{R_1+R_3}\right)\cdot E \tag{5.27}$$

电压输出的情况下 $R_L\to\infty$，所以有

$$U_0=\left(\frac{R_x}{R_2+R_x}-\frac{R_3}{R_1+R_3}\right)\cdot E \tag{5.28}$$

根据式(5.27)，可进一步分析电桥输出电压和被测电阻值关系。令 $R_x=R_{x0}+\Delta R$，R_x 为被测电阻，ΔR 为电阻变化量。

根据式(5.27)，

$$\begin{aligned}U_0&=\frac{R_L}{R_i+R_L}\left(\frac{R_x}{R_2+R_x}-\frac{R_3}{R_1+R_3}\right)\cdot E\\&=\frac{R_L}{R_i+R_L}\left(\frac{R_{x0}+\Delta R}{R_2+R_{x0}+\Delta R}-\frac{R_3}{R_1+R_3}\right)\cdot E\\&=\frac{R_L}{R_i+R_L}\frac{(R_{x0}+\Delta R)(R_1+R_3)-R_3(R_2+R_{x0}+\Delta R)}{(R_2+R_{x0}+\Delta R)(R_1+R_3)}\cdot E\\&=\frac{R_L}{R_i+R_L}\frac{R_3R_2-R_1R_{x0}+R_1\Delta R}{(R_2+R_{x0}+\Delta R)(R_1+R_3)}\cdot E\end{aligned}$$

因为 R_{x0} 为其初始值，此时电桥平衡，有 $R_1R_{x0}=R_3R_2$，所以

$$U_0=\frac{R_L}{R_i+R_L}\frac{R_1\cdot\Delta R}{(R_2+R_{x0}+\Delta R)(R_1+R_3)}\cdot E \tag{5.29}$$

当 $R_L\to\infty$，

$$U_0=\frac{R_1}{R_i+R_3}\frac{\Delta R}{(R_2+R_{x0}+\Delta R)}\cdot E$$

因为 $R_1R_{x0}=R_3R_2$，所以 $R_1=\dfrac{R_2R_3}{R_{x0}}$，代入上式有

$$\begin{aligned}U_0&=\frac{R_2}{R_2+R_{x0}}\cdot\frac{E}{\dfrac{R_2+R_{x0}+\Delta R}{R_2+R_{x0}}(R_2+R_{x0})}\cdot\Delta R\\&=\frac{R_2}{(R_2+R_{x0})^2}\cdot\frac{E}{1+\dfrac{\Delta R}{R_2+R_{x0}}}\cdot\Delta R\end{aligned} \tag{5.30}$$

式(5.29)和式(5.30)就是作为一般形式非平衡电桥的输出与被测电阻的函数关系。

特殊地，对于等臂电桥和卧式电桥，式(5.30)可简化为

$$U_0=\frac{1}{4}\frac{E}{R_{x0}}\frac{1}{1+\dfrac{\Delta R}{2R_{x0}}}\cdot\Delta R \tag{5.31}$$

立式电桥和比例电桥的输出与式(5.30)相同。

被测电阻的 $\Delta R<<R_{x0}$ 时，式(5.30)可简化为

$$U_0=\frac{R_2}{(R_2+R_{x0})^2}\cdot E\cdot\Delta R \tag{5.32}$$

式(5.31)可进一步简化为

$$U_0 = \frac{1}{4}\frac{E}{R_{x0}} \cdot \Delta R \tag{5.33}$$

这时 U_0 与 ΔR 成线性关系。

3）用非平衡电桥测量电阻

习惯上，人们称 $R_L = \infty$的非平衡应用的电桥叫非平衡电桥；称具有负载 R_L 的非平衡应用的电桥叫功率电桥。下述的“非平衡电桥”都是指 $R_L = \infty$的非平衡应用的电桥。

①将被测电阻（传感器）接入非平衡电桥，并进行初始平衡，这时电桥输出为 0。改变被测的非电量，则被测电阻发生变化，这时电桥输出电压 $U_0 \neq 0$，开始作相应变化。测出这个电压后，可根据式（5.30）或式（5.31）计算得到 ΔR。对于 $\Delta R << R_{x0}$ 的情况下可按式（5.32）或式（5.33）计算得到 ΔR 值。

②根据测量结果求得 $R_x = R_{x0} + \Delta R$，并可作 $U_0 \sim \Delta R$ 曲线，曲线的斜率就是电桥的测量灵敏度。根据所得曲线，可由 U_0 的值得到 ΔR 的值，也就是可根据电桥的输出 U_0 来测得被测电阻 R_x 值。

4）用非平衡电桥测量温度

（1）用线性电阻测温度

一般来说，金属的电阻随温度的变化可用下式描述

$$R_x = R_{x0}(1 + \alpha t + \beta t^2) \tag{5.34}$$

如铜电阻传感器：$R_{x0} = 50\ \Omega(t = 0\ °C)$，$\alpha = 4.289 \times 10^{-3}/℃$，$\beta = -2.133 \times 10^{-7}/℃$。

在温度不是很高的情况下，可忽略温度二次项 βt^2，将金属的电阻值随温度变化视为线性变化，即

$$R_x = R_{x0}(1 + \alpha t) = R_{x0} + \alpha t R_{x0}$$

所以 $\Delta R = \alpha R_{x0} \Delta t$，代入式（5.30）有

$$U_0 = \frac{R_2}{(R_2 + R_{x0})^2} \cdot \frac{E}{1 + \dfrac{\alpha R_{x0} \cdot \Delta t}{R_2 + R_{x0}}} \cdot \alpha R_{x0} \cdot \Delta t \tag{5.35}$$

式中的 αR_{x0} 值可由以下方法测得：取两个温度 t_1、t_2，测得 R_{x1}、R_{x2} 则

$$\alpha R_{x0} = \frac{R_{x2} - R_{x1}}{t_2 - t_1}$$

这样可根据式（5.35），由电桥的输出 U_0 求得相应的温度变化量 Δt，从而求得

$$t = t_0 + \Delta t$$

特殊地，当 $\Delta R << R_{x0}$ 时，式（5.35）可简化为

$$U_0 = -\frac{R_2}{(R_2 + R_{x0})^2} \cdot E \cdot \alpha R_{x0} \cdot \Delta t \tag{5.36}$$

这时 U_0 与 Δt 成线性关系。

（2）利用热敏电阻测温度

半导体热敏电阻具有负的电阻温度系数，电阻值随温度升高而迅速下降，这是因为热敏电阻由一些金属氧化物如 Fe_3O_4、$MgCr_2O_4$ 等半导体制成，在这些半导体内部，自由电子数目随温度的升高增加得很快，导电能力很快增强；虽然原子振动也会加剧并阻碍电子的运动，但这种作用对导电性能的影响远小于电子被释放而改变导电性能的作用，所以温度上升会使电阻

值迅速下降。

热敏电阻的电阻温度特性可以用下述指数函数来描述：

$$R_T = Ae^{\frac{B}{T}} \tag{5.37}$$

式中 A 是与电阻器几何形状有关的常数，B 为与材料半导体性质有关的常数，T 为绝对温度。

为了求得准确的 A 和 B，可将式(5.37)两边取对数

$$\ln R_T = \ln A + \frac{B}{T} \tag{5.38}$$

选取不同的温度 T，得到不同的 R_T。

根据式(5.38)，当 $T=T_1$ 时有：$\ln R_{T_1}=\ln A+\frac{B}{T_1}$；当 $T=T_2$ 时有：$\ln R_{T_2}=\ln A+\frac{B}{T_2}$，

将上两式相减后得到

$$B = \frac{\ln R_{T_1} - \ln R_{T_2}}{\frac{1}{T_1} - \frac{1}{T_2}} \tag{5.39}$$

将式(5.39)代入式(5.37)可得

$$A = R_{T_1} e^{-\frac{B}{T_1}} \tag{5.40}$$

常用半导体热敏电阻的 B 值为 1 500～5 000 K。

不同的温度时 R_T 有不同的值，电桥的 U_0 也会有相应的变化。可以根据 U_0 与 T 的函数关系，经定标后，用 U_0 测量温度 T。但这时 U_0 与 T 的关系是非线性的，显示和使用不是很方便，这就需要对热敏电阻进行线性化。线性化的方法很多，常见的有串联法、串并联法、非平衡电桥法等。下面重点介绍用非平衡电桥进行线性化设计的方法。

在图 5.20 中，R_1、R_2、R_3 为桥臂测量电阻，具有很小的温度系数，R_x 为热敏电阻，由于只检测电桥的输出电压，故 R_L 开路，根据式(5.28)有

$$U_0 = \left(\frac{R_x}{R_2 + R_x} - \frac{R_3}{R_1 + R_3}\right) \cdot E$$

式中 $R_x = Ae^{\frac{B}{T}}$。

可见 U_0 是温度 T 的函数，将 U_0 在需要测量的温度范围的中点温度 T_1 处，按泰勒级数展开

$$U_0 = U_{01} + U'_0(T - T_1) + U_n \tag{5.41}$$

其中 $U_n = \frac{1}{2}U'_0(T - T_1)^2 + \sum_{n=3}^{\infty} \frac{1}{n!}U_0^{(n)}(T - T_1)^n$

式中 U_{01} 为常数项，不随温度变化，$U'_0(T-T_1)$ 为线性项，U_n 代表所有的非线性项，它的值越小越好，为此令 $U''_0=0$，则 U_n 的三次项可看作非线性项，从 U_n 的四次项开始数值很小，可以忽略不计。

式(5.41)中 U_0 的一阶导数为

$$U'_0 = \left(\frac{R_x}{R_2 + R_x} - \frac{R_3}{R_1 + R_3}\right)' \cdot E$$

将 $R_x = Ae^{\frac{B}{T}}$ 代入上式并展开求导可得

$$U'_0 = -\frac{BR_2Ae^{\frac{B}{T}}}{(R_2 + Ae^{\frac{B}{T}})^2 \cdot T^2} \cdot E$$

U_0 的二阶导数为

$$U''_0 = \left\{\frac{BR_2Ae^{\frac{B}{T}}}{(R_2 + Ae^{\frac{B}{T}})^2 \cdot T^2} \cdot E\right\}'$$

$$= \frac{BR_2Ae^{\frac{B}{T}}}{(R_2 + Ae^{\frac{B}{T}})^3 \cdot T^4}\left\{R_2(B + 2T) - (B - 2T)Ae^{\frac{B}{T}}\right\} \cdot E$$

令 $U'_0=0$,可得

$$R_2(B + 2T) - (B - 2T)Ae^{\frac{B}{T}} = 0$$

即

$$Ae^{\frac{B}{T}} = \frac{B + 2T}{B - 2T} \cdot R_2$$

$$R_x = \frac{B + 2T}{B - 2T} \cdot R_2 \tag{5.42}$$

根据以上的分析,将式(5.41)改为如下表达式

$$U_0 = \lambda + m(t - t_1) + n(t - t_1)^3 \tag{5.43}$$

式中 t 和 t_1 分别为 T 和 T_1 对应的摄氏温度,线性函数部分为

$$U_0 = \lambda + m(t - t_1) \tag{5.44}$$

式(5.44)中的 λ 为 U_0 在温度 T_1 时的值

$$\lambda = U_0 = \left(\frac{R_{x(T_1)}}{R_2 + R_{x(T_1)}} - \frac{R_3}{R_1 + R_3}\right) \cdot E$$

将 $R_{x(T_1)} = Ae^{\frac{B}{T_1}} = \frac{B + 2T_1}{B - 2T_1} \cdot R_2$ 代入上式,可得

$$\lambda = \left(\frac{B + 2T_1}{2B} - \frac{R_3}{R_1 + R_3}\right) \cdot E \tag{5.45}$$

式(5.44)中 m 的值为 U'_0 在温度 T_1 时的值

$$m = U'_0 = -\frac{BR_2Ae^{\frac{B}{T_1}}}{\left(R_2 + Ae^{\frac{B}{T_1}}\right)^2 T_1^2} \cdot E$$

将 $R_{x(T_1)} = Ae^{\frac{B}{T_1}} = \frac{B + 2T_1}{B - 2T_1} \cdot R_2$ 代入上式,可得

$$m = \frac{4T_1^2 - B^2}{4BT_1^2} \cdot E \tag{5.46}$$

非线性部分 $n(t-t_1)^3$ 是系统误差,这里忽略不计。

线性化设计的过程如下:根据给定的温度范围确定 T_1 的值,一般为温度中间值,例如设计一个 30 ~ 50 °C 的数字表,则 T_1 选 313 K,即 t_1 = 40 °C。B 值由热敏电阻的特性决定,可根据式(5.39)求得。

根据非平衡电桥的显示表头适当选取 λ 和 m 的值，可使表头的显示数正好为摄氏温度值，λ 为测温范围的中心值 $m \cdot t_1$(mV)。这样 λ 为数字温度计测量范围的中心温度，m 就是测温的灵敏度。

确定 m 值后，E 的值由式(5.46)可求得

$$E = \left(\frac{4BT_1^2}{4T_1^2 - B^2}\right) \cdot m \tag{5.47}$$

由式(5.42)可得

$$R_2 = \frac{B - 2T}{B + 2T} \cdot R_x$$

R_2 的值可取 T_1 温度时的 $R_{x(T_1)}$ 值计算

$$R_2 = \frac{B - 2T_1}{B + 2T_1} \cdot R_{x(T_1)} \tag{5.48}$$

由式(5.45)可得

$$\frac{R_1}{R_3} = \frac{2B}{(B + 2T_1)E - 2B\lambda} - 1 \tag{5.49}$$

这样选定 λ 值后，就可求得 R_1 与 R_3 的比值。然后，根据 R_1 与 R_3 的阻值可调范围，确定 R_1 与 R_3 的值。

2. 实验内容及方法

(1)用非平衡电桥测量铜电阻

①预调电桥平衡：将 DHW-1/DHW-2 型温度传感实验装置或 DHT-2 热学实验仪的“铜电阻”端接到非平衡电桥输入端，选等臂电桥或卧式电桥。调节合适的桥臂电阻，使 $U_0=0$，测出 $R_{x0}=$______Ω，并记下初始温度 $t_0=$________°C。起始温度可以选室温或测量范围内的其他温度。

②调节控温仪，使铜电阻升温，根据数字温控表显示温度，读取相应电桥输出 U_0。ΔR 的值根据式(5.31)求得：$\Delta R = \dfrac{4R_{x0} \cdot U_0}{E - 2U_0}$。每隔一定温度测量一次，记录于表 5.8 中。

表 5.8　用非平衡电桥测量铜电阻实验数据表

t/°C												
U_0/mV												
ΔR/Ω												
R_x/Ω												

③作 R_x-t 曲线，由图求出 $\alpha = \dfrac{\Delta R}{R} \cdot \Delta t$，与理论值比较；作图求出某一温度______°C 时的电阻值 R_x(　　°C)=________Ω。

④用立式电桥或比例电桥，重复以上步骤，数据表同表 5.8。

ΔR 的值根据下式求得：　$\Delta R = \dfrac{(R_2 + R_{x0})^2 \cdot U_0}{R_2 E - (R_2 + R_{x0}) \cdot U_0}$

⑤比较等臂电桥(或卧式电桥)和立式电桥(或比例电桥)的 R_x-t 曲线,分析测量误差的大小,并讨论原因。

(2)用铜电阻测量温度

根据前面的实验结果,由式(5.35)可得

$$\Delta t=\frac{(R_2+R_{x0})^2}{R_2E-(R_2+R_{x0})U_0}\cdot\frac{U_0}{\alpha R_{x0}} \tag{5.50}$$

用等臂电桥(或卧式电桥)时简化为

$$\Delta t=\frac{4}{E-2U_0}\cdot\frac{U_0}{\alpha} \tag{5.51}$$

实际的 α 值根据公式

$$\alpha R_{x0}=\frac{R_{x2}-R_{x1}}{t_2-t_1}$$

可得

$$\alpha=\frac{R_{x2}-R_{x1}}{(t_2-t_1)R_{x0}}$$

取两个温度 t_1、t_2,测得 R_{x1},R_{x2},可求得 α。

这样可根据式(5.50)或式(5.51),由电桥的输出 U_0 求得相应的温度变化量 Δt,从而求得:$t=t_0+\Delta t$。

根据测量结果作 U_0-t 曲线。

(3)用非平衡电桥测温度

选 2.7 kΩ 的热敏电阻,设计的温度测量范围为 30 ~ 50 °C(夏天室温较高时,也可以将设计温度适当提高,例如改为 35 ~ 55 °C、40 ~ 60 °C)。

①在测量温度之前,先要获得热敏电阻的温度特性。将 DHW-1/ DHW-2 型温度传感实验装置或 DHT-2 热学实验仪的“热敏电阻”端接到电桥的 R_x 端,用单电桥测量不同温度下的热敏电阻值,一般取 5 位有效数字即可。调节控温仪,使热敏电阻升温,每隔一定温度,测出 R_x,并记下相应的温度 t 于表 5.9 中。

表 5.9　用非平衡电桥测温度

t/°C	30	35	40	45	50	55	60	
T/K								
R_x/Ω								

②根据表 5.9 绘制 $\ln R_x$-$\frac{1}{T}$ 曲线[$T=(273+t)$K],并根据式(5.39)和式(5.40)求得 $A=$______和 $B=$________。

③根据非平衡电桥的表头,选择 λ 和 m,根据式(5.46)计算可知 m 为负值,相应的 λ 也为负值。本实验如使用 2 V 表头,可选 m 为−10 mV/°C,λ 为测温范围的中心值−400 mV,这样该数字温度计的分辨率为 0.01 °C。

④按式(5.47)求得 $E=$______V。调节“电压调节”旋钮,将“数字表输入”端用导线接至“电源输出”,接通“G”按钮,用数字表头的合适量程进行测量,调节电源电压 E 为所需值。保

持电位器位置不变,"数字表输入"端用测量导线接至电桥的输出端,即面板上 G 两端的插孔中,这时非平衡电桥的 E 已调好。

⑤按式(5.48)求得 R_2 = ________ Ω。按式(5.49)求得 R_1/R_3 = ________ ,根据 R_1、R_3 的阻值范围确定 R_1 = ________Ω(可选 100 Ω),R_3 = ______ Ω。

⑥按求得的 R_1、R_2、R_3 值,接好非平衡电桥电路。设定温度 t=40 °C,待温度稳定后,电桥应输出 U_0=-400 mV。如果不为-400 mV,再微调 R_2、R_3 值。最后的 R_1 = ________Ω,R_2 = ______ Ω,R_3 = ________Ω。

⑦在 30 ~ 50 °C 的温度测量范围内测量 U_0 与 t 的关系,并作记录。

⑧作 U_0-t 曲线并直线拟合,检查该温度测量系统的线性和误差。

⑨在 30 ~ 50 °C 内外任意设定加热装置的几个温度点作为未知温度,用该温度计测量这些未知温度,并计算误差。

(4)注意事项

①电桥使用时,应避免将 R_2、R_3 同时调到零值附近测量,这样可能会出现较大的工作电流,测量精度也会下降。

②选择不同的桥路测量时,应注意选择合适的工作电源。

③仪器使用完毕后,务必关闭电源。

【附】

DHQJ-1 型非平衡电桥概述

DHQJ-1 型非平衡电桥可以组成属于平衡电桥的惠斯登电桥,也可以组成多种形式的非平衡电桥,是一种精度较高的综合性实验电桥。将各种电阻型传感器接入电桥回路,桥路的非平衡电压就能反映出桥臂电阻的微小变化,因此,通过测量非平衡电压就可以检测出外界物理量的变化,例如温度、压力、湿度等。

1. 主要技术指标

1)惠斯登电桥、三端电桥的参数

(1)测量范围

惠斯登电桥:10Ω ~ 11.11 MΩ;三端电桥:1 Ω ~ 11.111 MΩ。

(2)桥臂电阻的调节范围

R_1:10 Ω、100 Ω、1 000 Ω 三个电阻可选;

R_2:总阻为 0.1Ω ~ 11.111 kΩ,其中 0.1 ~ 111.0 Ω 为一组,100Ω ~ 11 kΩ 为另一组,这样可以减小内部的引线电阻;

R_3:0.01Ω ~ 11.111 kΩ。

(3)允许误差及工作电压

DHQJ-1 教学用非平衡电桥允许误差及工作电压见表 5.10。

表 5.10　DHQJ-1 教学用非平衡电桥允许误差及工作电压

倍率	有效量程/Ω	准确度等级	工作电压/V
×0.01	1～11.11	5	1～3
×0.01	10～111.11	1	1～3
×0.1	100～1 111.11	0.2	3
×1	1～11.111 k	0.1	3～6
×10	10～111.11 k	0.2	6
×100	100～1 111.1 k	2	6～9
×1 000	1～11.111 M	5	9～12

2) 非平衡电桥

测量范围 10Ω～11.111 kΩ，非平衡电桥测量精度与被测电阻的特性与测量方案有关。

3) 数字直流毫伏表

独立设置，量程Ⅰ:200 mV，量程Ⅱ:2 V，量程Ⅲ:20 V，4 位半数字显示，量程的通过开关切换。平衡电桥时作指零仪使用，非平衡电桥时作数字电压表使用，也可作为直流电压表测量电压源电压。

4) 电压源

0～12 V 连续可调，负载电流 0.1 A。

2. 仪器结构及说明

DHQJ-1 型非平衡电桥面板如图 5.23 所示。

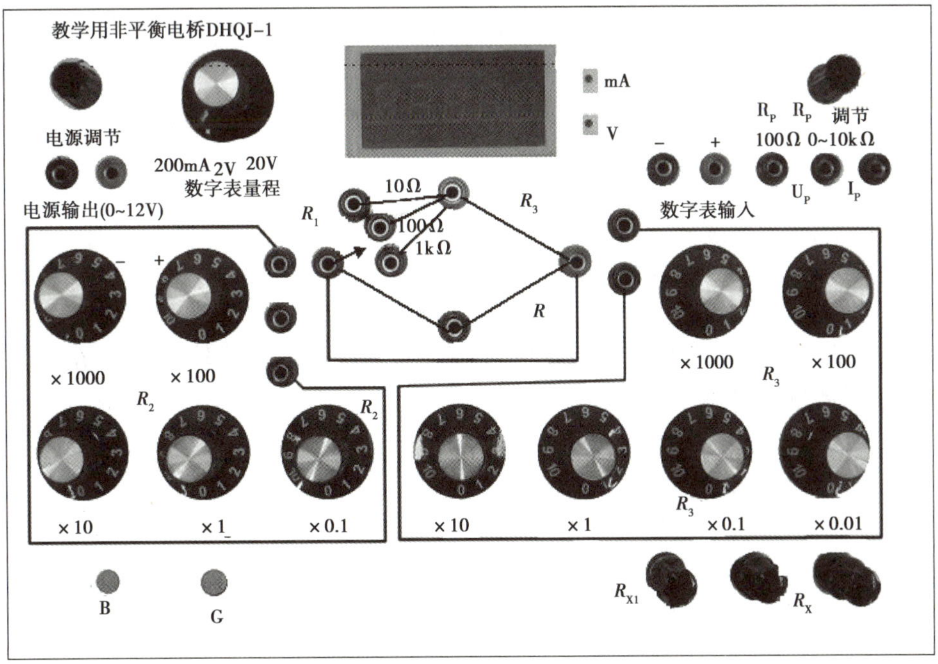

图 5.23　DHQJ-1 型非平衡电桥面板

仪器的电源、数字表、桥臂电阻 R_1、R_2、R_3 以及 R_P 电阻之间各自是相互独立的，按照电桥上的各自插座孔，通过连线组成桥路。

电桥的 B 按钮，内部已经与电源连接，用于接通桥路电源；电桥的 G 按钮，内部已经与数字电压表连接，用于接通数字电压表。

R_P 电位器用于功率电桥时作为负载使用，调节范围 0 ~ 10 kΩ，与其串联有 100 Ω 电阻。功率电桥实验时，只要将电压表接到该电阻上，即"I_P"测量端便可测得电桥的输出电流；接到"U_P"测量端便可测得电桥的输出电压。

3. 电桥的使用方法

(1)使用前的准备

①用随仪器配备的电源线将电桥连至 220 V 交流电源，打开电桥后面的电源开关，接通电源。

②根据被测对象选择合适的工作电压，工作电压通过"电源调节"电位器调节，电压值可以用仪器自身的数字电压表测量。单桥测量时电压值可以参照表 5.10，非平衡电桥设计温度计实验则按照计算值给定。

(2)单桥的使用方法

一般被测电阻大于 10 Ω 的情况下可选择用单桥进行测量。

①将 R_1 与右端相连，被测电阻连接至 R_x 两端，根据被测电阻的大小选择合适的 R_1、R_2 值，接好数字电压表，作为检流计。

②选择合适的电源电压 E，一般小于 3 V，灵敏度不够时，再适当调高 E。

③连接好线路，检查无误后接通 G 按钮，再接通 B 按钮，调节 R_3 至数字电压表读数为零，表示电桥达到平衡。

注意，在本电桥上，R_1 选择可以是 10 Ω、100 Ω、1 000 Ω，测量时一般优先取 1 000 Ω，再是 100 Ω，最后是 10 Ω。R_2 的选择可以是 0 ~ 11.111 kΩ 的任意值，习惯上为方便操作及计算，R_2 常选 10 Ω、100 Ω、1 kΩ、10 kΩ 等值。

④被测电阻值：$R_x = \dfrac{R_2}{R_1} \cdot R_3$。

(3)三端电桥的使用方法

用二端法(单桥)测量小电阻或引线较长时，接线电阻将带来较大的误差。三端电桥与单桥不同的是，从 R_x 的一端引出两根线，靠近 R_x 的称电位端，连到电桥的一个桥臂，在 R_x 外侧的引线称电流端，连到电桥的电源端，如图 5.24 所示。用三端法测量较为简单，在一定的条件下，可有效降低测量误差。

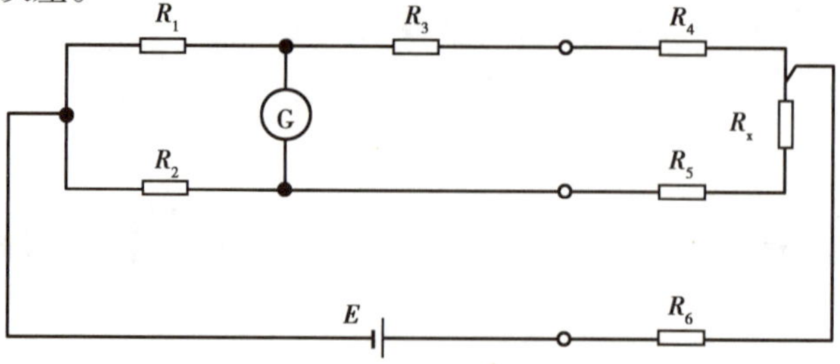

图 5.24　三端电桥

图中 R_4、R_5、R_6 由于接线方式、长度基本相同，只要选 $R_1=R_2$，在电桥平衡时 R_4、R_5 的作用相抵消，R_6 因为串接在电源回路，对测量没有影响，所以能减小引线电阻的影响。被测电阻值的计算公式与单桥相同。

(4) 非平衡电桥的使用方法

接线方法与单桥相同，使用说明详见“单桥的使用方法”。

5.6　电阻、电容串联电路暂态过程研究

电阻、电容是电路的基本元件。电阻和电容的串联电路称为 RC 串联电路。在 RC 串联电路中，在接通和断开回路供电的很短的时间内，电容上的电压不会瞬间突然变化，而是以一个平衡态迅速地过渡到另一个平衡态，这个转变过程称为暂态。本实验就是研究 RC 串联电路的暂态过程中电压与电流的变化规律。研究这个规律在电子电路中具有重要的意义和实际用途。

【实验目的】

①通过实验研究 RC 串联电路的暂态过程。

②通过研究 RC 串联电路的暂态过程，加深对电容特性的认识。

③提高对 RC 串联电路暂态过程的分析技能。

【预习思考题】

①如何计算 RC 串联电路的时间常数 τ？

②为什么说时间常数 τ 是 RC 串联电路充放电速度的指标？

【供选择的器材】

RC 串联电路板（可更换已知电容、电阻）、阴极射线示波器、信号发生器等。

【供选择的研究课题】

①用示波器和信号发生器研究 RC 串联电路充放电电压曲线。

②计算 RC 串联电路在不同频率方波下波形的变化情况，并找出在多大频率下，用实验中实际测出的 $T_{1/2}$ 算出的时间常数 $\tau_{测}$ 与 RC 标称值计算的时间常数 τ 最接近，为什么？

③研究不同电阻、电容的 RC 串联电路的各种特性。

④研究 RC 串联电路的半衰期。

【设计要求】

①预习实验报告要求写明实验目的、实验原理，根据 RC 串联电路基本原理设计出用示波器和信号发生器研究 RC 串联电路的电路图。

②连接电路，并调试信号发生器、示波器。

③根据示波器波形进行分析，计算相应时间常数 τ 并与标称值进行比较。

④根据示波器给出的充放电图形，讨论半衰期与时间常数存在的关系。

⑤提交规范的设计论文。

【设计原理及方法】

1. RC 串联电路的充电过程

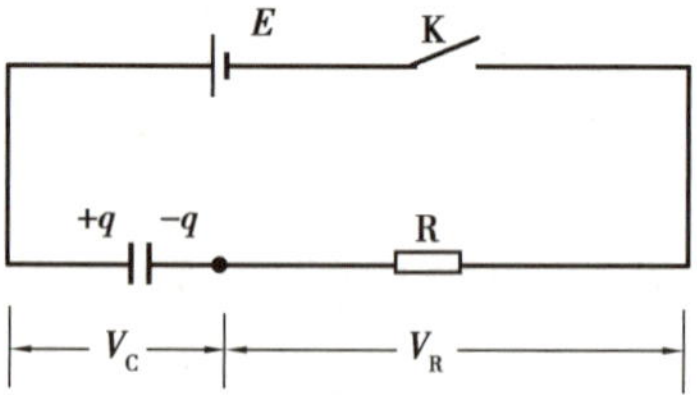

图 5.25　RC 串联电路的充电过程

在图 5.25 电路中，当开关接通电源，电流便通过电阻 R 对电容器 C 进行充电。

电荷 q 逐渐累积在电容器的极板上，电压 V_C 随之增大，两者的关系为

$$q = CV_C \tag{5.52}$$

同时，电阻 R 的端电压为 $V_R = E - V_C$。由欧姆定律及式(5.52)，通过 R 的电流，即充电电流的大小为

$$i = \frac{E - V_C}{R} = \frac{E - q/c}{R} \tag{5.53}$$

式中 q、V_C 及 i 都是时间 t 的函数。

刚接通开关 K 的瞬间，电容器上没有电荷，电动势 E 全部作用在电阻 R 上，最大的充电电流为 $I_0 = E/R$。随着电容器上电荷的累积，V_C 增大，电阻 R 的端电压 V_R 减小，充电电流跟着减小。这又反过来使 q 及 V_C 的增长率变得更缓慢。直至 V_C 等于 E 时，充电过程才终止，电路达到稳定状态。

为了求得电容器充电过程中 V_C 及 i 随时间变化的关系，可得

$$iR + \frac{q}{C} = V_R + V_C = E \tag{5.54}$$

其中 $i = \mathrm{d}q/\mathrm{d}t$，可得充电电路的微分方程

$$R\frac{\mathrm{d}q}{\mathrm{d}t} + \frac{q}{C} = E \tag{5.55}$$

积分，由初始条件 $t=0$ 时，$q=0$，可得微方程的解为

$$q = CE(1 - \mathrm{e}^{-\frac{t}{RC}}) \tag{5.56}$$

$$V_C = \frac{q}{C} = E(1 - \mathrm{e}^{-\frac{t}{RC}}) \tag{5.57}$$

$$i = \frac{E}{R}\mathrm{e}^{-\frac{t}{RC}} \tag{5.58}$$

$$V_R = Ri = E\mathrm{e}^{-\frac{t}{RC}} \tag{5.59}$$

2. 放电过程

（略）

3. 充/放电过程的时间常数和半衰期

（1）充/放电过程的时间常数

当 $t = RC$ 时，由式(5.56)—式(5.59)可得

$$V_C = E(1 - e^{-1}) = 0.632E,\ q = 0.632C \cdot E$$

$$V_R = E \cdot e^{-1} = 0.368E,\ i = 0.368\frac{E}{R}$$

由此可见，当充电时间 t 等于电阻、电容的乘积（即 $t=RC$）时，电容器上的电荷或电压都上升到最终值的 63.2%，充电电流或电阻 R 的端电压都减小到初始值的 36.8%。定义 RC 乘积为电阻、电容串联电路的时间常数，用 τ 表示，τ 越小，充/放电速度越快；τ 越大，充/放电速度越慢。一般来说 $t=4\tau \sim 5\tau$ 时，可认为冲/放电结束。

（2）充/放电过程的半衰期

半衰期也是反映暂态过程快慢的一个重要物理量，用 $T_{1/2}$ 表示，它与时间常数 τ 之间存在如下关系

$$T_{1/2} = 0.693\tau$$

注：方波信号可作为开关电路使用。

5.7　非线性元件伏安特性的研究

在电路中元件的特性是由电压和电流之间的关系来表征的，称元件的伏安特性。从伏安特性曲线所遵循的规律，可以得知该元件的导电特性，以便确定它在电路中的作用。半导体二极管是电子电路中的基本元件。

【实验目的】

①选择一定的实验方法，设计合适的检测电路，测绘出电阻及半导体二极管的伏安特性曲线。

②学习从实验曲线获取有关信息的方法。

【预习思考题】

①线性元件和非线性元件的伏安特性曲线各有什么特点？

②什么是二极管的死区电压和反向击穿电压？

③稳压二极管工作在什么区域？为什么能够起到稳压作用？

④如何根据测量曲线变化趋势选择合适的测量点？

【供选择的器材】

电阻、小灯泡、稳压二极管、检波二极管、整流二极管、发光二极管、直流稳压电源（0～20 V）、直流恒流电源（0～2 mA，0～20 mA）、数字万用表、导线、滑动变阻器等。

【供选择的研究课题】

①研究线性元件的伏安特性。

②研究非线性元件的伏安特性。

③总结、比较线性元件与非线性元件的伏安特性。

【设计要求】

①预习实验报告要求写明实验目的、实验原理,绘出设计电路图。

②实验测试。

③记录实验数据,绘制伏安特性曲线。

注意:二极管的正向和反向伏安特性曲线可以画在同一张坐标纸上,此时坐标轴可选取不同值,以使曲线大小合适。

④从实验曲线获取相关信息。

⑤提交规范的设计实验报告。

【设计原理及方法】

1. 实验原理

要测量各非线性元件的伏安特性曲线,一定要了解各非线性元件的特性,才能选择正确的实验方法,合适的监测电路,得出正确的实验结论。常用的非线性元件有:检波二极管、整流二极管、稳压二极管和发光二极管,这些二极管都具有单向导电作用,但工作方式是不一样的。二极管伏安特性曲线如图 5.26 所示。

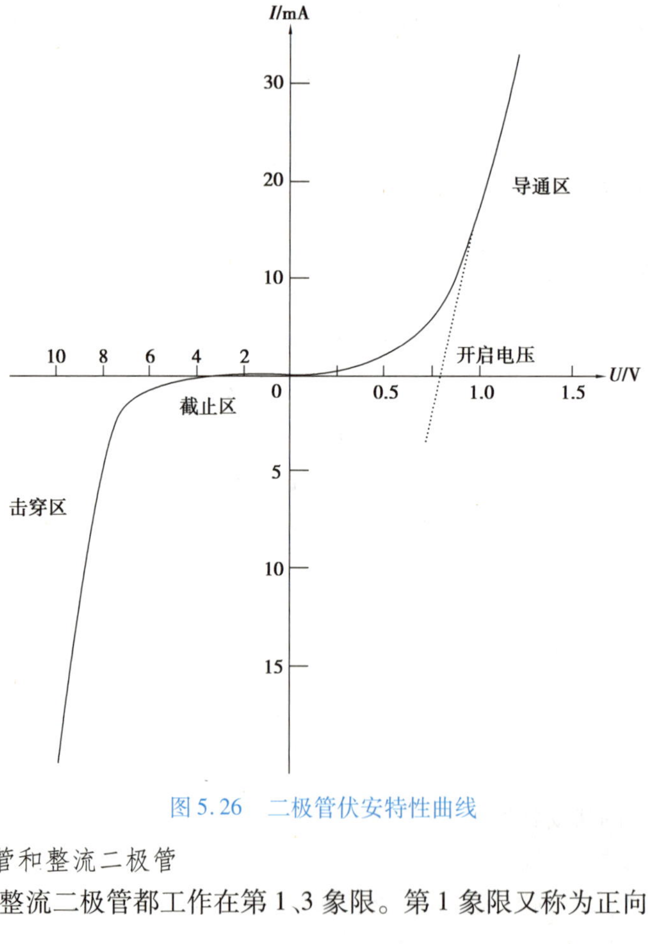

图 5.26　二极管伏安特性曲线

(1)检波二极管和整流二极管

检波二极管和整流二极管都工作在第 1、3 象限。第 1 象限又称为正向工作区。当所加的电压较低时,流通的电流很小,继续增加电压时,电流急剧上升。这个转折点对应的电压称为二极管的开启电压,它与所用的半导体材料的禁带宽度有关。在常温下,一般为 0.2～0.7 V。第 3 象限又称为反向工作区,其特点是加一个相当高的电压时,电流会突然增大,导致损坏,这种现象称为击穿。检波二极管和整流二极管工作范围不能超过击穿区。

检波二极管的 PN 结是针形接触,其特点是工作电流小,工作频率范围宽,但反向耐压低。整流二极管的 PN 结是面形接触,其特点是工作电流大,工作频率低,反向耐压可达上千伏。它们的共同特点是要求反向工作时流过的电流越小越好。

(2)稳压二极管

稳压二极管工作在第 3 象限,而且工作在击穿区。其特点是反向工作电压加到一定值时,电流突然增大,在此基础上再加大电压时,电流的变化非常剧烈,这时稳压二极管承受的功率急剧增大,若不加限流措施,PN 结极易烧毁。

(3)发光二极管

发光二极管由半导体发光材料制成,工作在第 1 象限。所发光波的波长与材料的禁带宽度 E 对应。根据量子力学原理 $E=eU=h\nu$ 可知,对于可见光,开启电压 U 在 2～3 V。当加在发光二极管两端的电压小于开启电压时,发光二极管不会发光,也没有电流流过。电压一旦超过开启电压,电流急剧上升,二极管处于导通状态并发光,此时电流与电压呈线性关系,直线与电压坐标的交点可以认为是开启电压。

2. 实验内容

(1)测量电阻(或小灯泡)的伏安特性曲线

若导体的温度保持不变,则伏安特性曲线是一条直线,但导体因通电而发热后,温度升高,电阻增大,伏安特性呈曲线。

(2)测量整流二极管的伏安特性曲线

①采用稳压源。

②正向测试:最大正向电流 $I\leqslant 20$ mA,二极管两端电压 $U\leqslant 1$ V,实验点不少于 20 个。

③反向测试:反向电压 $U\leqslant 20$ V,实验点不少于 10 个。

(3)测量稳压二极管的伏安特性曲线

①采用恒流源。

②正向测试:最大正向电流 $I\leqslant 20$ mA,二极管两端电压 $U\leqslant 0.7$ V,实验点不得少于 20 个。

③反向测试:最大反向电流 $I\leqslant 30$ mA,工作电压 $U\approx 5$ V,实验点不得少于 20 个。解释稳压管的工作原理,给出工作电压。

(4)测量发光二极管的伏安特性曲线

①采用恒流源。

②正向测试:发光二极管最大正向电流 $I\leqslant 20$ mA,二极管两端电压 $U\leqslant 3$ V,实验点不少于 15 个。根据伏安特性曲线和实验中的观察(红外除外)找到开启电压,并根据下式计算不同颜色发光二极管的发光波长。

$$eU=h\frac{c}{\lambda}$$

其中 h 为普朗克常数,c 为光速,λ 为光的波长。

(5)总结各非线性元件的伏安特性

【附】

各单色光的波长和颜色的对应关系见表5.11。

表5.11 各单色光的波长和颜色的对应关系

颜色	中心频率/Hz	中心波长/nm	波长范围/nm
红	4.5×10^{14}	660	780～622
橙	4.9×10^{14}	610	622～597
黄	5.3×10^{14}	570	597～577
绿	5.5×10^{14}	540	577～492
青	6.5×10^{14}	480	492～470
蓝	7.0×10^{14}	430	470～455
紫	7.3×10^{14}	410	455～390

5.8 温度传感器特性研究

温度传感器一般分为接触式和非接触式两大类。接触式是传感器直接与被测物体接触进行温度测量,这是温度测量的基本形式。而非接触式是测量物体热辐射而发出的红外线从而测量物体的温度,可进行遥测,这是接触方式所做不到的。

接触式温度传感器有热电偶、热敏电阻以及铂电阻等,利用其产生的热电动势或电阻随温度变化的特性来测量物体的温度,被广泛用于家用电器、汽车、船舶、控制设备、工业测量、通信设备等。

本实验将通过测量几种常用的接触式温度传感器的特征物理量随温度的变化,来了解这些温度传感器的工作原理。

【实验目的】

①了解几种常用的接触式温度传感器的工作原理及其应用范围。

②测量这些温度传感器的特征物理量随温度的变化曲线。

【实验原理】

1.热电阻

热电阻一般由纯金属制成,其电阻系数较高。目前应用最多的是铂电阻和铜电阻,结构一般均为绕组(包括补偿部分),其是用金属丝双绕在圆柱形塑料支架上制成的。它们都可制成标准测温热电阻,目前应用非常广泛。

铂电阻电阻率 $\rho_{Pt}=9.81\times10^{-8}\Omega\cdot m$，在 0 ~ 650 ℃内其阻值用式(5.60)表示

$$R_t = R_0(1 + At + Bt^2) \tag{5.60}$$

在-200 ~ 0 ℃内阻值表示为

$$R_t = R_0[1 + At + Bt^2 + C(t - 100)t^3] \tag{5.61}$$

式(5.61)中，R_0 为 0 ℃时的电阻值，R_t 为 t ℃时的电阻值；A、B、C 为常数。

$$A_{铂} = 3.908\ 02 \times 10^{-3}/℃$$

$$B_{铂} = -5.802 \times 10^{-7}/℃$$

$$C_{铂} = -4.273\ 50 \times 10^{-12}/℃$$

由此看出，由于 A、B、C 数值很小，式(5.60)和式(5.61)均可以近似地写作

$$R_t = R_0(1 + At) \tag{5.62}$$

而且铂的物理化学性能非常稳定，故在-200 ~ 500 ℃的测量范围内，可用式(5.62)来表示其阻值与温度之间的关系。

铜电阻电阻率 $\rho_{Pt}=1.7\times10^{-8}\Omega\cdot m$，在一些测量要求不高，测温范围较小(-50 ~ 150 ℃)的情况下使用。其阻值与温度变换的关系式在上述温度范围内也可用式(5.62)来表示，其中

$$A_{铜} = 4.28 \times 10^{-3}/℃$$

铜电阻温度系数较高，但缺点是其电阻率较铂电阻小。在等大电阻情况下，铜电阻较铂电阻的长度更长、体积更大；而且铜电阻在温度较高时其化学稳定性较差。

铜电阻和铂电阻的阻值变化率与温度之间的关系如图 5.27 所示。

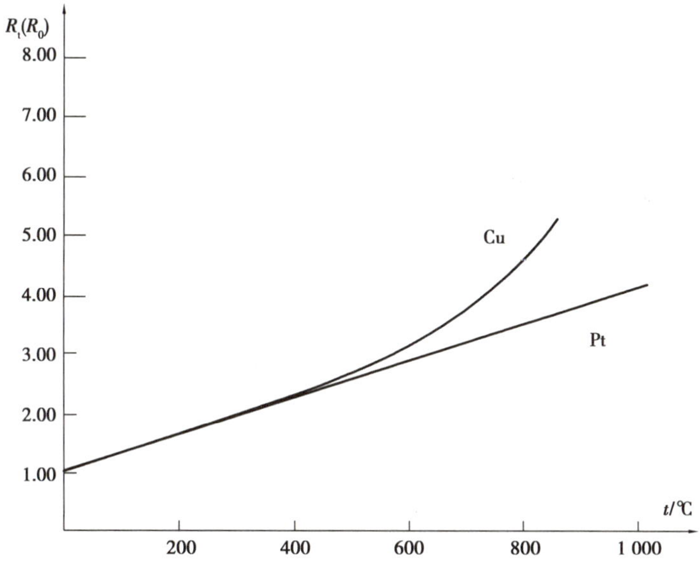

图 5.27　铜电阻和铂电阻的阻值变化率与温度之间的关系

2. 半导体热敏电阻

热敏电阻是电阻值随温度显著变化的一种热敏元件。热敏电阻按其电阻随温度变化的典型特性可分为 3 类，即负温度系数(NTC)热敏电阻、正温度系数(PTC)热敏电阻和临界温度电阻器(CTR)。PTC 和 CTR 型热敏电阻在某些温度范围内，其电阻值会产生急剧变化，适用于某些狭窄温度范围内的一些特殊应用，而 NTC 热敏电阻可用于较宽温度范围的测量。热敏电

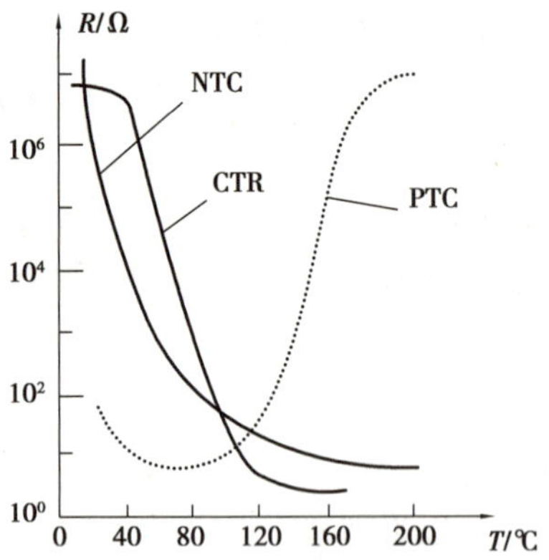

图 5.28　半导体热敏电阻-温度特性曲线

阻的电阻-温度特性曲线如图 5.28 所示。

NTC 半导体热敏电阻由一些金属氧化物，如钴、锰、镍、铜等过渡金属的氧化物，采用不同比例的配方，经高温烧结而成，然后采用不同的封装形式制成珠状、片状、杆状、垫圈状等各种形状。与金属导体热电阻比较，半导体热敏电阻具有以下特点。

①有很大的负电阻温度系数，因此其温度测量的灵敏度也比较高。

②体积小，目前最小的珠状热敏电阻的尺寸可达 0.2 mm，故热容量很小，可作为点温或表面温度以及快速变化温度的测量。

③具有很大的电阻值(100～10 000 Ω)，因此可以忽略线路导线电阻和接触电阻等的影响，特别适用于远距离的温度测量和控制。

④制造工艺比较简单，价格便宜，缺点是温度测量范围较窄。

半导体热敏电阻具有负电阻温度系数，其电阻值随温度升高而减小，电阻与温度的关系可以用下面的经验公式表示

$$R_T = A\exp\left(\frac{B}{T}\right) \tag{5.63}$$

式(5.63)中，R_T 为在温度为 T 时的电阻值，T 为绝对温度(以 K 为单位)，A 和 B 分别为具有电阻量纲和温度量纲，并且与热敏电阻的材料和结构有关的常数。由式(5.63)可得到温度为 T_0 时的电阻值 R_0，即

$$R_0 = A\exp\left(\frac{B}{T_0}\right) \tag{5.64}$$

比较式(5.63)和式(5.64)，可得

$$R_T = R_0\exp\left[B\left(\frac{1}{T}-\frac{1}{T_0}\right)\right] \tag{5.65}$$

从式(5.65)可以看出，只要知道常数 B 和在温度为 T_0 时的电阻值 R_0，就可以利用式(5.65)计算在任意温度 T 时的 R_T 值。

常数 B 可以通过实验来确定。将式(5.65)两边取对数，则有

$$\ln R_T = \ln R_0 + B\left(\frac{1}{T}-\frac{1}{T_0}\right) \tag{5.66}$$

从式(5.66)可以看出，$\ln R_T$ 与 $\frac{1}{T}$ 呈线性关系，直线的斜率就是常数 B。热敏电阻的材料常数 B 一般为 2 000～6 000 K。

热敏电阻的温度系数 A_t 定义如下

$$A_t = \frac{1}{R_T}\cdot\frac{\mathrm{d}R_T}{\mathrm{d}T} = -\frac{B}{T^2} \tag{5.67}$$

由式(5.67)可以看出，A_t 是随温度降低而迅速增大。A_t 决定热敏电阻在全部工作范围内的温度灵敏度。热敏电阻的测温灵敏度比金属热电阻的高很多。例如，B 值为 4 000 K，当 T= 293.15 K(20 ℃)时，热敏电阻的 A_t=4.7%/°C，约为铂电阻的 12 倍。

【实验仪器】

DHW 型温度传感器实验装置1台、DHW-1 温度传感器实验加热装置2台、数字万用电表1块等。

DHW 型温度传感器实验装置面板图如图5.29所示。

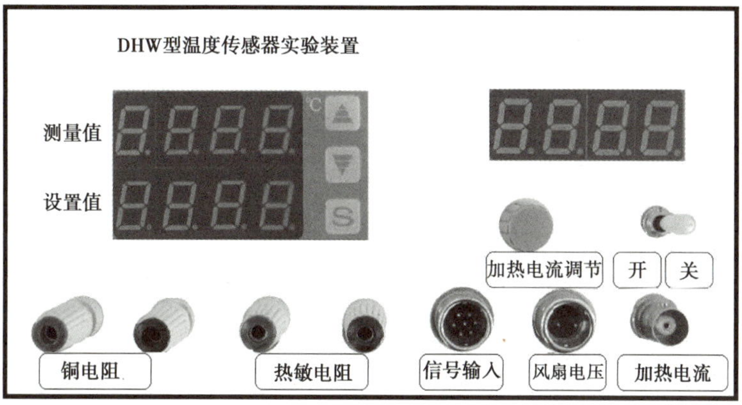

图5.29　DHW 型温度传感器实验装置面板图

【实验内容及步骤】

1. 测量铜电阻值与温度变化之间的关系

测量室温到150 ℃温度范围内铜电阻温度传感器的电阻随温度变化的曲线，步骤如下。

①将 DHW 型温度传感器实验装置和 DHW-1 型温度传感器加热装置之间的信号输入线、风扇电源线、加热电源线等依次连接，将电源开关置于"关"，加热电流旋钮左旋至最小。万用表选择欧姆挡(200 Ω)，将红黑表笔依次接入对应的铜电阻输出端子(图5.29左下)。

②打开 DHW 型温度传感器实验装置电源，按设置键进行温度设置，其中"△"代表调高预设温度，"▽"代表调低预设温度。选择150 ℃，静置8 s后温度设置生效。

③打开"加热电流"开关，将加热旋钮旋至合适大小(建议1.2 A)，此时温度加热装置开始对铜电阻进行加热。打开万用表开关，根据 DHW 液晶盘显示温度示值，读出对应温度下万用表测量的铜电阻大小，填入表5.12中。

④测量结束后，左旋加热电流旋钮至最小，将图5.29中温度设置到"000.0"，同时打开加热温度架支撑架，打开风扇电源降温。

2. 测量热敏电阻值与温度变化之间的关系

测量室温到120 ℃范围内热敏电阻温度传感器的电阻随温度变化的曲线，步骤如下。

①更换未使用的 DHW-1 温度传感器实验加热架，将万用电表测量挡旋转到相应挡位(20 kΩ)，将万用电表红黑表笔依次接入对应的热敏电阻输出端子，如图5.29所示。

②打开 DHW 型温度传感器实验装置电源，按设置键进行温度设置，其中"△"代表调高预

设温度,“▽”代表调低预设温度。选择 120 ℃,静置 8 s 后温度设置生效。

③打开“加热电流”开关,将加热旋钮旋至合适大小(建议 1.2 A),此时温度加热装置开始对热敏电阻进行加热。打开万用表开关,根据 DHW 液晶盘显示温度示值,读出在对应温度下万用表测量的热敏电阻大小,填入表 5.13 中。

④测量结束后,左旋加热电流旋钮至最小,设置温度到“000.0”,同时打开加热温度架支撑架,打开风扇电源降温。全部实验结束后关闭总电源。

3. 注意事项

①在使用风扇降温的过程中,可以将加热架的支撑杆向上抬起,加快空气对流。

②在实验过程中,如果出现温控表显示“ERRR”错误告警,表面测温热电偶有可能出现接触不良的情况,可将加热架的支撑杆向上抬起,将测温热电偶重新插入测温孔。重新启动仪器后会恢复正常。

【数据处理与分析】

1. 测量铜电阻值随温度的变化关系

表 5.12 铜电阻在室温 ~120 ℃随温度变化的测量数据(每隔 5 ℃测量一次数据)

次数	1	2	3	4	5	6	7	8	9	10
T/℃										
R_t/Ω										
次数	11	12	13	14	15	16	17	18	19	…
T/℃										
R_t/Ω										

2. 绘制铜电阻值随温度的变化曲线

按照表 5.12 中的数据,用 Excel 或者 Origin 软件绘制铜电阻在室温 ~120℃ 的 R_T-T、$\ln R_T$-$\frac{1}{T}$曲线,用线性拟合的方法计算出温度系数 $A_{测铜}$,并用测量值 $A_{测铜}$与标准值 $A_{铜}$ 进行比较,计算相对误差。

3. 测量热敏电阻值随温度的变化关系

表 5.13 热敏电阻在室温 ~120 ℃随温度变化的测量数据(每隔 5 ℃测量一次数据)

次数	1	2	3	4	5	6	7	8	9	10
T/℃										
R_t/Ω										

续表

次数	11	12	13	14	15	16	17	18	19	…
T/℃										
R_t/Ω										

4. 绘制热敏电阻值随温度的变化曲线

按照表 5.13 中的数据，用 Excel 或者 Origin 软件绘制热敏电阻在室温 ~ 120 ℃ 的 R_T-T、$\ln R_T$-$\frac{1}{T}$曲线，并确定热敏电阻的 B 值。

铜电阻的电阻-温度特性参数见表 5.14。

表 5.14　铜电阻的电阻-温度特性参数表

T/℃	电阻值/Ω									
	0	1	2	3	4	5	6	7	8	9
-50	39.24	—	—	—	—	—	—	—	—	—
-40	41.40	41.18	40.97	40.75	40.54	40.32	40.10	39.89	39.67	39.46
-30	43.55	43.34	43.12	42.91	42.69	42.48	42.27	42.05	41.83	41.61
-20	45.70	45.49	45.27	45.06	44.84	44.63	44.41	42.20	43.98	43.77
-10	47.85	47.64	47.42	47.21	46.99	46.78	46.56	46.35	46.13	45.92
-0	50.00	49.78	49.57	49.35	49.14	48.92	48.71	48.50	48.28	48.07
0	50.00	50.21	50.43	50.64	50.86	51.07	51.28	51.50	51.81	51.93
10	52.14	52.36	52.57	52.78	53.00	53.21	53.43	53.64	53.86	54.07
20	54.28	54.50	54.71	54.92	55.14	55.35	55.57	55.78	56.00	56.21
30	56.42	56.64	56.85	57.07	57.28	57.49	57.71	57.92	58.14	58.35
40	58.56	58.78	58.99	59.20	59.42	59.63	59.85	60.06	60.27	60.49
50	60.70	60.92	61.13	61.34	61.56	61.77	51.93	62.20	62.41	62.63
60	62.84	63.05	63.27	63.48	63.70	63.91	64.12	64.34	64.55	64.76
70	64.98	65.19	65.41	65.62	65.83	66.05	66.26	66.48	66.69	66.90
80	67.12	67.33	67.54	67.76	67.97	68.19	68.40	68.62	66.83	69.04
90	69.26	69.47	69.68	69.90	70.11	70.33	70.54	70.76	70.97	71.18
100	71.40	71.61	71.83	72.04	72.25	72.47	72.68	72.90	73.11	73.33
110	73.54	73.75	73.97	74.18	74.40	74.61	74.83	75.04	75.26	75.47
120	75.68	—	—	—	—	—	—	—	—	—

2.7 kΩ MF51 型热敏电阻的电阻-温度特性参数(仅供参考)见表 5.15。

表 5.15 2.7 kΩ MF51 型热敏电阻的电阻-温度特性参数表(仅供参考)

T/℃	25	30	35	40	45	50	55	60	65
R_t/Ω	2 700	2 225	1 870	1 573	1 341	1 160	1 000	868	748

【注意事项】

①在使用风扇降温时,需将支撑杆向上抬升,使空气形成对流。

②本试验仪有自动检测功能,当出现异常时,温控器测量值显示:Error。当故障 17 s 内没有排除,系统会自动重启。

【课后讨论】

PN 结是正温度型还是负温度型温度传感器?

附　录

附录1　国际单位制(SI)

1. 国际单位制(SI)的基本量和基本单位

国际单位制(SI)的基本量和基本单位见附表1。

附表1　国际单位制(SI)的基本量、基本单位

量的名称	单位名称	单位符号
长度	米	m
质量	千克	kg
时间	秒	s
热力学温度	开尔文	K
电流	安培	A
物质的量	摩尔	mol
发光强度	坎德拉	cd

2. 国际单位制(SI)的辅助单位

国际单位制(SI)的辅助单位见附表2。

附表2　国际单位制(SI)的辅助单位

量的名称	单位名称	单位符号
平面角	弧度	rad
立体角	球面度	sr

3. 国际单位制(SI)的导出量、导出单位

国际单位制(SI)的导出量、导出单位见附表3。

附表3　国际单位制(SI)的导出量、导出单位

量的名称	单位名称	单位符号	用其他 SI 单位表示
频率	赫兹	Hz	s^{-1}
力、重力	牛顿	N	$kg \cdot m \cdot s^{-2}$
压强、压力、应力	帕斯卡	Pa	$N \cdot m^{-2}$
能量、功、热	焦耳	J	$N \cdot m$
功率、辐射能量	瓦特	W	$J \cdot s^{-1}$
电荷量	库伦	C	$A \cdot s$
电势、电压、电动势	伏特	V	$W \cdot A^{-1}$
电容	法拉	F	$C \cdot V^{-1}$
电阻	欧姆	Ω	$V \cdot A^{-1}$
电导	西门子	S	$A \cdot V^{-1}$
磁通量	韦伯	Wb	$V \cdot s$
磁感应强度	特斯拉	T	$Wb \cdot m^{-2}$
电感	亨利	H	$Wb \cdot A^{-1}$
摄氏温度	摄氏度	°C	—
光通量	流明	lm	$cd \cdot sr$
光照度	勒克斯	lx	$lm \cdot m^{-2}$
放射性活度	贝克勒尔	Bq	s^{-1}
吸收剂量	戈瑞	Gy	$J \cdot kg^{-1}$
剂量当量	希沃特	Sv	$J \cdot kg^{-1}$

4. 国际单位制(SI)的词头

国际单位制(SI)的词头见附表4。

附表4　国际单位制(SI)的词头

因数	词头		代号	
			中文	国际
10^{18}	艾[可萨]	exa	艾	E
10^{15}	拍[它]	peta	拍	P
10^{12}	太[拉]	tera	太	T

续表

因数	词头		代号	
			中文	国际
10^9	吉[咖]	giga	吉	G
10^6	兆	mega	兆	M
10^3	千	kilo	千	k
10^2	百	hecto	百	h
10^1	十	deca	十	da
10^{-1}	分	deci	分	d
10^{-2}	厘	centi	厘	c
10^{-3}	毫	milli	毫	m
10^{-6}	微	micro	微	μ
10^{-9}	纳[诺]	nano	纳	n
10^{-12}	皮[可]	pico	皮	p
10^{-15}	飞[母托]	femto	飞	f
10^{-18}	阿[托]	atto	阿	a

附表 2　基本物理常数

基本物理常数见附表 5。

附表 5　基本物理常数

名称	符号	数值和单位
真空中的光速	c	$2.997\ 924\ 58 \times 10^8 \mathrm{m \cdot s^{-1}}$
真空磁导率	μ_0	$1.256\ 637\ 061\ 4\cdots \times 10^{-6} \mathrm{N \cdot A^{-2}}$
真空电容率	ε_0	$8.854\ 187\ 817\cdots \times 10^{-12} \mathrm{F \cdot m^{-1}}$
万有引力常量	G	$6.674\ 28(67) \times 10^{-11} \mathrm{N \cdot m^2 \cdot kg^{-2}}$
普朗克常量	h	$6.626\ 068\ 96(33) \times 10^{-34} \mathrm{J \cdot s}$
元电荷	e	$1.602\ 176\ 487(40) \times 10^{-19} \mathrm{C}$
电子的静止质量	m_e	$9.109\ 382\ 15(45) \times 10^{-31} \mathrm{kg}$
电子比荷	e/m_e	$1.758\ 820\ 150(44) \times 10^{11} \mathrm{C \cdot kg^{-1}}$
质子质量	m_p	$1.672\ 621\ 637(83) \times 10^{-27} \mathrm{kg}$
中子质量	m_n	$1.674\ 927\ 211(84) \times 10^{-27} \mathrm{kg}$

续表

名称	符号	数值和单位
原子质量单位	m_u	$1.660\ 538\ 782(83) \times 10^{-27}$ kg
里德伯常量	R_∞	$1.097\ 373\ 156\ 852\ 7(73) \times 10^{7}$ m^{-1}
洛施密特常量	n_0	$2.686\ 777\ 4(47)\times10^{25}$ m^{-3}
阿伏伽德罗常量	N_A	$6.022\ 141\ 79(30)\times10^{23}$ mol^{-1}
摩尔气体常量	R	$8.314\ 472(15)$ J · mol^{-1} · K^{-1}
波尔兹曼常量	k	$1.380\ 650\ 4(24)\times10^{-23}$ J · K^{-1}
标准大气压	p_0	$1.013\ 25\times10^{5}$ Pa
标准状态下理想气体的摩尔体积	V_m	$22.413\ 996(39)\times10^{-3}$ m^3 · mol^{-1}
标准状态下空气中的声速	v	331.45 m · s^{-1}
标准状态下干燥空气的密度	ρ_a	1.293 kg · m^{-3}
冰点热力学温度	T_0	273.15 K
钠光谱中黄线的波长	λ_D	589.3 nm

数据来源:国际科技数据委员会基本常数组(CODATA)2006年国际推荐值。

参考文献

[1] 张兆奎,缪连元,张立. 大学物理实验[M].3 版. 北京:高等教育出版社,2008.
[2] 张晋,李乐霞. 大学物理实验[M].2 版. 西安:陕西师范大学出版总社,2015.
[3] 朱俊孔,张山彪,高铁军,等. 普通物理实验[M]. 济南:山东大学出版社,2001.
[4] 何焰蓝,杨俊才. 大学物理实验[M].2 版. 北京:机械工业出版社,2009.
[5] 甘平. 医学物理学实验[M]. 北京:科学出版社,2008.
[6] 李雅丽,方靖淮. 大学物理实验教程[M]. 南京:南京大学出版社,2006.
[7] 沈元华,陆申龙. 基础物理实验[M]. 北京:高等教育出版社,2003.
[8] 肖井华,蒋达娅,陈以方. 大学物理实验教程[M]. 北京:北京邮电大学出版社,2005.
[9] 殷春浩. 大学物理实验[M]. 徐州:中国矿业大学出版社,2003.
[10] 计欣华,邓宗白,鲁阳,等. 工程实验力学[M].2 版. 北京:机械工业出版社,2010.
[11] 罗益明,余燕. 大学物理[M].2 版. 北京:北京邮电大学出版社,2008.
[12] 王家慧,张连娣,等. 大学物理实验教程[M].3 版. 北京:机械工业出版社,2010.
[13] 于成龙,郝欣,沈清. Origin8.0 应用实例详解[M]. 北京:化学工业出版社,2010.
[14] 杨述武. 普通物理实验(一):力学、热学部分[M].2 版. 北京:高等教育出版社,1993.
[15] 钱萍,申江. 物理实验数据的计算机处理[M]. 北京. 化学工业出版社,2007.